"十三五"国家重点出版物出版规划项目
高分辨率对地观测前沿技术丛书
主编 王礼恒

高分辨率卫星任务规划技术

贺仁杰 姚 锋 陈英武 张永强 编著

国防工业出版社

·北京·

内容简介

随着我国高分辨率卫星数量以及对高分辨率成像观测需求的快速增长,高分辨率卫星任务规划技术开始受到日益广泛的重视。本书系统阐述了作者近年来在高分辨率卫星任务规划技术方面的研究成果,主要内容包括绪论、高分辨率卫星任务规划问题、卫星任务规划预处理技术、多星一体任务规划技术、面向不同任务的高分辨率卫星任务规划技术、事件驱动的高分辨率卫星动态滚动任务规划技术、卫星自主任务规划技术、卫星任务规划系统、未来展望等,具有实际应用价值和一定前瞻性。

本书可作为相关领域管理人员、工程技术人员以及广大科技工作者研究学习的参考书,也可作为卫星运行管控系统工程实践的依据,对从事高分辨率卫星装备研制、管理的相关教学与研究人员具有较好的借鉴意义。

图书在版编目(CIP)数据

高分辨率卫星任务规划技术/贺仁杰等编著. —北京:国防工业出版社,2021.7
(高分辨率对地观测前沿技术丛书)
ISBN 978-7-118-12373-9

Ⅰ.①高… Ⅱ.①贺… Ⅲ.①高分辨率–卫星图像–图像处理–研究 Ⅳ.①TP75

中国版本图书馆 CIP 数据核字(2021)第 150124 号

※

国防工业出版社出版发行
(北京市海淀区紫竹院南路23号 邮政编码100048)
雅迪云印(天津)科技有限公司印刷
新华书店经售

*

开本 710×1000 1/16 插页4 印张 22¼ 字数 340 千字
2021 年 7 月第 1 版第 1 次印刷 印数 1—2000 册 定价 138.00 元

(本书如有印装错误,我社负责调换)

国防书店:(010)88540777　　　书店传真:(010)88540776
发行业务:(010)88540717　　　发行传真:(010)88540762

丛书学术委员会

主　　任　王礼恒
副 主 任　李德仁　艾长春　吴炜琦　樊士伟
执行主任　彭守诚　顾逸东　吴一戎　江碧涛　胡　莘
委　　员　(按姓氏拼音排序)
　　　　　　白鹤峰　曹喜滨　陈小前　崔卫平　丁赤飚　段宝岩
　　　　　　樊邦奎　房建成　付　琨　龚惠兴　龚健雅　姜景山
　　　　　　姜卫星　李春升　陆伟宁　罗　俊　宁　辉　宋君强
　　　　　　孙　聪　唐长红　王家骐　王家耀　王任享　王晓军
　　　　　　文江平　吴曼青　相里斌　徐福祥　尤　政　于登云
　　　　　　岳　涛　曾　澜　张　军　赵　斐　周　彬　周志鑫

丛书编审委员会

主　　编　王礼恒
副 主 编　冉承其　吴一戎　顾逸东　龚健雅　艾长春
　　　　　彭守诚　江碧涛　胡　莘
委　　员　(按姓氏拼音排序)
　　　　　白鹤峰　曹喜滨　邓　泳　丁赤飚　丁亚林　樊邦奎
　　　　　樊士伟　方　勇　房建成　付　琨　苟玉君　韩　喻
　　　　　贺仁杰　胡学成　贾　鹏　江碧涛　姜鲁华　李春升
　　　　　李道京　李劲东　李　林　林幼权　刘　高　刘　华
　　　　　龙　腾　鲁加国　陆伟宁　邵晓巍　宋笔锋　王光远
　　　　　王慧林　王跃明　文江平　巫震宇　许西安　颜　军
　　　　　杨洪涛　杨宇明　原民辉　曾　澜　张庆君　张　伟
　　　　　张寅生　赵　斐　赵海涛　赵　键　郑　浩
秘　　书　潘　洁　张　萌　王京涛　田秀岩

序 言

高分辨率对地观测系统工程是《国家中长期科学和技术发展规划纲要(2006—2020年)》部署的16个重大专项之一,它具有创新引领并形成工程能力的特征,2010年5月开始实施。高分辨率对地观测系统工程实施十年来,成绩斐然,我国已形成全天时、全天候、全球覆盖的对地观测能力,对于引领空间信息与应用技术发展,提升自主创新能力,强化行业应用效能,服务国民经济建设和社会发展,保障国家安全具有重要战略意义。

在高分辨率对地观测系统工程全面建成之际,高分辨率对地观测工程管理办公室、中国科学院高分重大专项管理办公室和国防工业出版社联合组织了《高分辨率对地观测前沿技术》丛书的编著出版工作。丛书见证了我国高分辨率对地观测系统建设发展的光辉历程,极大丰富并促进了我国该领域知识的积累与传承,必将有力推动高分辨率对地观测技术的创新发展。

丛书具有3个特点。一是系统性。丛书整体架构分为系统平台、数据获取、信息处理、运行管控及专项技术5大部分,各分册既体现整体性又各有侧重,有助于从各专业方向上准确理解高分辨率对地观测领域相关的理论方法和工程技术,同时又相互衔接,形成完整体系,有助于提高读者对高分辨率对地观测系统的认识,拓展读者的学术视野。二是创新性。丛书涉及国内外高分辨率对地观测领域基础研究、关键技术攻关和工程研制的全新成果及宝贵经验,吸纳了近年来该领域数百项国内外专利、上千篇学术论文成果,对后续理论研究、科研攻关和技术创新具有指导意义。三是实践性。丛书是在已有专项建设实践成果基础上的创新总结,分册作者均有主持或参与高分专项及其他相关国家重大科技项目的经历,科研功底深厚,实践经验丰富。

丛书5大部分具体内容如下:**系统平台部分**主要介绍了快响卫星、分布式卫星编队与组网、敏捷卫星、高轨微波成像系统、平流层飞艇等新型对地观测平台和系统的工作原理与设计方法,同时从系统总体角度阐述和归纳了我国卫星遥感的现状及其在6大典型领域的应用模式和方法。**数据获取部分**主要介绍了新型的星载/机载合成孔径雷达、面阵/线阵测绘相机、低照度可见光相机、成像光谱仪、合成孔径激光成像雷达等载荷的技术体系及发展方向。**信息处理部分**主要介绍了光学、微波等多源遥感数据处理、信息提取等方面的新技术以及地理空间大数据处理、分析与应用的体系架构和应用案例。**运行管控部分**主要介绍了系统需求统筹分析、星地任务协同、接收测控等运控技术及卫星智能化任务规划,并对异构多星多任务综合规划等前沿技术进行了深入探讨和展望。**专项技术部分**主要介绍了平流层飞艇所涉及的能源、囊体结构及材料、推进系统以及位置姿态测量系统等技术,高分辨率光学遥感卫星微振动抑制技术、高分辨率SAR有源阵列天线等技术。

丛书的出版作为建党100周年的一项献礼工程,凝聚了每一位科研和管理工作者的辛勤付出和劳动,见证了十年来专项建设的每一次进展、技术上的每一次突破、应用上的每一次创新。丛书涉及30余个单位,100多位参编人员,自始至终得到了军委机关、国家部委的关怀和支持。在这里,谨向所有关心和支持丛书出版的领导、专家、作者及相关单位表示衷心的感谢!

高分十年,逐梦十载,在全球变化监测、自然资源调查、生态环境保护、智慧城市建设、灾害应急响应、国防安全建设等方面硕果累累。我相信,随着高分辨率对地观测技术的不断进步,以及与其他学科的交叉融合发展,必将涌现出更广阔的应用前景。高分辨率对地观测系统工程将极大地改变人们的生活,为我们创造更加美好的未来!

王礼恒

2021年3月

前　言

对地观测卫星是利用星载光电遥感器或无线电设备等有效载荷,从飞行轨道上对地面、海上或空中目标实施观测并获取目标信息的人造地球卫星,它具有运行时间长、观测范围广、不受空域和国界限制、无须考虑人员安全等优势。成像卫星是对地观测卫星中发展最早、发射数量最多的一种,星上有效载荷主要是可见光相机、红外相机或合成孔径雷达(SAR)等成像设备,其任务是根据业务用户的需求来获取地面感兴趣目标的图像。

近年来,成像卫星正向高空间分辨率、高时间分辨率、高光谱分辨率的方向迅猛发展,随着我国高分辨率对地观测系统重大专项的推进,高分辨率成像卫星正逐步走进大众的视野。目前,我国已成功发射并在轨运行了一系列高分辨率成像卫星,它们的产生与运行不仅使用户有了更加详细、更加多样的数据来源,同时也为国土资源调查、目标识别、环境感知等提供了更有力的支持。高分辨率成像卫星的特性使其成像计划的编排与传统的成像卫星有所不同,因此针对不同类别的高分辨率成像卫星,必须依据其特性,借助合适的数学模型和软件工具来管理和分配卫星资源。

本书正是在这样一种背景下,系统阐述了作者近几年来在成像卫星任务规划、高分辨率卫星任务规划技术方面积累的研究成果,所涉及的模型算法与作者前作《成像卫星任务规划技术》相比,更加结合近几年的实际应用场景,对各类高分辨率卫星的任务规划做了更加细致的讨论,同时也对未来卫星应用智能化进行了探索和展望。本书主要面向管理科学与工程及遥感应用领域相关专业的研究生、科研工作者和工程技术人员,在编写过程中力求从应用实践出发,结合当前技术现状和未来的发展趋势,扩展读者的视野和知识面,并为相关领域科研技术人员提供有实用价值的参考。

本书共分9章,主要内容有绪论、高分辨率卫星任务规划问题、卫星任务规划预处理技术、多星一体任务规划技术、面向不同任务的高分辨率卫星任务规划技术、事件驱动的高分辨率卫星动态滚动任务规划技术、卫星自主任务规划技术、卫星任务规划系统、未来展望等。其中，既包括了当前卫星应用的工程实践，也包括了部分前瞻性研究成果。本书第 1 章、第 2 章、第 4 章、第 9 章由贺仁杰编写，第 3 章、第 5 章、第 8 章由姚锋编写，第 6 章、第 7 章由陈英武编写，张永强参与第 1 章、第 9 章的编写，贺仁杰负责全书的主编和统稿工作。

本书的撰写离不开孙凯、白国庆、褚骁庚、李国梁、刘嵩、白保存、慈元卓、廉振宇、徐一帆、阮启明、杨文沅、袁驵、徐忠良等的无私奉献，他们为本书提供了很多素材，书中也包含了他们的一些研究成果。此外，李济廷、褚骁庚、何苗、杨文沅、许英杰、刘嘉敏、鲁籍和马欣协助完成了初稿的统稿工作，邢云燕副教授协助完成了核稿工作，在此向他们表示衷心感谢！

在撰写本书的过程中，我们参阅了大量的文献，书中所附的主要参考文献仅为其中的一部分，在此向所有列入和未列入参考文献的作者们表示衷心感谢！

本书在撰写过程中还得到了谭跃进教授的关心和支持。白鹤峰研究员、文江平研究员审阅了全书，并提出了中肯的修改意见。艾长春研究员、李春升教授、尹志忠教授、原民辉研究员等专家学者也在书稿撰写过程中给予了宝贵的建议。此外，本书的出版还得到了 2019 年度国家出版基金资助项目、高分辨率对地观测系统重大专项、国家自然科学基金项目（编号 61473301、61203180）的支持，在此一并表示感谢！

限于作者的水平，书中难免有不妥与疏漏之处，敬请读者不吝赐教。

作 者

2021 年 1 月于长沙

目 录

第1章 绪论 ……………………………………………………………………… 1

1.1 卫星任务规划问题研究背景及意义 …………………………………… 1
1.2 卫星任务规划问题研究现状 …………………………………………… 3
    1.2.1 成像卫星任务规划技术研究现状 ………………………………… 4
    1.2.2 多星任务规划技术研究现状 ……………………………………… 7
    1.2.3 测控数传资源调度技术研究现状 ………………………………… 9
    1.2.4 卫星自主任务规划技术研究现状 ………………………………… 12
    1.2.5 研究现状总结 ……………………………………………………… 17

第2章 高分辨率卫星任务规划问题 ……………………………………………… 19

2.1 成像卫星工作过程 ……………………………………………………… 19
    2.1.1 工作机理 …………………………………………………………… 19
    2.1.2 业务流程 …………………………………………………………… 23
2.2 高分辨率卫星任务规划的基本输入输出要素 ………………………… 25
    2.2.1 高分辨率卫星任务规划的基本输入要素 ………………………… 25
    2.2.2 高分辨率卫星任务规划的基本约束条件 ………………………… 27
    2.2.3 高分辨率卫星任务规划的基本输出要素 ………………………… 28
    2.2.4 高分辨率卫星任务规划问题求解过程 …………………………… 28
2.3 小结 ……………………………………………………………………… 29

第3章 卫星任务规划预处理技术 ………………………………………………… 30

3.1 卫星任务规划需求分析与统筹 ………………………………………… 30
    3.1.1 面向地面平台的任务规划需求分析与统筹 ……………………… 30
    3.1.2 面向星上平台的任务规划需求分析与统筹 ……………………… 34

3.1.3　卫星任务规划预处理问题特性分析 ·················· 36
　3.2　卫星任务规划预处理框架 ································ 38
　　　3.2.1　卫星任务规划预处理框架描述 ····················· 39
　　　3.2.2　时间—姿态的定义 ······························· 39
　　　3.2.3　目标的分解与合成 ······························· 41
　　　3.2.4　可见时间窗口的计算与处理 ······················· 49
　3.3　面向敏捷高分辨率卫星的任务处理方法 ···················· 52
　　　3.3.1　敏捷高分辨率卫星任务规划预处理主流程 ············ 52
　　　3.3.2　敏捷高分辨率卫星与观测目标的可见性计算 ·········· 53
　　　3.3.3　应用实践 ······································· 54
　3.4　面向大区域普查的任务处理方法 ·························· 57
　　　3.4.1　基于空间向量的大区域交集求解算法 ················ 57
　　　3.4.2　应用实践 ······································· 62
　3.5　小结 ··· 67

第4章　多星一体任务规划技术 ································ 68

　4.1　多星一体任务规划问题分析 ······························ 68
　　　4.1.1　多星一体任务规划需求分析 ······················· 68
　　　4.1.2　问题特点与难点分析 ····························· 70
　　　4.1.3　基本假设与数学模型 ····························· 75
　4.2　多星一体任务规划的双层求解框架 ························ 78
　　　4.2.1　多星一体任务规划双层求解特性分析 ················ 78
　　　4.2.2　双层求解规划综合模型 ··························· 81
　4.3　多星任务分配与可调度性预测方法 ························ 89
　　　4.3.1　多星任务分配与可调度性预测问题分析 ·············· 89
　　　4.3.2　基于集成神经网络的观测资源任务可调度
　　　　　　性预测方法 ··································· 90
　　　4.3.3　应用实践 ······································· 95
　4.4　基于知识型学习算法的双层任务规划模型求解 ··············· 101
　　　4.4.1　基于知识型遗传算法的双层任务规划
　　　　　　模型求解 ····································· 101
　　　4.4.2　应用实践 ······································ 110
　4.5　测控数传一体资源调度技术 ····························· 122

  4.5.1 测控数传一体资源调度问题分析 ·················· 122
  4.5.2 测控数传一体资源调度算法 ······················ 126
  4.5.3 应用实践 ·· 140
4.6 小结 ·· 151

第5章 面向不同任务的高分辨率卫星任务规划技术 ················ 152

5.1 面向区域目标的任务规划技术 ··· 152
  5.1.1 面向区域目标的任务规划问题特性分析 ········ 152
  5.1.2 面向区域目标的任务规划问题建模与求解 ····· 159
  5.1.3 任务规划应用实践 ································· 182
5.2 面向点目标敏捷观测的任务规划技术 ·································· 198
  5.2.1 面向动作序列的敏捷卫星任务规划数学模型 ·· 198
  5.2.2 敏捷卫星任务规划的前瞻启发式调度算法 ····· 203
  5.2.3 实验设计及结果分析 ······························ 211
5.3 面向高轨凝视任务的任务规划技术 ···································· 213
  5.3.1 面向高轨凝视任务的任务规划问题特性分析 ·· 213
  5.3.2 高轨凝视任务规划问题建模与求解 ············· 214
  5.3.3 高轨凝视任务规划应用实践 ····················· 221
5.4 小结 ··· 229

第6章 事件驱动的高分辨率卫星动态滚动任务规划技术 ·········· 230

6.1 事件驱动下高分辨率卫星任务规划的动态特性 ··················· 230
  6.1.1 高分辨率卫星动态观测需求分析 ················ 230
  6.1.2 高分辨率卫星动态观测问题描述与特性分析 ·· 233
6.2 事件驱动下高分辨率卫星任务规划的动态滚动模型
  与求解框架 ··· 235
  6.2.1 协调控制策略模型 ································· 235
  6.2.2 滚动窗口设计及触发条件 ························ 247
6.3 事件驱动的高分辨率卫星动态滚动任务规划算法 ················ 250
  6.3.1 变邻域搜索算法 ···································· 250
  6.3.2 应用实践 ··· 260
6.4 小结 ··· 268

XI

第7章 卫星自主任务规划技术 ·········· 270

7.1 卫星自主任务规划问题分析 ·········· 270
7.1.1 卫星自主任务规划需求分析 ·········· 270
7.1.2 自主协同规划问题描述及协同规划功能分析 ·········· 273
7.1.3 自主协同规划网络结构及协同流程设计 ·········· 275

7.2 单星自主任务规划算法 ·········· 280
7.2.1 单星自主任务规划模型描述 ·········· 280
7.2.2 单星自主任务规划算法 ·········· 284
7.2.3 应用实践 ·········· 295

7.3 多星自主协同策略 ·········· 300
7.3.1 多星任务自主协同策略 ·········· 301
7.3.2 面向常规目标的目标筛选算法 ·········· 305
7.3.3 应用实践 ·········· 306

7.4 基于机器学习的多星自主协同策略推荐方法 ·········· 313
7.4.1 自主协同策略分析 ·········· 313
7.4.2 应用场景特征信息分析 ·········· 314
7.4.3 应用实践 ·········· 316

7.5 小结 ·········· 318

第8章 卫星任务规划系统 ·········· 320

8.1 系统总体框架设计 ·········· 320
8.2 系统实现 ·········· 323
8.3 小结 ·········· 330

第9章 未来展望 ·········· 331

9.1 面向多层级多用户的成像需求智能筹划 ·········· 331
9.2 星地协同的卫星智能任务规划 ·········· 332
9.3 大规模组网星群自主联合任务规划 ·········· 332

参考文献 ·········· 334

第1章 绪论

1.1 卫星任务规划问题研究背景及意义

成像卫星是利用星载遥感器从太空中获取地面图像信息的航天器,它具有覆盖范围广、运行时间长、不受国界和空域限制、无须考虑人员安全等独特优势,其主要分为光学卫星和雷达(微波)卫星两大类。光学卫星采用可见光、红外、多光谱相机成像,而雷达卫星采用SAR遥感器成像。光学卫星具有空间分辨率高等优点,但不能全天候、全天时工作;雷达卫星不受白天、黑夜及云雾的影响,具有一定的穿透能力。成像卫星在灾害防治、环境保护、城市规划及农业、气象等许多领域都发挥了重要作用,也得到了世界各国的高度重视。

目前,航空航天遥感正向高空间分辨率、高光谱分辨率、高时间分辨率、多极化、多角度的方向迅猛发展。1960年8月,美国成功地发射了世界上第一颗用于军事侦察的成像卫星,使得战争中的侦察手段发生了质的变化。锁眼系列照相侦察卫星就是美国20世纪60年代开始使用的侦察卫星,主要有KH-1、4、5、6、7、8、9、11、12九种型号,分辨率由3~5m发展到0.1m。美国也在大力发展雷达成像卫星,"长曲棍球"雷达成像卫星可全天候、全天时进行观测,图像分辨率达到0.3~1m。法国自1986~2002年发射了5颗SPOT系列卫星,并与欧盟其他国家共同发射了两颗高分辨率光学成像卫星,即Pleiades卫星计划。德国国防部研制了5颗SAR-Lupe小型雷达卫星,其分辨率估计可达到0.5m。此外,印度、以色列、日本、韩国等国家也在大力发展军事及民用的高分辨率成像卫星。在我国,随着高分辨率对地观测系统重大专项的发展,高分辨率对地观测卫星逐渐走进了大众的视野,目前已成功发射并在轨运行了一系列高分辨率卫星。这些卫星的地面分辨率由 10m、5m、3m、1m 甚至向 0.16m 逐步提高,高分辨率卫星的产生不仅使卫星用户有了更便利、更详细的数据来源,同时对于国土资源调查、自然灾害防治等也有着更为重要的意义。

在实际应用中,对成像卫星实施管控的流程大致如下:首先,由用户提出成像任务请求,成像卫星地面任务管理系统根据成像任务属性信息(目标位置、分辨率和优先级等)、卫星属性信息(卫星轨道预报、卫星有效载荷状态等)和约束条件(能量约束、侧视角约束、太阳高度角约束、云量约束、相机开关机时间约束、侧视次数约束、星载存储器容量约束等)进行任务规划;然后,依据任务规划结果生成载荷控制指令,在确认无误后,经由地面测控设备将载荷指令发送至成像卫星,由成像卫星执行指令;接下来,将获得的影像数据发送给地面接收设备,再由其地面应用系统进行处理,最后将处理后的数据发送给用户。对卫星实施成像的管控过程通常都具有周期性。

从以上卫星实施成像过程中可以看出,任务规划在整个成像卫星业务应用过程中起着关键的作用,主要解决如何对多颗卫星资源进行有效的分配与调度,制定卫星的观测计划,以最大化地完成用户提交的任务,其结果直接影响到成像卫星系统的任务执行效果。

在成像卫星技术发展之初,由于卫星载荷能力有限,用户任务也相对较少,任务的成像时间和成像角度都相对固定,卫星管理控制比较简单,任务规划问题也不突出。随着成像卫星技术的发展和地面影像数据需求的增加,卫星开始需要调整遥感设备的侧视角度选择地面目标进行成像,在安排成像过程中必须考虑多种成像约束以保证卫星安全可靠运行和成像计划的顺利实施。由于成像卫星高速运行于近地轨道,所以对地面实施成像受到卫星同目标的可见时间窗口限制,又由于卫星成像设备在一定时间内姿态调整的能力有限,在成像任务之间进行动作转换需要满足多种约束条件。一般而言,难以在一次任务规划时间范围内完成所有的任务请求,卫星每次执行的任务往往是任务请求集合的一个子集,不能满足用户提出的所有任务请求。

为了缓解这种供求矛盾,越来越多的成像卫星出现在空间中执行对地观测的任务。但是尽管在轨运行的卫星数量不断增加,相对于迅速增长的影像数据需求,有限的成像卫星资源仍然显得异常宝贵。为了充分利用成像卫星资源,需要针对用户成像需求,对多颗成像卫星进行统一管理,均衡考虑各种因素,传统的手工或简单的推理计算已不能满足卫星日常管理和指挥控制的需求,必须借助于适当的数学模型和软件工具才能较好地管理和分配卫星资源,以最大化满足用户日益增长的成像需求。

总体来说,卫星作为一种沿轨道飞行、周期重访的天基信息获取资源,在获取空间信息方面相比其他感知资源具有得天独厚的优势。与空间信息获取相关的卫星任务规划相比,其作用意义主要体现在以下三个方面:首先,通过卫星任务规划能够自动化处理卫星的多类型约束(轨道动力学约束、固有资源属性约束以及编码指令约束等),保证卫星信息采集任务执行的可行性与可靠性;其次,卫星任务规划属于典型的优化调度问题,在满足既有约束的情况下,通过资源的分配与任务的调度实现有限资源与超荷需求情况下的效益最大化;最后,卫星任务规划能够极大程度地提高卫星管控的自动化与自主化水平,简化卫星管控流程与降低人员管理成本。一言概之,卫星任务规划的作用就是提升整个天基卫星系统的整体效能,降低运控成本。

当前针对卫星任务规划的技术方法,从目标角度来讲,主要分为点目标、线目标、区域目标以及移动目标的任务规划;从资源角度来讲,主要分为单星任务规划、集中式多星协同任务规划与分布式多星协同任务规划;从规划方法来讲,主要分为以爬山法、分支定价法等为代表的确定性精确求解算法,以演化计算、构造启发算法等为代表的启发式、元启发式以及超启发式算法;从问题的动态特征而言,可以分为确定环境下离线任务规划方法与不确定环境下在线任务规划方法。

虽然目前已有一些有关卫星任务规划问题的研究和相关软件系统,但仍缺乏从问题分析、模型、算法到最终软件系统的完整分析,并且大多数研究都与具体卫星系统及任务紧密关联,不能很好满足人们的实际需要。随着用户成像需求的日益迫切、卫星能力的增强和数量的增加、不同类型成像卫星的出现(如高分辨率卫星、自主卫星),成像卫星任务规划技术对如何高效发挥卫星成像观测效益的重要性日益凸显,尤其是成像观测约束抽象精准性、载荷特性建模准确性、求解多目标规划算法效率等愈加重要。基于此,本书针对不同任务情形下的成像卫星任务规划问题,尤其是针对高分辨率卫星进行研究,力求形成一系列有效的卫星任务规划技术。

1.2 卫星任务规划问题研究现状

随着成像卫星技术的发展,卫星任务规划问题也逐渐引起重视。目前,国内外已经开展了很多成像卫星任务规划问题的研究。

1.2.1 成像卫星任务规划技术研究现状

国外早期对成像卫星调度问题的研究包括：美国 NASA 的 AI Globus 等人在文献[7]中对成像卫星调度问题进行了较全面的分析和分类，分类依据主要包括是单星还是多星联合、是敏捷卫星还是非敏捷卫星、星上携带单遥感器还是多遥感器、是否可以利用中继卫星等方面。该文献仅重点研究了其中最简单的两类问题，即单颗非敏捷卫星调度问题和由两颗相同的非敏捷卫星组成的星座的联合调度问题，重点探讨了进化算法在这两类问题求解中的应用。但测试算例表明，由于大规模问题的复杂性，遗传算法的优化性能并不理想，而且受交叉算子的影响较大。Muraoka 等人针对应用演化再造（Application Sheet Train Evolutionary Reengineering，ASTER）系统的任务调度问题，设计了基于贪婪规则的启发式搜索算法。算法的调度目标是最大化完成任务的收益（优先级之和）。在国内，王军民针对对地观测卫星鲁棒性调度，借鉴了基于偏好的加权 Pareto 方法和文化算法的双层空间概念，设计了一种基于偏好的分层多目标遗传算法 PHMOGA。张帆针对单颗对地观测卫星任务调度问题，采用遗传算法，给出了一种多目标最短路径优化算法，同时得到多个任务调度方案，然后通过设定的策略选择出最终的任务调度方案。

在面向区域目标的调度算法方面，澳大利亚的 Rivett 采用线性规划算法对其建立的数学模型进行求解，算法的时间消耗问题使其只能解决小规模的问题。Walton 针对单星单个区域目标的任务观测调度问题，分别采用了最近邻点法、多片断、最小生成树以及基于 2-Opt 和 2-H-Opt 型邻域的局部搜索算法，取得了比较好的实验效果。阮启明采用贪婪随机变邻域搜索算法（Greedy Randomized Variable Neighborhood Search，GRVNS）、禁忌搜索算法以及模拟退火算法求解区域目标任务调度问题，并对这些算法进行了比较，得出以 GRVNS 算法得到的解作为初始解的禁忌搜索过程综合表现最好的结论。

LemaîTre 首次引入了敏捷卫星调度问题，提供了该问题的一般化描述，指出敏捷卫星调度问题是一个基于目标选取和目标调度的组合优化问题。同时，文献[14]研究了俯仰能力的提升对卫星观测自由度的影响，对复杂的姿态机动转换时间提出了简化版的数学模型。最后，采用贪婪算法、动态规划算法、约束规划算法和局部搜索算法四种不同的求解方法对问题进行求解，并分析了不同算法的特点。

Dilkina 整合了序列搜索空间和约束传播的相关方法,对敏捷卫星调度问题进行了求解。为了保障搜索过程的灵活性,先在不考虑资源约束的前提下,采用了序列解空间中的大邻域搜索方式,再利用约束传播来使方案合法化(满足使用约束)。文章研究了爬山法、模拟退火算法等不同局部优化算法与约束传播算法相结合的求解效果,并通过实验验证了结合约束传播的序列解搜索方法对于求解敏捷卫星调度问题的有效性。

Bianchessi 对 SAR 载荷的敏捷卫星星座的调度问题进行介绍,建立了相关的数学模型,并采用了启发式算法对问题进行初步求解。Bianchessi 也对多圈次的多星调度问题进行了研究,提出了一个禁忌搜索的方法来求解该问题,并用一个基于松弛模型的列生成方法来评估解的质量。在后续的研究中,Bianchessi 以由四颗合成孔径雷达卫星组成的 COSMO-SkyMed 星座为研究对象,对星座的成像调度和数传调度问题进行了建模,模型以最大化成像及向地面回传图像的数目为优化目标,考虑了较为复杂的约束条件,并用一个具有前瞻和回溯机制的构造式算法对问题进行了求解,采用启发式方法是为了确保能够在合理的求解时间内得到一个可行解。Bianchessi 在其博士论文中对相关研究工作做了较为系统的描述。

Djamal H 将敏捷卫星调度问题理解成从一个目标备选集中选取一个满足观测约束条件的目标子集,并最大化所选目标子集的收益和。作者针对包含立体成像需求和时间窗口约束的敏捷卫星调度问题,提出了一个基于饱和一致邻域的禁忌搜索算法来求解该问题,算法结合了局部枚举等相关的搜索技术,采用一个约束优化模型和具有凸性的评估函数。为进一步优化解的质量,Djamal H 还对一个最小化转换时间的子问题进行了优化,并利用松弛约束和线性化目标函数求解问题的上界。

Florio 为了求解一个敏捷卫星星座的近优解,提出了一个具有一定前瞻能力的启发式方法。同时,在该算法的帮助下,也对不同星座构型对观测能力的影响进行了分析。

王沛对中国敏捷卫星对环境变化和灾难监控方面的观测能力进行了讨论分析,并提出了一个敏捷卫星调度问题的非线性模型和一个基于冲突消解的启发式算法。该算法具有一定的回溯能力,采用了数传优先的原则。最后,文献[24]还对一个基于该算法的决策支持系统进行了简单的描述。

Kananub 将敏捷卫星调度问题视为一个具有多时间窗口约束的组合优化问题,讨论了敏捷卫星和非敏捷卫星的不同特点,表明虽然俯仰能力提高了卫星的观测效率,但是也加大了卫星调度的求解难度。文献[25]将该问题分解为一个资源匹配问题和一个单星调度问题,并提出一个学习型遗传算法来对该问题进行求解。算法从迭代过程中提取知识模型,再用所提取的知识模型指导后续的搜索过程。

Tangpattanakul 将多用户的敏捷卫星调度问题看作一个多目标优化问题,并建立了相应的数学模型,第一个优化目标是最大化方案整体收益,第二个优化目标是降低不同用户间的收益差值。同时,其提出了一个基于指导信息的多目标局部搜索算法来解决该问题。Xu R 在假设不同观测任务有不同优先级的情况下,将目标函数改变为最大化观测任务的优先级之和,并提出了一个基于优先级序列的构造式算法来解决该问题。

Grasset 研究了敏捷卫星动作规划与运动规划的相关关系,分析了约束检查和约束传播的复杂性,并设计了自动推理计算算法来计算姿态轨迹,用来辅助卫星的动作和运动规划。

Globus 对比了遗传算法、爬山算法、模拟退火算法和迭代采样算法等不同随机搜索算法对观测卫星调度问题的求解效果,采用了序列解和调度解翻译器的方式来处理卫星观测调度问题的相关约束。在 10 个调度算例的实验中,模拟退火算法获得了最好的求解效果。

Liao 研究了来自台湾的观测卫星 FORMOSAT-2 的调度问题,该问题同时考虑了观测姿态和天气条件对成像质量的影响。Liao 将该问题看作一个随机整数规划问题,并采用了一种滚动方法对问题进行了求解,但是目标数目对算法的求解质量造成了较大的影响。

Wu 对传统非敏捷宽幅观测卫星的调度问题进行了研究,作者将该问题分解为目标聚类和规划调度两个子问题。在目标聚类阶段,采用了聚类图对问题建模,并应用最小簇划分方法对问题进行了求解。在规划调度阶段,采用有向无环图对问题进行建模,并应用结合了局部搜索的蚁群算法对问题进行了求解。

Pralet 提出了时间依赖的简单时序网络的概念(Time-dependent STN, TSTN)。在 TSTN 中,两个时序位置间的距离不是常数,而是与具体时刻点的安排相关。文献[33]指出,这种建模方式可以有效表达具有时间依赖特性的转化时间,即转换时间的具体取值依赖于转换动作的具体开始时刻。

Gleyzes 对双敏捷卫星星座 Pleiades 进行了介绍,该星座具有 24 小时内可对地表任一目标进行成像的能力。地面管控中心每天要分三个时段生成

Pleiades 的调度方案,并通过不同的地面站进行上注。这种方式提高了星座的响应能力,可使星座对其上注时刻 2 小时前的所有任务进行响应。

鉴于对地观测卫星的巨大发展前景,多家公司研究的卫星任务调度系统或者商用任务调度软件也在现实中取得了一定的应用。Pemberton 等人对其建立的卫星任务调度的数学模型,基于约束传播的机制,采用 ILOG 软件,不断缩小解空间以求得最终的调度方案,并且开发了商用卫星任务调度系统。此外,还有美国分析图形公司(Analytical Graphics Inc,AGI)公司开发的卫星任务调度器 STK Scheduler。这些商用软件虽然在求解多星任务调度上有各自的优点,但是普遍不够通用,可扩展性较差,扩展使用到新的卫星调度时需要原公司做二次开发。美国国家航空航天局(NASA)针对 EO-1 卫星设计了 ASPEN 系统,针对 Landsat 7 设计了专用的调度系统、ASTER 调度系统,美国轨道公司为 OrbView-3 卫星开发了 OTS(OrbView Tasking System)系统等,这些系统与具体的卫星约束及参数紧密相关,其他卫星系统并不能够直接应用。

1.2.2 多星任务规划技术研究现状

在多星成像任务规划建模和求解方法方面,相关研究的主要区别在于模型中所考虑约束的细致程度和简化程度。Wolfe 和 Sorensen 等人给出了三种方法来解决 EOS 规划调度问题,分别是基于优先级的方法、前瞻算法和遗传算法。基于优先级的方法可以简单快速地产生可行解;前瞻算法扩展了基于优先级的方法,损失有限的时间换取结果较好的提升;遗传算法可以产生近似最优的结果,但速度比前两种要慢得多。NASA 的 Globus 等人认为对地观测卫星任务规划问题的主要特点是需要考虑多种复杂约束且搜索空间巨大。优化目标是观测尽可能多的高优先级任务。他们比较了遗传算法、爬山法、模拟退火等方法在小规模(目标数的数量级为 10)EOS 任务规划实际问题中的应用。研究结果表明,在其假设条件及测试场景下,模拟退火算法的效果最好。

欧洲航天局的 Nicola Bianchessi 等人探讨了面对日益复杂的用户需求(例如,要求多星协同拍摄较大面积的区域目标)和卫星灵巧程度增加带来的数据采集机会的增多对于多星、多载荷、多圈次联合任务规划的迫切需求。在模型中考虑到了两次成像开机之间卫星姿态调整需要的转换时间以及用户需求的时效性要求,并考虑到了卫星被多用户共享时的公平性要求。由于问题求解采用了改进的禁忌搜索算法,并用列生成方法求得了测试集算例的上界作为评价算法性能的依据,因此对于资源负载的公平性要求,以及对于本书在考虑各个对地观测系统之间分配公平性指标的设计方面具有一定的借鉴意义。但该文献[47]没有考虑星载存储与能量约束,且做出了一些严格的假设。

美国 NASA 的 Globus 针对多星任务调度问题,假设每颗卫星具有多个成像设备,给出了约束满足模型,但没有考虑星载存储器的容量限制,对于模型求解算法的细节,文中也没有给出。Frank 等人提出了一种基于约束的描述方法和模型表示,从求解问题的规模来看,其算法尚不能处理大规模的任务调度问题,并且在求解问题之前,应事先给出观测任务所需要的卫星及遥感器资源。美国 NASA 的 Frank 和 Dungan 等人将多颗成像卫星联合调度问题描述为约束满足问题,将观测任务优先级收益作为优化目标,并采用基于约束的区间(Constraint-Based Interval,CBI)架构对问题进行描述,实现了一个名为 Europa 系统的多星联合调度系统。

美国 NASA 喷气推进实验室的 Chien 等人为追踪未预期的地面事件对一组对地观测卫星进行调度,主要研究了多星传感器网络发现突发事件、数据处理、将信息传递给其他卫星进行观测的处理机制与流程,没有给出明确的模型和算法。英国剑桥查尔斯·斯塔克·德雷珀(Charles Stark Draper,CSD)实验室的 Abramson 基于分层求解思想将多颗小卫星联合调度问题分解为多个层次,在各个层次面向不同的约束条件建立了动力学模型,并在每层的问题模型描述基础上建立了问题的整数线性规划模型,但未介绍相关求解算法。

国防科学技术大学的贺仁杰研究了面向点目标的多星任务调度问题,把该问题看作具有时间窗口约束的多机器并行调度问题,分别给出了约束满足模型及混合整数规划模型,但模型没有考虑卫星存储及卫星观测数据的回传问题。李菊芳考虑到了数据存储和下传的情况,采用混合建模思想,提出了一种基于混合约束规划的数学模型。王沛将问题抽象成一类含有多个时间窗口和可补充资源约束的异构多车搭载递送问题,建立了整数规划模型,并首次将分支定价算法引入该问题的求解过程。白保存研究了考虑任务合成的成像卫星调度问题,在满足资源和任务约束条件下,综合调度点和区域两类目标,并充分考虑任务间的优化合成,建立了考虑任务合成的成像卫星调度模型。郭玉华面向光学、SAR、电子侦察等多种类型的中低轨对地观测卫星联合任务规划的应用需求,针对具有复杂约束关系的观测任务,分别提出了面向综合效益优先策略的基于贪婪随机自适应搜索过程的混合算法、面向任务优先策略的分层控制免疫遗传算法,以及面向移动跟踪监视任务的多类型卫星联合任务规划算法。徐一帆针对天基海洋移动目标监视问题,分别提出了基于信息度量的单阶段多星联合调度方法,以及基于强化学习的多阶段多星联合调度方法,此类方法对于具有不确定属性任务分配具有较大的参考价值。

此外,国外相关学者还研制了一些多星任务规划原型系统,Pemberton 等建立了约束满足问题模型,基于 ILOG Solver/Scheduler 调度引擎,开发了通用卫星任务规划系统 GREAS。美国 AGI 公司开发了 STK/Scheduler(Satellite Tool Kit/Scheduler,卫星工具包/调度软件),支持一体化的任务分析和规划。美国 Space Imaging 公司和 Orbit Logic 公司联合开发了多星采集规划系统 CPS(Collection Planning System),采用的算法与 STK/Scheduler 类似。欧洲航天局研制了多任务分析规划工具 MAT(Multi-Mission Analysis and Planning Tool),能够处理用户灵活定制的任务需求,并采用了启发式算法及随机进化的贪婪算法求解。

1.2.3 测控数传资源调度技术研究现状

Arbabi 最早将混合整数规划应用于多星测控问题,文献以最大化成功调度任务需求的偏好值之和为优化目标,考虑地面资源的准备和释放时间,对于同一测控设备的任务具有非并发性等约束,同时将调度人员人工排序使用的启发式规则应用到模型的求解中,对任务数目在 50 以下规模的测控场景调度可获得满意结果,但对更大规模场景的适应性较差。由于多星测控调度问题与运输规划调度问题具有相似性,因此 Arbabi 还用运输规划模型对测控资源调度问题进行了描述,并采用插入法对模型进行了求解。

在 Arbabi 研究的基础上,Gooley 等人应用混合整数规划模型对航天测控资源调度问题进行了研究,以单个测控任务是否被调度作为决策变量,将最大化成功调度任务数目作为优化目标,考虑了不同轨道类型的卫星和可见弧段对调度结果的影响,以及测控设备的准备释放时间等约束。在模型的求解上,采用按不同卫星类型进行调度,将高轨卫星和中低轨卫星两类需求差距较大的卫星测控任务分开进行调度,在得到的调度结果的基础上采用交换插入的方法进行调整。该模型针对每日 300 个左右的任务规模,可达到 91% 的调度成功率。

张娜等人考虑到以往采用的一些多星测控调度规划模型存在参数众多、约束条件复杂、系统需求描述不完善等问题,提出了一种整数规划模型,将任务隐性地通过预报流和测控弧段中隐含的信息来表示,建立了该问题的多目标整数规划模型。该模型将原本针对任务的调度问题转换为针对弧段的调度,对系统需求进行了符合实际的描述,并利用蚁群算法进行求解,引入局部搜索策略提高了算法搜索效率,结果表明该算法具有良好的收敛性,可大大提高测控网的资源利用率。

金光、武小悦等人针对测控调度问题提出了一种非线性泛函模型,模型考虑设备服务类型(遥测遥控测定轨)、设备状态、可见时间窗口约束、弧段约束和优先级约束对调度的影响,考虑设备切换时间,以规定时间内所有地面站稳定跟踪服务总时间为衡量调度结果的目标函数。为了便于求解,对该模型进行了适当假设和简化,最终将原模型简化为 0—1 规划模型进行求解。金光在综合考虑航天测控资源调度中涉及的资源、任务、事件、约束的基础上,建立了卫星地面站测控调度的 CSP 模型。

郑晋军对地面站多星测控调度的动态规划模型进行了研究。在建模时,考虑多目标约束之间和多优先级之间的相互关系和转换,以卫星测控需求的紧迫性为原则,兼顾地面站的均衡使用性等其他方面的目标,模型的求解采用遗传算法通过数值仿真完成。

Pemberton 认为测控资源调度就是如何实现资源与任务相对应的问题,也就是如何为任务分配资源使得任务能够有效完成的问题。Pemberton 指出,测控资源调度问题存在多种约束,因此可将该问题看作一类约束满足问题。Pemberton 还提出了测控调度中的四类主要研究对象(任务、资源、事件和约束)及其定义。目前,Pemberton 给出的测控调度和任务的定义已经得到较为广泛的肯定。

王远振等人首先将 Petri 网模型引入地面站调度,建立了多星—地面站调度模型。该模型通过建立一个统一的地面站设备库所和一个等候服务卫星库所来描述系统中的对象,并通过对象着色和时间着色技术反映系统的调度流程,最后通过方案库所生成和储备调度方案。金光考虑了测控任务的执行过程,建立了可以描述测控过程状态变化的 Petri 网模型。

Arbabi 以及 AFIT 的研究员 Gooley、Shalck、Parish 等人都建立了问题的启发式模型并最终应用启发式模型进行了求解。欧洲航天局的 Marinel 等人提出了一种能够反映多种技术约束的强时间指标的启发式模型描述问题,并设计了能够适应较大规模卫星距离调度(Satellite Ranging Scheduling,SRS)问题求解的基于拉格朗日松弛(Lagrangian Relaxation)的启发式算法。Soma 等人针对印度空间遥测、跟踪和控制网(ISRO Telemetry Tracking and Command Network,ISTRAC)的 5 个地面站和 8 颗低轨卫星建立了一种启发式模型,并开发了首个基于遗传算法的测控调度软件。

李云峰提出了任务执行灵活度和任务执行冲突度的概念,设计了基于试探性的卫星数传任务调度算法。该算法的基本思想是:优先调度优先级高的任务,当优先级相同时,优先调度难调度的任务,即任务执行灵活度低的任务;当一个任务有多个可用时间窗口时,优先选择任务执行冲突度较低的串口。李云峰针对数传任务资源分配问题,设计了免疫遗传算法,并给出基于免疫遗传算法的卫星存储转发数传调度算法和基于免疫遗传算法的卫星数传两阶段调度算法。

针对 AFSCN 的卫星调度问题,Burrowbridge 研究了一个简单的单资源(天线)AFSCN 低轨卫星调度问题,问题中所有任务共用该资源,并认为任务的执行时间等于时间窗口的长度,目标是最大化被调度任务的数量,采用贪婪活动选择算法获得最优解。

Barbulescu 对于低轨卫星的多资源(多地面站天线)调度问题,在任务执行时间等于时间窗口长度的假设条件下,证明了该调度问题为多项式问题,并提出了一种贪婪算法,即 GreedyIS 算法。该算法的步骤为:首先按照结束时间不减的顺序排序,依次从前至后确定每个任务的资源。在确定过程中,有限选择任务开始时间之前空余时间最小的资源,利用该算法可求得问题的最优解。

凌晓冬在其博士论文中,综合考虑和平衡调度过程中出现的各种影响因素,对影响测控任务的各因素进行量化,同时考虑卫星测控需求的满足情况,提出了测控任务综合优先度(TT&C Task Synthetic Priority,TSP)的概念,进而设计了面向需求的综合优先度(ROTSP)测控调度算法。该算法首先综合分析各项影响因素,得到综合测控优先级,然后考虑各测控任务对测控需求满意度的贡献程度,得到需求满足贡献度优先级。将两者进行加权,形成测控任务综合优先度,再以此依据得到任务调度优先顺序,最终生成调度方案。

Parish 设计了 GENITOR 遗传算法解决 AFSCN 中地面站资源分配问题,取得了良好的调度效果。李元新针对测站级测控资源分配中存在的测控任务冲突问题,根据资源分配的一般原则及最优准则,建立资源分配优化模型,利用遗传算法给出该模型的求解方法及步骤。陈祥国将数传任务在调度序列中的可能位置抽象为节点,建立了描述信息素节点分布的矩阵解构造图,并提出了基于矩阵解构造图的蚁群算法。算法通过随机转移概率决策模型进行节点转移,在算法迭代中利用精英保留策略进行全局信息素更新。研究结果表明,该算法是求解卫星数传调度问题的有效方法,具有较好的收敛性和鲁棒性。

在天基测控资源调度问题的相关研究方面，Adinolfi 等人针对欧洲航天局的数据中继卫星调度问题进行了研究，设计了基于知识的启发式调度算法，并以此为基础研究开发了中继卫星资源调度系统。Rojanasoonthon 针对 NASA 的跟踪与数据中继卫星系统，利用并行机调度理论对其进行研究，建立了混合整数规划模型，提出了贪婪随机自适应搜索算法。Reddy 研究了中继卫星单址链路的调度问题，仅考虑单时间窗口任务约束，设计了动态规划算法并取得良好优化结果。

国内在有关中继卫星资源调度问题方面也相继取得了重要研究成果。方炎申以中继卫星单址天线为研究对象，通过分析调度问题特点和约束条件，建立了中继卫星单址天线调度的约束满足模型，并利用 STK 工具箱证明了约束满足模型的合理性。方炎申基于原有单址天线模型，建立了中继卫星多址天线调度问题的约束规划模型，并提出了基于时间窗口期望值的多步迭代算法。

马满好对星间链路建立的平台可见性条件进行分析，设计了计算平台可见性的一般算法，提出了中继卫星天线资源分配策略和求解算法，并用 Matlab 进行仿真，验证了模型及算法的合理性。

顾中舜充分考虑中继卫星所处环境、用户需求、中继卫星系统内部等不确定性因素，研究了中继卫星动态调度问题。建立了中继卫星动态调度框架，将中继卫星调度过程中卫星资源状态改变和新任务到达导致的动态调度情况综合考虑为一种情况，即新任务的插入问题，分别采用局部搜索算法和基于规则的局部优化算法求解，并对两者的结果进行了比较。

程思微和张彦针对中继卫星调度问题的模型语言表达进行了研究，分别采用规划领域定义语言(Planning Domain Definition Language, PDDL)语言和可扩展标示语言(Extensible Markup Language, XML)语言进行模型表述，为中继卫星资源调度问题模型的表达方法提供参考。

1.2.4 卫星自主任务规划技术研究现状

卫星自主运行是航天工业关注的一个重要课题，其主要挑战在于如何设计系统，使得将底层功能模块与高层决策模块集成起来，实现卫星的自主控制，即卫星能对其动作进行自主规划。目前，NASA、美国国防部、欧洲航天局等很多机构都在研究卫星的自主控制技术以支持卫星的自主运行，完成复杂的任务目标。

NASA 的深空航天器 DS-1 上采用了 Remote Agent 自主控制系统，该系统是首个在任务过程中对航天器进行自主闭环控制的软件,其核心为星载 RAX-PS(Remote Agent Experiment Planner/Scheduler),主要生成一个可在航天器上安全执行的规划,来获得指定的高层目标。

1999 年 3 月 17 日,NASA 启动了第一个运行在航天器飞行软件上的基于 AI 的规划/调度系统 RAX-PS。作为自主控制系统的一部分,星载 RAX-PS 的主要任务是根据飞行任务,产生约束各分系统的计划。图 1-1 是它的系统原理图,由两部分组成:一个是通用的规划引擎,由搜索引擎和规划数据库组成;另一个是专用的知识库,由启发函数和域模型组成。

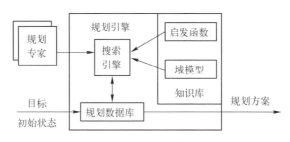

图 1-1　RAX-PS 系统原理图

规划与调度系统工作时必须了解被规划对象的结构、功能、资源以及各种约束条件等,RAX-PS 采用域描述语言(Domain Description Language,DDL)对其进行描述,这些描述构成规划系统的域模型。DDL 用状态变量描述卫星的各个功能,最终飞行计划由一系列状态变量的取值组成,这些变量取值代表航天器的各种基本功能。每个取值都有各种约束条件,代表实现这些功能的前提条件,这些约束条件在进行规划时就成为操作规则。在规划域模型的基础上,该系统建立了基于约束的规划与调度模型。系统任务请求与系统初始状态一起作为模型的输入条件,规划引擎利用各种约束传播算法作为产生规划方案的主要手段。求解算法首先选择没有解决的冲突,通过约束传播产生一个约束网络。当约束网络一致时继续解决下一个冲突,直到没有冲突为止。当约束网络不一致时,采用回溯算法重新求解。在这个过程中,常用启发函数加快求解过程。

自动调动与规划环境(Automated Scheduling and Planning Environment,ASPEN)是目前最成功的自主规划与调度的框架之一。该框架研究中有关建模语言、多搜索引擎、面向人在回路的迭代修复机制、在线重规划和方案优化等方面的讨论对后续的自主任务规划系统有很好的借鉴意义。ASPEN 能够针对抽象层次更高的科学、工程等观测目标,自动生成 EO-1 卫星指令层次的每日工作计划。EO-1 是来自 NASA 的敏捷自主卫星,它能发现地球表面的火山喷发、冰层消融、云雾遮挡、地壳运动等科学事件。ASPEN 内嵌的建模语言能够对航天器运控领域的主要要素(活动、资源、状态、参数)进行描述。EO-1 特定的领域模型(即用 ASPEN 内嵌的建模语言对 EO-1 进行建模)主要是对 EO-1 上搭载的 ALI 成像设备的成像活动进行建模。不同的成像活动,其优先级差异取决于以下几个方面:成像区域的云层覆盖情况、成像区域的太阳角、在固存溢出之前成像区域的图像数据能够下传的机会、EO-1 的成像与 Landsat7 的成像的相近程度(EO-1 与 Landsat7 在同一轨道面上有一定的相位差,可以利用 Landsat7 的数据对 EO-1 的计划进行验证)和成像区域的重要度等。Fukunaga 对 ASPEN 的体系架构、建模语言和应用案例进行了介绍。

连续行动调度规划执行和重规划引擎(Continuous Activity Scheduling, Planning, Execution, and Replanning, CASPER)是 ASPEN 的精简版,它接收基于目标的指令,并在不违反任何规则和约束的前提下,安排一系列动作以达到目标状态。CASPER 继承了 ASPEN 的推理规划能力,在 EO-1 项目中也得到了成功的应用。CASPER 在每次规划时,都维护四部分信息:当前状态、当前目标、当前方案和对未来状态的信念(基于前三部分信息的系统运行轨迹的推演和预期)。CASPER 基于固定的时间步长(可以短至几秒)或事件步长(推进到下一最新事件发生时刻)采集系统的实时状态和新的目标,并在此实时信息的基础上进行必要的重规划,重规划的策略不是重新制定规划方案,而是以当前方案为基点,进行迭代改进,以便最快捷地生成符合当前状态的新的可行满意方案。

VAMOS 主要为了验证星上自主资源状态的检查调整的能力,以提高实际卫星规划效率与资源利用率。该试验包括星上和地面组件两大部分,地面组件(On-Ground component of VAMOS)通过整理不同用户的需求和预测的资源与环境状态,参考 TerraSAR-X 和 TanDEM-X 的任务规划算法,给出一个全局任务规划方案,并将其上注卫星。Lenzen 介绍了 VAMOS 在 Firebird 项目中的使用情况,并介绍了该框架如何通过赋予卫星一定的规划能力的方法来解决地面约束推理不精确的问题。星上根据观测反馈结果与环境、资源的变化情况,可实时调整星上实际资源使用情况,以保证星上重规划方案的可行性。Firebird 是火灾识别系统(Hot Spot Recognition System)的重要组成部分,该卫星能获得火灾位置、火情区域规模等火灾参数信息。VAMOS 还可快速规划由星载图像处理模块(VIMOS)实时产生的新的潜在需求,以实现星上自主发现、自主监视目标等功能。

PROBA 的系统设计包括一个主载荷和两个附加载荷,主载荷是一个地球观测装置紧密型高分辨率成像分光仪(Compact High Resolution Imaging Spectrometer,CHRIS)。CHRIS 具有自主性,其观测请求是面向目标的(例如,一个观测请求包括目标位置和观测持续时间),卫星将观测请求转变为一个活动调度、资源管理决策和卫星指向的命令。所有与有效载荷设备操作有关的准备、命令和数据处理活动都在星上进行规划,其中包括规划、调度、资源管理、导航、设备指向和数据下传。设备需求和航天器其他活动的规划和调度由一个星载的约束求解和优化组合系统来完成,以获得尽可能最优的数据。每个任务都有相关的约束、资源需求和优先级参数,并且引入成本函数对长期规划进行优化。相对而言,任务调度是短期的,目的是得到一个可行的任务序列。

AGATA 的软件体系结构设计支持对航天器在规划、监督和诊断等混合能力上的星上自主,且需要经过测试验证过程。其主要目标包括:研究高自主水平航天器的可行性;演示验证自主航天器受地面操作和操作员技巧的影响;开发一个快速原型工具来评估未来项目中的自主概念;定义并测试自主软件的开发验证过程。该仿真平台的空间部分由一个或若干个航天器组成,地面部分包括地面站、控制中心和任务中心。

其他有关成像卫星的自主任务规划技术的相关研究主要有:CHIEN 指出,自主航天器必须平衡长期目标和短期目标,航天器需在完成工程目标的前提下维护多种资源。自主航天器既需要通过提前规划来避免短视的决策,又要有面向突发事件的及时响应能力。CHIEN 在文献[104]中提出了一个整合任务规划和任务执行的求解框架。该框架支持对航天器运行方案的不断修正,并能根据环境变化更新当前工作计划。CHIEN 也分析了在线科学分析、重规划和基于模型的预估与控制等技术对自主航天器星座 TechSat-21 的影响,阐明了这些技术能力对进行空间实验的必要性,并对整合了规划、调度及执行指令生成的规划系统框架进行了介绍。

LaVallee 对美国宇航学会有关工业自主任务规划协同做了综述研究,他分析了自主任务规划能力在降低成本、减少航天器反应时间和提高运行效率方面的作用。该文献对来自 12 个研究机构的 88 个自主项目进行了分析,将航天器完全自主运行的相关功能分为自主任务及动作规划、任务控制、数据传输、导航和自主轨道控制、数据处理、航天器自动运行、载荷自动执行、文件管理系统八个模块。该文献还指出当前自主任务规划和调度算法对航天器的完全自主运行有重要的影响,相关研究仍有很大的提升空间。

　　Lemaître 研究了一种基于响应—优化框架的敏捷卫星自主调度方法,该框架将中长期慎思型规划和瞬时响应型调度两种动态处理模型相结合,克服了固定周期进行规划的"批规划"模式(Batch-Oriented)的缺点。其中,响应模块负责完成环境与优化决策模块的交互和激活优化决策模块。同时,响应模块能及时给出一个满足当前约束的可行调度方案。当被响应模块激活时,优化慎思模块负责生成一个较优的调度方案,并返还给响应模块。Beaumet 采用了一种迭代随机贪婪的算法来计算优化决策模块中的调度方案,该文章的研究者认为通过一定的前瞻机制能提高算法的优化效率。

　　Damiani 针对非敏捷卫星在线调度问题的特点和约束条件进行了描述,提出了一个在线调度算法,该算法具有可随时返回一个可行解的性质。Damiani 结合了动态规划的相关技术,分析了算法求解质量和求解效率之间相互影响的关系,通过实验初步分析了星载任务规划系统与地基任务规划系统对卫星观测效能的影响。

　　Liu 为了提高敏捷卫星的响应能力,分析了敏捷卫星调度问题的物理约束和卫星运行约束的相关条件,研究了结合任务规划、决策和信息反馈的自主规划架构,并提出了一种基于滚动规划的在线调度算法来对敏捷卫星动态调度问题进行求解。

　　Myers 为解决不确定动态环境中的调度问题,研究了具有生成规划方案、执行方案、检测方案和修复方案等功能的连续任务规划与执行的求解框架。该求解框架能根据新的环境信息和任务需求来调整原任务执行方案,用户也可通过该框架来指导任务方案生成、修正和监控的相关工作。

　　Estlin 对火星探测车的自主运行系统进行了讨论,该系统可指导多个火星探测车自主进行火星表面的数据采集和相关的科学实验。系统包含一个基于聚类分析的机器学习方法来对科学数据进行分析,并采用规划调度系统来保证多个火星探测车的协同行动以达到既定的实验目的。Estlin 对火星探测车的任务规划系统如何基于目标优先级制定行动方案,如何与实验分析模块配合来发现新的科研对象,如何动态调整方案来应对新的环境状态等问题进行了介绍。同时,Estlin 也对火星车数据传输问题及相关任务的规划方法进行了讨论。

　　Beaumet 分析了云雾遮挡对观测卫星的影响,提出了先通过云雾探测器来实时对目标上空的气候条件进行判断,再结合在线调度方法和敏捷卫星的机动能力来选取合适的观测角度,减小云雾遮挡对成像质量的影响。在实验中,作者采用一个面向连续约束满足问题的求解软件来估计卫星的最短姿态机动路径。

Pralet 采用了响应—优化框架来对同时考虑观测成像与数据传输的卫星调度问题进行了研究。分析了观测成像与数据传输对卫星固态存储资源的影响,介绍了将两者统一调度的优势。Pralet 选用了可随时返还可行解的随机贪婪搜索算法来完成中长期任务方案的优化。

Maillard 针对地面段在规划期间无法精确预估卫星在执行任务时的资源消耗等问题,提出了一个基于自主规划方法来优化该问题的求解思路。该文献指出,由于地面管控中心为了保障数据传输和观测成像任务的可靠性,往往会给任务制定较长的执行时间以留出余量,这导致了卫星资源的浪费。Maillard 利用卫星的自主规划方法使卫星可在星上根据目标优先级来调整不同目标的时间余量,以提高卫星的运行效率。

刘洋对含有时间窗口的多资源动态调度问题进行了相关研究,设计了一种启发式迭代修复方法来解决该问题。

李玉庆等人对航天器的自主规划系统进行了相关研究,该系统对任务的规划与调度、指令的执行及监控都有所涉及,并能在发现故障等紧急情况的状态下进行重规划等相关操作。

1.2.5 研究现状总结

从上述相关工作的研究可以看出,卫星任务规划问题与实际应用结合紧密,是工程应用中亟待解决的问题,已经得到了世界各国研究人员的广泛关注,并取得了丰富的成果,但是还存在一些问题有待于进一步研究。

(1) 现有卫星任务规划技术研究没有针对不同的成像卫星(尤其是高分辨率卫星)特征设计相应的任务规划算法。随着卫星平台技术的不断发展,成像卫星的种类也日益繁多。当前成像卫星的应用目标逐步细分,从成像目的来说,有用于大区域覆盖观测的普查型卫星,也有用于多个重点局部区域的详查型卫星;从卫星平台来说,既有传统的非敏捷卫星平台,又有新型的敏捷卫星平台。同时,随着遥感传感器技术的发展,成像卫星的分辨率也在不断提高,低轨道和高轨道的高分辨率卫星已然出现。不同卫星的应用目的、平台特点和轨道特征都给相应的任务规划技术带来了全新的挑战。为了充分发挥不同成像卫星的能力,满足对应的观测需求,需要针对不同类型的成像卫星研究更适用的任务规划技术。

(2) 现有多星任务规划研究成果无法适应大规模、复杂约束条件下的调度问题求解。观测资源调度问题的解决一般是在结合观测平台与有效载荷使用约束基础上,依据用户所设定的优化目标,建立适当的调度模型,并采用相应的优化搜索算法进行求解。由于实际工程应用过程中,计划人员对算法执行时间性能要求较高,精确算法随着问题规模增加时间效率降低,一般采用启发式或者近似算法为主,而启发式算法与近似算法的求解质量相对不高。

(3) 测控数传研究中问题模型仍需完善,调度问题中不确定因素的处理方法相对缺乏。绝大多数公开的文献都是单独的基于天基和地基资源而展开的,且对实际测控数传过程中的约束条件做了过多的忽略和简化,不能全面有效地刻画天地测控数传资源一体化的调度过程。同时,由于难以获取实际过程中不确定信息的先验知识,当前动态调度方法多采用预测反应式调度的处理方式且都是对重调度算法进行研究,都是随机生成某些不确定事件,然后立即进行重调度,缺乏对卫星测控数重调度问题中不确定性因素、重调度策略、重调度方法等基础性问题的系统性研究。在某些极端情况下,将导致系统频繁进行重调度,不利于调度系统持续稳定地运行。

(4) 现有成像卫星任务规划研究主要集中在常规的周期性任务规划技术,尤其国内相关学者对成像卫星自主任务规划技术的研究不足。现有研究主要假定有关卫星任务规划的所有信息都是确定的,没有卫星资源故障等扰动发生,规划方案一旦生成后就不再变动。但常规规划技术无法保证卫星能有效应对突发的应急观测目标。针对新增观测需求、任务需求变更、星地资源故障等特殊情况,通过赋予卫星一定的自主任务规划能力,可使成像卫星能及时调整观测方案,快速响应应急观测需求。因此,研究成像卫星系统的自主任务规划与管理控制技术具有广阔的应用前景和重要意义,可拓宽成像卫星的应用场景,提高观测效率。

第 2 章
高分辨率卫星任务规划问题

为了有助于读者理解,本章首先介绍成像卫星一般性的工作过程;并在此基础上对影响卫星任务规划的主要因素进行了分析,总结了高分辨率卫星任务规划问题的基本输入、约束条件、输出和求解过程。

2.1 成像卫星工作过程

2.1.1 工作机理

虽然不同成像卫星的成像原理和有效载荷参数不同,但相对于成像卫星的任务调度问题,这些卫星的成像方式和成像约束条件有许多共同特点,这些共同特点是进行成像卫星任务规划的基础。

1. 对地成像覆盖

成像卫星一般采用近地极轨道环绕地球飞行,卫星飞行轨迹提供一维前向运动,星载遥感器侧视扫描提供垂直于轨迹方向的另外一维侧向运动,卫星每次通过地球上空时在地球上会产生一条二维扫描带,处于这个扫描带范围内的地面目标都有机会被卫星观测,如图 2-1 所示。为了便于理解,下面给出如下一些术语的定义。

定义 2.1:星下点轨迹。卫星在地面的投影点(或卫星和地心连线与地面的交点)称星下点,可用地球表面的地理经纬度来表示。卫星运动和地球自转使星下点在地球表面移动,形成星下点轨迹。

对于位于星下点处的地面观察者来说,卫星就在天顶。由于地球绕垂直于赤道平面的自转轴以 15°/h 的匀角速度自西向东自转,因而使得在旋转地球上的星下点轨迹有一定形状特点。星下点轨迹的意义在于它可用来确定成像卫星对地面的覆盖范围。

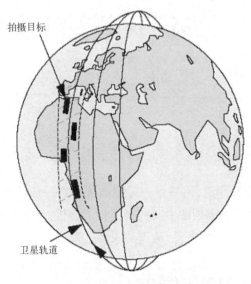

图 2-1　卫星对地成像覆盖示意图

定义 2.2：对地覆盖。成像卫星的对地覆盖就是卫星对地面的有效可视范围。

在成像卫星任务规划问题中，成像卫星对地面的覆盖是通过卫星星下点轨迹结合成像卫星最大侧视角度确定的；卫星在轨运行时，其最大侧视角度范围内所能够观测到的区域是一个以星下点轨迹为中线的带状区域，这个带状区域内的成像任务都可能被成像卫星实施成像。

定义 2.3：成像条带。对地面进行成像时，成像卫星仍然处于高速运动状态，同时星载传感器都有一定的视场角，所以每次成像动作在地面上形成的都是一个具有一定幅宽的成像条带，成像条带的宽度和成像卫星的视场角相关。

定义 2.4：成像任务和成像任务方案。由用户提出，需要成像卫星进行成像的地面成像目标称为成像任务。任务调度的结果称为成像任务方案。

定义 2.5：成像任务的成像侧视角和时间窗口。对于不在星下点轨迹上的成像任务，成像卫星对其成像时需要将传感器调整到特定的侧视角度以对准目标。成像任务的成像时间窗口是指卫星与任务目标相互可见的时间范围，是根据成像卫星的轨道参数和成像任务的地理位置所计算出的，成像过程必须在该时间窗口内完成。

卫星对地面覆盖情况直接影响着卫星对目标的可视程度,卫星离地面越高则覆盖区越大,有利于覆盖更多目标。考虑到地面分辨率因素,对于可见光和红外相机成像卫星来说,轨道高度越低则受气象、光照影响越小,分辨率就越高,更有利于图像信息的后续处理。由于单颗卫星对地覆盖范围和任务响应时间的局限性,通常需要采用多星组网的方式,实现对地全天候的观测。需要说明的是,成像卫星执行对地观测活动时一般包含准备和成像两个阶段。

1)准备阶段

如果星载遥感器的相邻两个观测活动对应着不同成像姿态,卫星在执行后一个观测活动之前需调整星载遥感器指向,使星载遥感器能够以正确的姿态完成成像任务。为了提高图像质量,当星载遥感器调整到正确的指向后,还需要稳定一段时间,使遥感成像过程受到的扰动最小。

2)成像阶段

当预定的地面目标进入星载遥感器观测视场时,星载遥感器开机,开始执行观测活动,持续对地面目标成像直至预定的关机时刻,此时执行关机动作,结束当前观测活动,准备执行下一个观测活动。

值得一提的是,高轨卫星的工作机理有所不同,高轨卫星可以在地球某个纬度的上空保持与地球自转的同步,并用卫星上搭载的相机获取对地观测图像。高轨卫星成像的重要特点是其对地观测时间窗口很长,高轨卫星的轨道周期是24h,日常的工作流程可分为白天阶段和夜晚阶段,其工作流程图如图2-2所示。

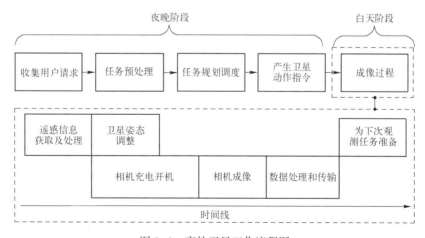

图2-2 高轨卫星工作流程图

在图 2-2 中,在白天阶段,高轨卫星的可见区域处于太阳下,因此卫星的可见时间窗口非常长。在可见时间窗口中,高轨卫星的每次成像过程包括遥感信号的接收和处理,卫星姿态机动和稳定等。在夜晚阶段,卫星可见范围的大部分或全部区域不会暴露在阳光下,无法成像。

高轨卫星对地观测任务的类型可以总结为三类:扫描任务、周期任务和凝视任务。不同于低轨卫星采用条带对目标进行观测,高轨卫星采用单景方块对目标进行观测。该单景方块是一个近似正方形的区域,其标准大小由高轨卫星相机参数决定。然而,在高轨卫星观测目标的过程中,由于目标所处的经纬度不同,高轨卫星需要不断调整姿态,所以单景方块一般会产生变形。

2. 影响成像卫星任务规划的主要因素

影响成像卫星任务规划的主要因素包括:用户对成像任务的需求、卫星成像资源的可获得性和地面数据跟踪接收资源的可用性。由于本书所指的成像任务都只考虑对地观测阶段,因此这里重点分析用户对成像任务的需求和卫星成像资源的可获得性这两个因素。

1) 用户对成像任务的需求

成像卫星任务规划的最终目的是满足用户对成像数据的需求,因此用户对成像任务的需求是卫星任务规划时需首先考虑的问题。用户对成像任务的需求包括成像数据的区域要求、对地观测模式、所需图像谱段和时间要求等。对于成像卫星任务规划系统来说,并不是每一个用户需求都是机会均等安排的,就像商业和服务领域设立的 VIP 服务一样,用户需求同样也可区分为重要用户需求和一般用户需求,在进行卫星成像任务规划时,当卫星资源使用发生冲突时,可根据用户需求的重要程度做出资源分配的决策,优先满足重要用户需求。

2) 卫星成像资源的可获得性

卫星成像资源的可获得性主要是指卫星有效载荷资源的可利用性,包括传感器工作的可分配时间段、传感器工作模式和星上存储设备的容量等。

对于固定的地面区域来讲,由于卫星沿固定轨道飞行,所以卫星对该区域的可见时间是一定的,当卫星飞临该区域上空时,由于卫星具有侧视能力,它可观测的范围可能很大,但受传感器成像幅宽的限制,只能选定区域内某个目标进行成像。

卫星有效载荷不同的工作模式也是进行成像卫星任务规划时需要考虑的

一种资源。例如,雷达成像卫星的工作模式非常复杂;不同工作模式下获取的数据的地面分辨率和成像幅宽有很大的差异。

当卫星在地面接收站范围以外工作时,通常将卫星所采集的数据存储在星上数据记录设备上,在卫星经过可接收地面站时进行数据下传。由于星上数据记录设备的容量是有限的,如果数据记录设备存储能力影响到目标成像,就需要在任务规划中考虑数据存储设备的容量、工作模式等约束。

2.1.2 业务流程

成像卫星系统的基本任务是对地面感兴趣目标进行观测,系统中的卫星及地面设备都是为这个任务服务的。完整的成像卫星系统由卫星及其地面系统组成,是一个复杂的大系统。就卫星的地面业务应用系统总体来看,除卫星地面测控任务管理外,通常包括四大部分,即卫星成像任务管理、成像数据接收、成像数据处理和成像数据分发服务,如图2-3所示。

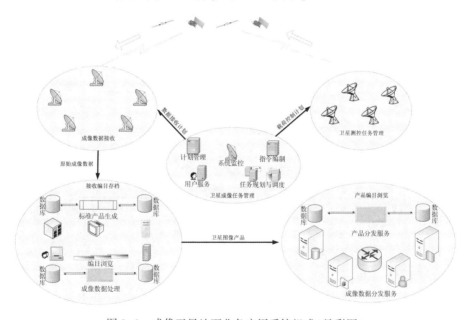

图 2-3　成像卫星地面业务应用系统组成(见彩图)

成像数据接收可由分布于不同地理位置的卫星地面站来完成。成像数据处理通常由专业化程度很高的数据处理中心来完成。成像数据分发服务可由一个分发服务中心和多个分中心通过高速数据传输网络组成,为不同地区用户提供数据分发服务。而卫星成像任务管理是整个成像卫星地面业务应用系统运行的核心,是卫星地面业务应用系统的重要组成部分,它包括根据用户需求和星地资源状况进行卫星成像任务规划,制定卫星观测计划,编制相应的卫星操作指令控制卫星有效载荷;根据各卫星地面站分布位置和设备工作状况制定相应的数据接收计划。

卫星成像任务处理流程图如图 2-4 所示,主要包括:①受理用户提出的成像数据需求;②根据卫星资源特性,对用户提出的成像数据需求进行预处理,分析需求满足可能性,对卫星成像任务做出初步分配;③结合地面数据接收资源情况和卫星资源的使用约束,依据特定的优化算法,对卫星成像任务进行规划和调度,得到优化的任务调度方案;④根据任务调度方案,制定卫星有效载荷控制计划和成像数据接收计划,控制卫星对地面目标进行观测,获取目标数据,指导卫星地面站接收成像数据。

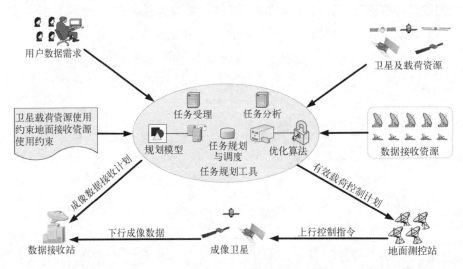

图 2-4　卫星成像任务处理流程图(见彩图)

从图 2-4 中可以看出,在整个卫星成像任务处理过程中,根据用户需求和星地资源状况,对卫星成像任务进行规划调度,制定具体的卫星有效载荷控制计划和成像数据接收计划,是整个任务处理流程的关键。

解决上述问题的重点在于如何根据任务需求和卫星资源特性及使用约束,同时考虑地面接收成像数据的可能性,建立成像卫星任务规划与调度模型,并对模型依据适宜的算法进行求解,以获得优化的卫星成像计划,最大化满足用户对成像数据的需求。

2.2 高分辨率卫星任务规划的基本输入输出要素

2.2.1 高分辨率卫星任务规划的基本输入要素

高分辨率卫星任务规划的基本输入项包括任务需求属性和卫星资源属性，每个基本输入项又包括若干输入要素。具体输入要素描述如下。

1. 成像任务需求

从应用角度来讲，单个成像任务可由如下的基本属性来描述。

1) 成像目标的地理位置

成像目标可分为点目标和区域目标。点目标的地理位置由区域中心点的经纬度确定；区域目标只考虑各种多边形形状，其地理位置由各顶点的经纬度坐标来确定。成像目标的地理位置决定了其与不同卫星的可见时间窗。

2) 图像类型要求

根据遥感器类型，图像一般分为可见光、SAR、红外等类型。对于具体的成像任务，必须指明图像类型要求，便于计划编制时确定可满足该需求的星载遥感器。

3) 地面分辨率要求

地面分辨率是遥感器的对地观测精度，指在像元的可分辨极限条件下，像元所对应的地面空间尺度。高分辨率卫星的这个值很小，代表其地面分辨能力很高，在定义一个观测需求时，如果对图像的地面分辨率有一定要求，必须设置图像所允许的最大地面分辨率。

4) 优先级

优先级是对成像任务重要性的评价，可理解为相应图像数据的价值，优先级越高说明成像任务越重要。

2. 卫星及有效载荷

卫星运行轨道可通过6个参数来描述：升交点赤经、轨道倾角、近地点角、轨道长半轴、轨道偏心率和卫星飞过近地点的时刻。卫星轨道参数决定了其在轨运动过程中与地球之间的相互几何关系，是计算卫星与给定地面目标的可见时间窗口的直接依据。卫星及其有效载荷主要包括以下属性。

1) 星载遥感器的类型和最佳地面分辨率

高分辨率卫星星载遥感器的类型主要包括可见光成像、多光谱成像、红外成像和微波雷达成像等。星载遥感器的实际地面分辨率可能会受到遥感器侧摆的影响，但对实际目标识别能力影响不大，可认为只要最佳分辨率达到了用户的要求，就可用于执行相应的成像任务。

2）可接受的云层覆盖率和太阳角

这两点主要说明了光学成像设备正常工作时对太阳光照强度和气象条件的要求。可见光及多光谱成像的清晰度会受到云层覆盖率和太阳照射角的较大影响；红外成像虽然不受太阳光照的影响，但也不能穿透云层；只有微波成像可进行全天候的工作。

3）星载数据存储的工作参数

星载数据存储资源主要由其有效存储容量来描述。星上数据存储设备一般采用的是高速大容量的固态存储器，在能够确保快速实时记录的前提下，存储设备的容量构成了最大的资源能力限制。

4）卫星执行连续观测活动的最小转换时间

高分辨率卫星携带的成像设备在执行连续的观测活动时，通常需要进行重新的调整和校准，并耗费一定的转换时间。由于这个时间具体决定于先后执行的观测活动，因此事先很难准确表示，在处理时可以根据卫星的具体特点设置为一个概略的固定值。

3. 其他输入条件

1）周期性任务

周期性任务是指要求按照某种规律执行的任务。在高分辨率卫星任务规划问题中，周期性任务包括基于时间的周期性任务(其执行周期是由固定的时间规律给定的)和基于事件的周期性任务(其执行周期是由给定事件的发生来规定)。在给定的任务规划时间范围，周期性任务可经过预处理转化为若干个一般任务来处理。

2）具有前后关系限制的成组任务

有些成像任务需求可能不是针对单一地面目标的，而是要求按照一定的先后顺序，完成对一系列地面目标的观测活动。对这种成组任务，可把每个目标作为一个子任务，并添加各子任务之间明确的先后关系约束。

3）气象条件

气象条件是在实施成像的实际过程中必须考虑的因素。首先，光学成像设备对云层覆盖条件有着严格的要求，如果云层覆盖较厚，那么所采集的数据价值将大大降低，甚至没有价值。其次，即使是能够穿透云层的微波成像设备，在雨天信号的衰减也会增大。因此有必要在任务规划的过程中就把天气因素考虑在内。但是成像计划通常是预先制定的,在制定计划时并不确知实际的天气情况,所以只能根据天气预报来考虑相关的约束。现在短期的天气预报已可做到较高的准确度,基本上可作为任务规划的依据。在具体处理时,气象条件的限制可反映为对可见时间窗口的影响;如果在计算好的成像卫星与某成像任务的可见时间窗口内,预报的气象条件不满足卫星正常工作的要求,则可以将该时间窗口删除。

2.2.2 高分辨率卫星任务规划的基本约束条件

1. 资源约束

1) 资源能力

在多星联合成像任务调度问题中,真正完成任务的是星载遥感器而不是卫星本身,每一个星载遥感器实际上是一个独立的资源,在任何时候只能执行一项观测任务。有的卫星上可能搭载有多个遥感器。

2) 资源类型

用户要求的图像数据类型必须与卫星遥感器类型一致。高分辨率卫星遥感器的类型主要有可见光、红外、多光谱和微波雷达等。

3) 存储容量

星载存储器具有一定的存储容量限制。

4) 能量约束

卫星姿态调整和侧视操作都必须消耗能量。卫星由太阳能帆板供电,电量使用和恢复都有时间上的限制。为了保证卫星安全可靠地运行,同时也为了保证高分辨率卫星的成像精度,在一定时间段(如单个飞行圈次)内,侧视操作次数、总开机时间、累积成像次数和累积观测时间等都有一定的限制。

2. 任务约束

1) 任务完成时间

用户对目标的图像获取时间具有一定时效性要求。例如,对于地震、洪涝灾害监视等应急任务,图像获取的实效性要求很高,否则无法满足目标区域的灾情态势评估,要求在任务规划中尽量早地安排此类观测任务。

2) 观测时间长度

大多数高分辨率卫星采用扫描方式对目标拍摄图像。一般来说,目标越大,需要扫描的时间就越长。对于点目标来说,由于观测卫星在近极地轨道上高速运行,卫星观测所需的时间实际上只是一个时间点。但考虑到卫星拍照前需要进行一些准备工作,实施侧视成像后需要有一个稳定时间,以及卫星轨道摄动和其他空间环境的影响,在时间窗口计算上肯定存在一些误差,必须使观测活动持续一定时间,以保证对地面目标顺利成像。

3) 图像分辨率

用户根据识别地面目标能力的需要会对成像的精度提出一个要求。实际成像的精度只有高于这个要求,才能算是有效的成像。

4) 周期性任务、成组任务及任务逻辑约束

周期性任务要求在一定时间内对某任务以某时间为周期进行多次重复观测。成组任务要求一组观测任务必须被同时满足,只完成其中一部分几乎没有收益。任务逻辑约束指多个观测任务之间的先后关系或互斥关系。

2.2.3 高分辨率卫星任务规划的基本输出要素

本书将高分辨率卫星任务规划问题的优化目标设定为:完成观测任务的优先级之和最大化。任务规划的输出结果主要包括执行了哪些活动、每个活动需要使用的资源和活动的执行时间等。任务规划结果既可按照成像任务的编号来编排,也可按照每颗卫星的行程来编排。从便于转换卫星遥控指令的角度来看,按照卫星行程来编排任务规划结果较好。任务规划结果按照每颗卫星运行时间的推进对其执行的各项活动进行说明,具体可表示为如下的一个元组:

(卫星标识,地面目标,相关资源,开始时间,持续时间,改变的数据存储量)

其中:卫星标识为具体是哪颗卫星的相关活动;地面目标为活动针对的成像目标;相关资源为执行活动的具体星载遥感器;开始时间为活动开始执行的时间;持续时间为活动持续的时间;改变的数据存储量为对地观测活动的执行对星载数据存储设备的影响。通常,对地观测活动会增加数据存储量。

2.2.4 高分辨率卫星任务规划问题求解过程

一般问题的求解过程基本上都可划分为建模和模型求解两个主要阶段。对于高分辨率卫星任务规划问题而言,由于卫星遥感资源的特殊性,其执行成像任务的能力受到了诸多限制,而仅从作为基本输入的任务和资源的相关属性,很难准确地描述任务规划过程必须考虑的相关约束。因此,本书在建模之前添加了一个预处理阶段,用于分析用户任务需求和资源的基本属性,对问题

进行一定的简化和规范化处理,同时为建模过程进行数据准备。高分辨率卫星任务规划问题的基本求解过程可划分为三个主要阶段,如图 2-5 所示。

(1) 预处理阶段。主要根据任务需求和卫星资源属性,计算分析任务执行的可能性,简化问题,为建模过程准备数据。预处理阶段的具体操作将在第 3 章中详细介绍。

(2) 建模阶段。主要工作就是找出任务规划问题所涉及的各要素间的相互关系,用近似的或确定的模型来表述高分辨率卫星调度问题。建模阶段的具体操作将在第 4~7 章中详细介绍。

(3) 模型求解阶段。主要工作是依据一定的求解目标,采用可行的模型求解方法,求得高分辨率卫星任务规划问题的解。模型求解阶段的具体操作将在本书的第 4~7 章中详细介绍。

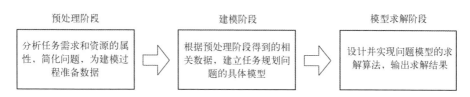

图 2-5　高分辨率卫星任务规划问题的基本求解过程

2.3　小结

本章对成像卫星日常工作过程做了详细的阐述,同时明确了高分辨率卫星任务规划基本的输入输出要素、约束条件和问题求解过程等。

第 3 章
卫星任务规划预处理技术

在成像卫星进行任务规划之前,需要将用户需求和卫星约束转换为任务规划模型的标准化输入,这个转换过程称为卫星任务规划预处理(简称"预处理")。预处理是卫星任务规划的基础和前提,预处理的好坏会影响到任务规划的效率。本章以多个实际工程项目为背景,在大量研读国内外相关研究成果的基础上,分析了传统预处理方法的优点和不足,建立了包括高分辨率卫星在内的成像卫星任务规划预处理的框架,明确了其主要功能和接口,将预处理分为目标分解与合成、可见时间窗口计算与处理两部分,并提出了基于时间—姿态的描述方式,设计了面向星上自主任务规划平台的可见时间窗口快速计算方法,并在工程实际中得到了验证。

3.1 卫星任务规划需求分析与统筹

目前我国的在轨运行卫星都是采用地面上注指令执行动作的方式完成任务,其任务规划系统也部署在地面,称为地面任务规划平台,简称地面平台。未来的新型智能卫星可以在星上自主产生观测需求进行任务规划,称为星上任务规划平台,简称星上平台。下面对这两类平台及相应的需求进行分析。

3.1.1 面向地面平台的任务规划需求分析与统筹

根据卫星的姿态机动能力区分,我国目前在轨卫星中数量最多的是只有一个方向自由度的非敏捷卫星,近两年具有三个方向自由度的敏捷卫星也逐步发射升空(如"吉林一号"系列卫星);根据用户提出需求的目标区域大小和分辨率要求区分,一般可以将用户需求分为普查需求和详查需求。下面对这些用户需求和卫星能力特点进行分析。

1. 面向非敏捷卫星的普查需求

我国在轨运行最多的一类卫星是非敏捷卫星,其特点是只具有一个方向自由度,只能绕其滚动轴进行侧摆成像,有些卫星虽然具有俯仰能力,但是其俯仰速度较慢,在短时间内俯仰角不会变化,因此可以按非敏捷卫星进行处理。

我国在轨的非敏捷卫星大多用于完成区域普查需求。普查需求的目标区域范围一般比较大(如省份、海域等),但是对分辨率的要求并不高,普查型成像载荷一般为低分辨率广角相机,分辨率在 3m 以上,幅宽可达上百千米,主要用于森林资源、土地资源、水资源、旅游资源、矿产资源和人类活动等的勘察。

普查需求目标范围很大,卫星一次过境一般不能对目标区域完全覆盖,因此需要多轨或多星才能完成全部观测任务,因此完成普查任务需要很长的时间。

2. 面向高分辨率敏捷卫星的详查需求

与非敏捷卫星不同,敏捷卫星是指具有滚动(roll)、俯仰(pitch)和偏航(yaw)三个方向自由度可以灵活转动的卫星如图 3-1 所示。

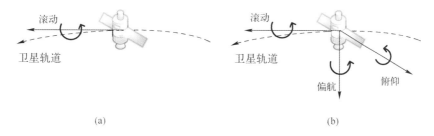

图 3-1 敏捷卫星与非敏捷卫星的自由度
(a) 非敏捷卫星;(b) 敏捷卫星。

与非敏捷卫星相比,敏捷卫星不仅可以侧摆成像,还可以通过俯仰提前或延后成像,不仅扩大了观测范围,而且其成像轨迹可以不与星下线平行,如图 3-2 所示,能够适应复杂目标形状的成像需求。

而根据目前我国在轨卫星的实际情况,本书所研究的敏捷卫星只具有沿迹成像能力,即成像时卫星姿态保持不变,通过自身的飞行向前进方向被动推扫成像,成像条带与星下线平行。

两类卫星最大的差别是其对目标可见时间窗口的概念。非敏捷卫星的可见时间窗口是指卫星对整个目标的扫描开始到结束的时间段。对于敏捷卫星,如图 3-3 所示,其含义是卫星对目标可见弧段的开始到结束的时间,通过其俯仰可以在可见时间窗口 $[TW_{begin}, TW_{end}]$ 内的任意时刻对目标开始成像。正因如此,敏捷卫星成像方式也更为多样,它不仅可以像非敏捷卫星对普通的点和条带区域进行成像,还可以根据用户需求完成三种特殊成像过程。

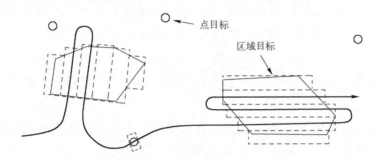

图 3-2 敏捷卫星成像轨迹

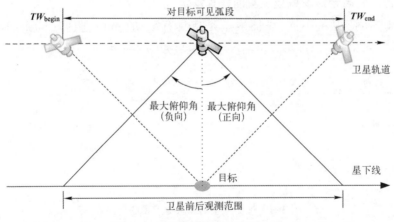

图 3-3 敏捷卫星的可见时间窗口

1) 同轨拼接成像

对于小型区域目标,如图 3-4 所示,卫星可以在一轨内通过"推扫→姿态机动→推扫→姿态机动→推扫"对三个相邻条带成像,最终完成对区域目标的完整成像;对于点目标则退化为单条带成像。

2) 同轨立体成像

对于需要获得立体图像信息的目标,卫星至少需要对目标进行前后两次对称成像才能合成立体相片,如图 3-5 所示,卫星通过"推扫→姿态机动→推扫→

姿态机动→推扫"动作,对同一目标进行三次成像。

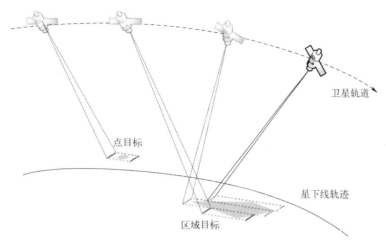

图 3-4　同轨拼接成像示意图

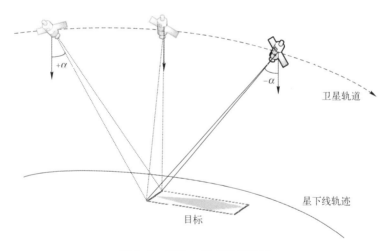

图 3-5　同轨立体成像示意图

3) 动态监视成像

对于人们关心的热点区域(如地震、水火灾区)需要对其进行尽可能长时间的监视,与视频星可以凝视监控不同,推扫成像的卫星需要通过对同一条带进行反复推扫成像,如图3-6所示,卫星通过"推扫→姿态机动→……→姿态机动→推扫",完成动态监视成像过程。

敏捷卫星因其姿态机动能力强、多载有高分辨率成像载荷,一般用于完成详查需求。与普查相比,详查卫星所带的成像载荷地面分辨率高(优于 2m),可以对在普查中发现的感兴趣区域或重点目标(如机场、试验基地等)进行详细勘察,拍摄到目标的更多细节信息。除此之外,用户需求一般还包括成像条带属性、成像时段、成像时太阳高度角、观测模式、成像载荷的参数等。

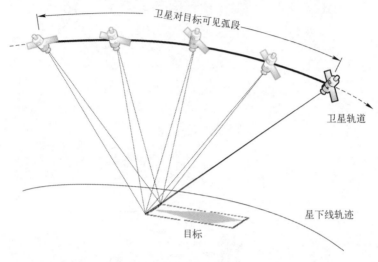

图 3-6　动态监视成像示意图

3.1.2　面向星上平台的任务规划需求分析与统筹

1. 星上任务规划平台与自主任务规划

具有星上自主任务规划能力的卫星是未来卫星技术的发展方向,与目前完全依靠地面站上传指令遥控卫星完成任务的工作模式不同,具有星上自主任务规划能力的卫星具备自主发现目标、自我故障感知、自行规划决策、自动生成指令等能力,可以更快速有效地完成任务。国外已经有很多具有自主任务规划能力的航天器在轨运行,如美国 NASA 的 DS-1、EO-1、欧洲 ESA 的 PROBA 等。

典型的星上自主任务规划系统流程如图 3-7 所示。卫星接收到任务信息后,与卫星自身的状态信息数据一起输入到星上任务规划子系统中,在这个子系统里将任务需求进行预处理后进行任务规划,最后生成一系列动作指令,卫星执行这些指令完成观测任务。

2. 快速响应需求

很多自然灾害(如地震、火山爆发)和突发事件(如沉船、战争)等,由于情况紧急或交通不便,需要尽快获取当地的卫星图片,这就要求整个卫星运控体系能够快速响应这类应急需求。然而目前体制下对于一个需求仍然需要提交到管控中心,通过规划调度系统寻找最合适的卫星,安排测控窗口上传指令,等待卫星执行并通过数传窗口将观测数据下传,经过处理后生成图像,面对应急事件就要求流程的各个环节快速无误,即便如此,从事件发生到上传指令给卫星仍然需要一定时间,而对于突发事件几分钟的耽搁就可能延误最佳时机。例如,汶川地震发生时,本可以使用我国自己的卫星对其成像,但是由于信息传递过程中的时间消耗,当需求到达运控中心时已经错过了最佳的时间窗口,最后只能依靠外国提供的卫星影像。

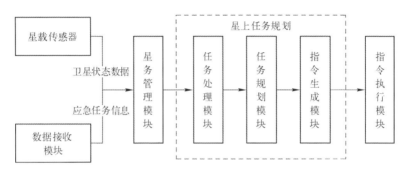

图 3-7　星上自主任务规划系统流程

具有自主任务规划能力的卫星可以及时发现目标,或者直接接受任务需求,省去了地面任务规划系统中很多环节,更快地在星上进行规划调度生成指令并完成拍摄下传,达到快速响应的要求。一个典型的采用星上自主任务规划技术观测地震灾区的过程如图 3-8 所示,当地震发生时(图中①阶段),地面传

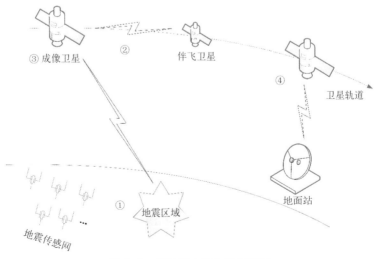

图 3-8　卫星自主任务规划流程

感器或伴飞卫星检测到突发自然灾害,迅速将目标位置信息发送给卫星(图中②阶段),星上任务规划平台对其任务规划(图中③阶段),卫星对目标进行观测并在合适的数传窗口内下传(图中④阶段),快速完成应急任务需求。

3.1.3 卫星任务规划预处理问题特性分析

对于卫星任务规划预处理问题考虑先从特殊问题总结抽象为一般问题,通过对不同卫星任务规划与调度方法的调研,抽取其共性和通用部分,找到解决问题的一般框架,再将其扩展应用到特殊问题上去,因此本章首先需要将这些问题的共性做出一般性的描述。

1. 问题描述

卫星任务规划预处理方法是与卫星特点极其相关的,卫星技术不断发展,用户需求也多种多样,对于不同卫星、不同需求该问题有其特殊性,不可能有一个一般的方法解决所有卫星任务规划中的问题,因此不同研究人员对预处理有着不同的定义和实现方式。通过对国内外研究现状的分析发现,虽然卫星特点和应用需求不尽相同,但是不同研究中的预处理有着一些共性,其目的都是将用户提出的规范化需求转变为任务规划部分可直接调度的元任务,主要包括两个功能:一个是在给定约束的情况下计算卫星对目标的可见时间窗口;另一个则是对区域目标进行观测条带的划分。

综合以上分析,本书将卫星任务规划预处理问题描述为:将用户提出的规范化观测需求根据卫星能力处理成任务规划模型可直接规划调度的元任务(组),其中观测需求包括目标位置、条带参数、成像时间段、成像模式、成像质量(分辨率)、成像角度、成像太阳高度角等,元任务指卫星成像载荷可一次推扫成像的条带及其可见时间窗口信息。

根据问题的描述,任务规划预处理的输入即为用户的规范化观测需求,其输入要素如表3-1所列(其他要素如任务优先级、成像类型、压缩率等需求,在预处理中不需要考虑,故未列入此表)。由于预处理要考虑卫星的能力,因此除了用户的需求以外,还需要卫星的相关参数,其主要要素如表3-2所列。预处理的输出即为元任务,其输出要素如表3-3所列。

表 3-1　规范化观测需求(输入)要素表

要　素	含　义
任务标识	用于标识不同的任务
点/区域目标	目标坐标/区域目标顶点坐标序列
条带划分粒度	设定条带之间的重叠量
条带划分类型	设定是否按目标边界裁剪条带
成像时间	要求在该时间段内拍摄目标
成像模式	拍摄目标的方式,如一般成像、立体成像、动态监视成像等
成像质量(分辨率)	成像的成像质量评分(分辨率)限制
太阳高度角	对目标成像时太阳高度角限制
成像角度	成像时目标对卫星的角度限制

表 3-2　卫星相关参数(输入)要素表

要　素	含　义
卫星标识	用于标识不同的卫星
卫星轨道	轨道历元根数,用于计算星历
力学参数	质量、光压系数等,用于计算星历
视场角	成像载荷的视场角
最大侧摆角	卫星绕其滚动轴最大转角
最大俯仰角	卫星绕其俯仰轴最大转角
最大偏航角	卫星绕其偏航轴最大转角

表 3-3　元任务(输出)属性表

属　性	含　义
元任务标识	用于标识不同的元任务
任务标识	用于标识不同的任务
条带坐标信息	包括条带的四个顶点坐标和起止中心点坐标
可见时间窗口	卫星对条带起点中心点的可见时间窗口
成像时长	卫星推扫条带所需时间
卫星起始姿态	卫星在时间窗口开始时刻对条带起始中心点的指向姿态

2. 特点分析

对于不同任务规划平台、不同卫星和不同需求,其任务规划预处理有着各自的特点与难点。

普查需求一般区域比较大,要求的分辨率和时效性不高,多采用载有宽幅相机的非敏捷卫星,然而非敏捷卫星一次过境只能覆盖一个条带,因此其预处理工作是将较大的区域根据卫星能力在其可见范围内划分成许多候选条带以供任务规划,其中需要求出区域目标和卫星可见范围的交集,并按照一定粒度划分成多个条带。

详查需求由于其高分辨率和复杂的成像模式一般要求由敏捷高分辨率卫星完成,这类卫星对目标的可见时间窗口长,可以对区域目标进行条带拼接成像,在预处理阶段不仅需要对区域目标进行条带划分,而且需要对无法完成观测的不完全可见的目标进行剔除,根据用户更详细的需求还需要对可见时间窗口进行裁剪和剔除。

由于地球、卫星、太阳都在不同的坐标系下,因此需要大量的坐标转换和球面几何计算,不仅计算复杂而且需要研究人员具备多学科知识基础。

星上任务规划平台中预处理的目的与地面的一致,但与地面任务规划平台可以使用高性能计算机或集群计算不同,受星上能源系统、热控系统和处理器性能等条件的制约,目前星上任务规划平台的存储器和处理器主频与地面使用的计算机相比差距很大。一方面是任务规划预处理过程包含许多复杂的迭代计算求解过程,因此同样的预处理过程在星上任务规划平台需要很长的计算时间,而预处理又是任务规划的基础和前提,所以在星上实现自主任务规划的前提是必须要在星上实现任务规划的预处理;另一方面是卫星在轨飞行速度快(太阳同步轨道卫星约为 7km/s),而应急任务出现的非常突然,从获得目标信息到执行拍摄任务之间给卫星留出的做预处理、规划调度和生成指令的时间非常有限,在这种计算资源与时间的矛盾下,迫切需要更高效的任务规划预处理方法。

3.2 卫星任务规划预处理框架

基于对预处理问题的分析,本章对目标分解中采用的时间—姿态这一概念进行定义,并提出了基于时间—姿态的目标分解与合成方法,设计了可见时间窗口的计算与处理方法,详细描述了成像卫星任务规划预处理的基本流程,同时为敏捷高分辨率卫星、大区域普查等任务规划预处理建立了基础框架。

3.2.1 卫星任务规划预处理框架描述

构建如图 3-9 所示的卫星任务规划预处理的基础框架。

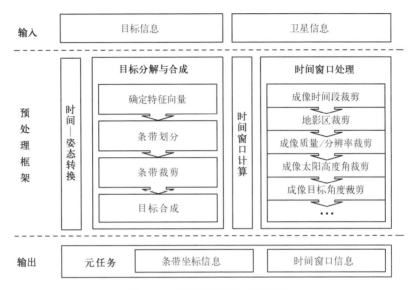

图 3-9 任务规划预处理框架图

该框架的功能和执行流程如下：将用户需求的目标信息和卫星信息（包括星历数据）输入到框架中，通过时间—姿态转换模块将目标区域顶点坐标转换为时姿向量，然后进入目标分解与合成模块，由全部时姿向量确定目标的特征向量，基于时间—姿态的描述方法进行条带划分和条带裁剪，由用户需求和卫星能力约束进行目标静态合成，再通过时间—姿态转换模块生成元任务的条带坐标信息，计算每个元任务条带的起点中心点的时间窗口，再根据用户需求进行窗口的处理，经过各个裁剪过程后生成元任务的时间窗口信息。

该框架描述了任务规划预处理的一般流程，针对不同平台、不同卫星和不同需求需要在这个框架基础上进行扩展和改造，具体方法将在下面介绍。

3.2.2 时间—姿态的定义

卫星任务规划预处理中一个复杂的问题是建立卫星与目标的关系，其复杂的原因是目标位置、卫星位置和卫星姿态都采用不同的坐标系描述，在实际计算过程中需要进行大量的坐标转换工作，但是这些转换都只考虑了空间位置,并没有时间的概念,而卫星在空中飞行其时间约束和规律性很强,因此考虑将空间位置、时间与卫星能力相结合,提出一套新的卫星与目标关系的描述方法。

1. 点目标的时间—姿态向量

点目标(Target)在 WGS84 坐标系下的纬经高度分别为 b、l、h,卫星在 J2000 地心惯性坐标系下 t 时刻的位置为 $(x,y,z)_t^{\text{J2000}}$,卫星在轨道坐标系下 t 时刻对目标的指向姿态为 $(r,p,y)_{t,\text{Target}}^{\text{Orbit}}$,在计算卫星与目标的位置关系时,可以参考文献[140]将它们转换到一个坐标系下。

对于正常飞行的卫星,卫星的位置是时间的函数,采用高精度星历预报方法可以预报出未来某时刻卫星的位置,即卫星的位置与时刻点一一对应:

$$t \leftrightarrow (x,y,z)_t^{\text{J2000}} \tag{3-1}$$

目标位置可以转换为某时刻卫星轨道坐标系下的位置,因此目标的位置与卫星在某位置对目标的指向姿态一一对应:

$$(b,l,h)_{\text{Target}}^{\text{WGS84}} \leftrightarrow ((x,y,z)_t^{\text{J2000}},(r,p,y)_{t,\text{Target}}^{\text{Orbit}}) \tag{3-2}$$

由式(3-1)和式(3-2)可知,目标位置可以用卫星在某时刻对目标的指向姿态的函数 F 表示,即

$$(b,l,h)_{\text{Target}}^{\text{WGS84}} = F(t,(r,p,y)_{t,\text{Target}}^{\text{Orbit}}) \tag{3-3}$$

将式(3-37)右端函数自变量简写成 $(t,r,p,y)_{\text{Target}}$,称为卫星对某点的"时间—姿态"向量,简称时姿向量,记为 v。对于非敏捷卫星其 $p=0$,时姿向量退化为"时间—侧摆"向量 $(t,r)_{\text{Target}}$,简称零时姿向量,记为 $\tilde{v}$。

2. 区域目标的特征向量

区域可以看成是一个由多个点围成的封闭图形,因此区域目标可以表示为目标点的集合,即 $\text{Area}:\{\text{Target}_1,\text{Target}_2,\cdots,\text{Target}_n\}$,将每个目标点采用时姿向量表示,则区域目标可记为 $\text{Area}:\{(t,r,p,y)_1,(t,r,p,y)_2,\cdots,(t,r,p,y)_n\}$。

由于卫星成像条带与星下线平行,区域目标分解一般先要建立如图 3-10 所示的一个长边与星下线平行的外接矩形,用该矩形可以完整覆盖目标区域,并且拥有卫星与目标区域关系上的诸多特征,故将该外接矩形称为区域目标的特征矩形,定义平行于星下线的边为特征矩形的长,垂直于星下线的边为特征矩形的宽,由于特征矩形的确定只与区域和矩形相接的点有关,故将这些点称为区域目标的特征点,记为 e。

如图 3-10 所示,处于宽边上的两个特征点决定了矩形的长,其特征是在全部区域顶点对星下线的垂足中处于最两端的位置,当卫星经过某点对星下线的

垂足的正上方时称卫星过顶,所以决定矩形长的这两个特征点是卫星最早 t^e 和最晚 t^l 过顶的两个点,分别记为 e^e 和 e^l,卫星飞行速度可以近似看成匀速,如果将卫星的俯仰角固定(如 $p=p_0$),则矩形的长可以转化为采用时间的表示,即 $L=(t^l-t^e)_{p=p_0}$;处于长边上的两个特征点决定了矩形的宽,其特征是卫星对全部区域顶点过顶时侧摆角最大 r^+ 和最小 r^- 的两个点,分别记为 e^+ 和 e^-,如果将卫星俯仰角固定(如 $p=p_0$),则矩形的宽可以转化为采用卫星侧摆角的表示,即 $W=(r^-,r^+)_{p=p_0}$。

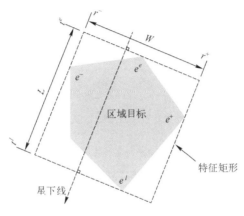

图 3-10 特征点与特征矩形

由此,若将卫星的俯仰角固定,则特征矩形实际上可以只通过四个量表示,即最早时刻 $t^e_{p=p_0}$、最晚时刻 $t^l_{p=p_0}$、最小侧摆角 $r^-_{p=p_0}$、最大侧摆角 $r^+_{p=p_0}$,写成向量的形式 $v=(t^e,t^l,r^-,r^+)_{p=p_0}$,称为俯仰角为 p_0 时的特征向量。当 $p_0=0$ 时,即卫星没有俯仰能力,此时特征向量退化为 $\tilde{v}=(t^e,t^l,r^-,r^+)$,即俯仰角为 0 时的特征向量,简称零特征向量。

3.2.3 目标的分解与合成

1. 目标分解

将目标分解成元任务条带的过程是先建立一个与星下线平行的外接矩形,如图 3-11(a)所示,然后根据卫星的幅宽划分条带,如图 3-11(b)所示,最后根据区域目标边界将条带裁剪为合适的长度,如图 3-11(c)所示。

目标分解是卫星任务预处理中的重要功能之一,一直是预处理中的一个复杂问题。目前,很多区域目标分解方法没有考虑卫星本身的能力和卫星的指向姿态,基于高斯投影的分解方法误差较大,基于空间几何的分解方法计算复杂度较大,基于 MapX 的分解方法需要依赖第三方软件,而采用提出的时间—姿态的描述方法可以很好地解决这些问题。接下来对基于时间—姿态的目标分解方法进行具体描述。

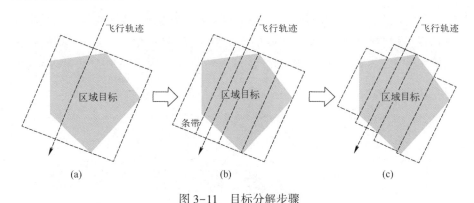

图 3-11　目标分解步骤

(a) 外接矩形;(b) 条带划分;(c) 条带裁剪。

1) 确定外接矩形

根据上一节的定义,采用时间—姿态方法确定区域目标的外接矩形实际上是求区域目标的特征向量,而且需要选取一个固定的俯仰角,一般使用的是零俯仰,即使用零特征向量。

下面从两个方面说明零特征向量更具有通用性:一方面,零特征向量天然地表示没有俯仰能力的非敏捷卫星,兼容性好;另一方面,对于距地面高为 h、相机视场角为 δ 的敏捷卫星,将地面近似看成平面,在俯仰角和偏航角为 0 的情况下,其幅宽 d 与卫星的俯仰角 p 的关系是

$$d = 2h\tan(\delta/2)/\cos p \tag{3-4}$$

当 $p=0$ 时,d 取得最小值,即俯仰角为 0 时所对应的幅宽最小,虽然敏捷卫星不同俯仰角所对应的幅宽不同,但由于在预处理阶段不知道卫星何时对目标成像,因此使用俯仰角为 0 时的幅宽划分出来的条带可以保证在任何时刻任何俯仰角条件下成像条带都不小于这个最小幅宽的条带,如图 3-12 所示,因此在划分条带时选择俯仰角为 0 时的幅宽。

2) 条带划分

通过计算目标对某星某轨的零特征向量可以得到特征矩形,接下来需要将特征矩形划分为条带。Lemaître 等人采用固定幅宽划分条带的方式没有考虑到卫星侧摆对其成像幅宽的影响,如图 3-13 所示,将地球看作半径为 R 的球体,

卫星离地面高为 h，成像载荷的视场角为 δ，卫星侧摆角为 r，俯仰角和偏航角均为 0，则成像幅宽 d 为

$$d=[\arcsin((R+h)\sin(r+\delta/2)/R)-\arcsin((R+h)\sin(r-\delta/2)/R)-\delta]\cdot R \tag{3-5}$$

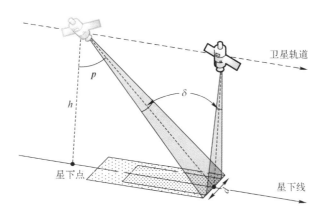

图 3-12　俯仰角对幅宽的影响

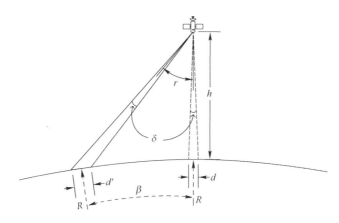

图 3-13　侧摆角对幅宽的影响

当 $R=6400$，$h=700$，$\delta=2°$ 时，由式（3-4）和式（3-5）得到 d 随 r 和 p 变化，如表 3-4 所列，可见 r 对 d 的影响显著，因此将幅宽固定为侧摆为 0 时的幅宽进行条带划分会造成很多浪费。

表 3-4　d 随 r 和 p 的变化表

r	d/km	d/d_0	p	d/km	d/d_0
0°	21.0156	1.0000	0°	21.0153	1.0000

(续)

r	d/km	d/d_0	p	d/km	d/d_0
10°	21.7845	1.0366	10°	21.3395	1.0154
20°	24.3508	1.1587	20°	22.3641	1.0642
30°	29.7211	1.4142	30°	24.2664	1.1547
40°	40.7842	1.9407	40°	27.4336	1.3054
50°	67.8867	3.2303	50°	32.6941	1.5557

为了克服固定幅宽划分条带的缺点，可以将条带宽度直接采用成像载荷的视场角表示，这样条带也可以采用零特征向量来描述，即 $\tilde{v}_{\text{strip}} = (t^e, t^l, r^-, r^+)_{\text{strip}}$，其中 $(r^+ - r^-)_{\text{strip}} = \delta$，这样既保持了描述的一致性，又简化了计算，不同条带只需按照成像载荷的视场角依次递减即可。

为了避免误差造成如图 3-14(a)所示相邻条带间出现空隙或遗漏边角的情况，可以使相邻条带相互重叠并向两侧外扩留出冗余量，如图 3-14(b)所示，冗余部分的宽度同样采用角度表示，称为冗余角，记为 $\Delta\delta$。这样如图 3-14(b)所示，条带 1 的零特征向量为 $\tilde{v}_{\text{strip1}} = (t^e, t^l, r^- - \Delta\delta, r^- - \Delta\delta + \delta)$。

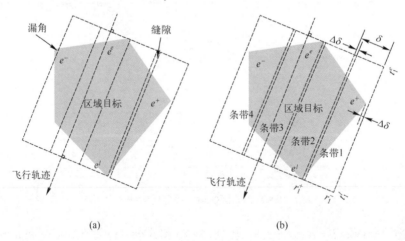

图 3-14 避免误差的条带划分示意图
(a) 误差情形；(b) 视场角与冗余角。

如果严格按照给定的冗余角从最小侧摆一侧逐条划分条带，往往会出现如图 3-15(a)所示的单侧大冗余情况；如果将最后的大冗余平均分配到每一处冗余，如图 3-15(b)所示得到调和冗余角 $\Delta\delta' \geqslant \Delta\delta$，可以进一步降低每个冗余处由于误差出现漏角或缝隙的风险。在实际工程中，条带划分粒度，即条带的利用

率可表示为
$$g = 1 - \Delta\delta/\delta \quad (3\text{-}6)$$

当指定条带划分粒度为 g 时，对 $\tilde{v} = (t^e, t^l, r^-, r^+)$ 的特征矩形划分条带，划分出的条带数为
$$n = \lceil (r^+ - r^-)/g\delta \rceil \quad (3\text{-}7)$$

调和冗余角为
$$\Delta\delta' = (n\delta - (r^+ - r^-))/(n+1) \quad (3\text{-}8)$$

故条带 i 的零特征向量 $\tilde{v}_i = (t_i^e, t_i^l, r_i^-, r_i^+)$ 中最小和最大侧摆角为
$$\begin{cases} r_i^- = r^- - \Delta\delta' + (i-1)(\delta - \Delta\delta') \\ r_i^+ = r_i^- + \delta \end{cases} \quad (3\text{-}9)$$

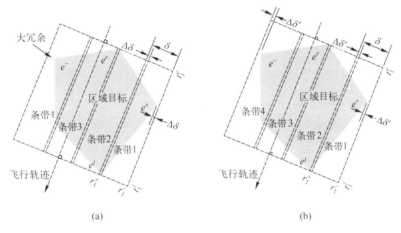

图 3-15 避免冗余不均的条带划分示意图
(a) 单侧大冗余；(b) 均分冗余量。

3）条带裁剪

条带划分完毕后得到了一组等长的条带，根据用户的需求可以将条带按照目标边缘进行裁剪，提高条带的有效覆盖率。刘晓东基于 MapX 和基于空间几何的方法求出条带与区域目标的交点进行条带的裁剪，前者需要第三方软件，后者需要复杂的空间几何计算。由于本书将条带的长度转化为时间描述，可以仍然采用时姿向量的描述方法进行条带裁剪。

对于一个条带在时姿描述下进行条带裁剪，首先要寻找处于条带内的目标顶点，然后计算条带与区域目标交点，最后通过比较这些顶点和交点的零时姿向量，找出最早时刻 t_4^e 和最晚时刻 t_4^l，如图 3-16 所示，对条带 4 的裁剪具体步

骤如下。

Step1：遍历目标顶点。对于顶点 i，如果 $r_i \in [r_4^-, r_4^+]$，则记录顶点 i，否则舍弃顶点 i，跳回 Step1 继续判断顶点 $i+1$；对于顶点 i，如果 $r_i \notin [r_4^-, r_4^+]$ 且 $r_{i\pm1} \in [r_4^-, r_4^+]$，或者 $r_i < r_4^-$ 且 $r_{i\pm1} > r_4^+$，则说明顶点 i 和顶点 $i\pm1$ 组成的边与条带相交，开始转到 Step2 计算交点的零时姿向量；如果全部顶点遍历完毕则跳到 Step3。

Step2：计算交点的零时姿向量。交点的侧摆与相交的边的侧摆相等，再通过相似三角形求出交点的时刻，记录交点，跳回 Step1。例如，图 3-16 所示交点 P 的零时姿向量为

$$\tilde{v}_p = (t_p, r_p) = ((r_4^+ - r_B)(t_A - t_B)/(r_A - r_B) + t_B, r_4^+) \qquad (3-10)$$

具体求解过程如下：

$NP \perp BM, MA \perp BM$

$\Rightarrow \triangle BPN \sim \triangle BMA$

$\Rightarrow BN/BM = NP/MA = BP/BA$

$\Rightarrow (r_P - r_B)/(r_A - r_B) = (r_N - r_B)/(r_M - r_B) = (t_N - t_B)/(t_M - t_B) = (t_P - t_B)/(t_A - t_B)$

$\Rightarrow t_p = (r_p - r_B)(t_A - t_B)/(r_A - r_B) + t_B = (r_4^+ - r_B)(t_A - t_B)/(r_A - r_B) + t_B$

Step3：找出条带最早和最晚时刻。比较全部记录下的顶点和交点的时刻值，得出条带的最早时刻 t_4^e 和最晚时刻 t_4^l。在对每个条带进行如此的条带裁剪之后，目标分解完成。

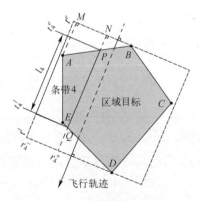

图 3-16 条带裁剪示意图

2. 目标合成

与目标分解不同，一些距离很近的点目标或者区域目标，如果对每个目标单独进行处理会产生很多小条带，不仅使规划阶段的搜索空间增大，还会因为

卫星频繁姿态机动浪费时间，导致很多本可以观测的任务无法观测，因此需要对这些目标进行合并。

例如，图 3-17(a) 所示的两个目标，按照前面的分解方法会以每个目标为条带中心划分出两个小条带，卫星扫过条带 1 后需要摆动到条带 2 的姿态对目标 2 进行观测。对于非敏捷卫星，其侧摆速度慢，而且由于能量方面的约束每圈摆动次数有限制，因此可能无法对目标 2 进行观测。如果两个目标在垂直星下线方向上的距离跨度不超过卫星的幅宽，则可将两个目标合并观测，按照图 3-17(b) 中所示的条带一次扫过观测两个目标，虽然有效覆盖率降低，但是多观测了一个目标，收益增多。

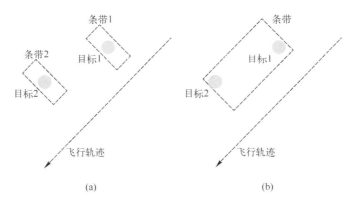

图 3-17 非敏捷卫星目标合成观测示意图
(a) 不合成观测；(b) 合成观测。

并不是目标之间距离小就可以有效合成，还要满足很多卫星自身的约束。如图 3-18(a) 所示，虽然目标 1 和目标 2 距离很近，但是目标 2 超出了卫星的可见范围，这种合成是无效的。在垂直星下线方向上不仅要求合成目标不能超出单个条带的幅宽，而且要避免超出卫星可见范围的情况；在沿星下线方向可能会出现如图 3-18(b) 所示的情况，虽然目标 1、2 和 3 都可见而且处于单个视场之中，但是由于卫星一般有单次最长成像时间 T_{max} 的约束，因此不能将多个目标合成为过长的条带。

由于目标合成只有沿星下线和垂直星下线方向的约束，因此也可以转化为用时间和侧摆范围来描述，即一个单条带最大零特征向量 $\widetilde{V}_{s-strip}^{max} = (t^e, t^l, r^-, r^+)$ 要满足

$$\begin{cases} t^l - t^e \leq T_{max} \\ -R_{max} \leq r^- \leq r^+ \leq R_{max} \end{cases} \quad (3\text{-}11)$$

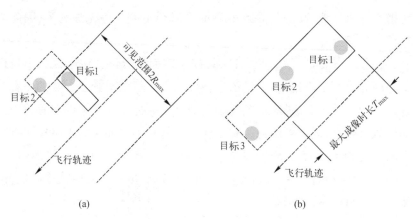

图 3-18 无效合成的情况

(a) 超出可见范围;(b) 超出最大成像时长。

目标合成的条件为点目标的零时姿向量 $\tilde{v}_i(t,r)$ 或区域目标的零特征向量 $\tilde{v}_j = (t^e, t^l, r^-, r^+)$ 不超过单条带最大零特征向量,即

$$\begin{cases} t^e \leqslant t_i, t_j^e \leqslant t_j^l \leqslant t^l \\ r^- \leqslant r_i, r_j^-, r_j^+ \leqslant r^+ \end{cases} \tag{3-12}$$

合成观测不仅对非敏捷卫星具有明显意义,对于敏捷卫星同样重要,在对于如图 3-19(a)所示的两个目标,分别观测总共需要 4 个条带。如果采用如图 3-19(b)所示的目标合成观测只需三个条带,虽然增多了一些无效覆盖,但是减少一次姿态机动可以节省大量时间和星上能源。

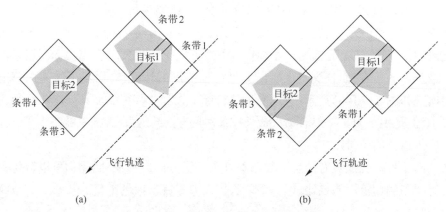

图 3-19 敏捷卫星合成观测示意图

(a) 不合成观测;(b) 合成观测。

以上提出的合成方法仅考虑了目标的地理位置,在实际问题中的任务合成还需要考虑任务需求、优先级等其他属性的合成。在预处理过程中的任务合成称为静态合成,因为静态合成无法根据卫星实际调度情况进行调整,所以一般采用动态合成的方法,将任务合成放到任务规划过程中,具体合成策略与任务规划调度算法相关,因此本书并没有给出具体的合成方法,只介绍了基于时间—姿态描述的任务合成判断方法。由于任务规划模型大多考虑时间和卫星姿态,所以该描述方法更便于在规划调度过程中直接计算与判断。

3.2.4 可见时间窗口的计算与处理

1. 可见时间窗口的计算

可见时间窗口是指卫星飞行过程中,在其机动能力限制范围内,卫星成像载荷对目标点可见弧段所对应的开始和结束时间范围。卫星绕地球飞行过程中,由于地球遮挡和卫星机动能力限制,卫星对目标不是时时可见的,而是在某个圈次某个弧段对目标可见,超出这个弧段卫星对目标不可见,也就无法对其进行成像。因此预处理首先需要对目标的可见性进行判断,对敏捷卫星还要计算其可见时间窗口。

卫星对目标的是否可见需要判断卫星与目标之间是否有遮挡、卫星能否通过姿态机动使成像载荷指向目标,判断方法为在 t 时刻建立卫星和目标两点的连线,通过求连线与地球表面的交点判断是否被地球遮挡,再求卫星对目标的指向姿态(r,p,y),判断是否超出卫星的姿态机动能力范围,如果都满足条件:

$$r\in[-r_{\max},r_{\max}]\wedge p\in[-p_{\max},p_{\max}]\wedge y\in[-y_{\max},y_{\max}] \qquad (3-13)$$

则说明该时刻卫星对目标可见,其中 $r_{\max}$、$p_{\max}$、$y_{\max}$ 分别表示卫星最大滚动角、最大俯仰角和最大偏航角。

卫星对目标的可见时间窗口的计算是用 Δt 的步长在一定时间范围内 $[T_{\text{begin}},T_{\text{end}}]$ 遍历判断卫星对目标是否可见,搜索到卫星进出可见弧段的时刻点,就得出了卫星在该时间范围内对目标的可见时间窗口 $[TW_{\text{begin}},TW_{\text{end}}]$,具体流程如图 3-20 所示。

2. 可见时间窗口的处理

可见时间窗口是通过几何方式求解出来的,只说明了在该时段内卫星对目标可见,但是并不能保证在该时段内都能有效成像,能够有效成像的可见时间窗口(简称有效时间窗口)是指卫星对目标点的成像满足卫星约束和用户需求的可见时间窗口,因此有效时间窗口应当是可见时间窗口子集。

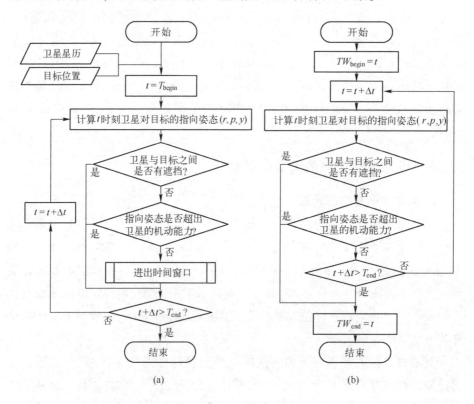

图 3-20 可见时间窗口计算流程图
(a) 搜索可见时间窗口主流程;(b) 计算进出时间窗口时刻点子流程。

有效时间窗口的计算是可见时间窗口的裁剪的过程,要先计算出可见时间窗口,再将不满足约束需求的时间段减去,如果全部可见时间窗口内都无法满足成像需求,则剔除该窗口,说明该成像需求无法完成。

根据卫星约束和用户需求,常见的时间窗口裁剪主要包括用户指定时间段裁剪、地影区裁剪、成像质量(分辨率)裁剪、太阳高度角裁剪、成像角度裁剪等。

1) 用户指定时间段裁剪

对于用户指定需要某时间范围内的相片,将不在用户指定时间范围的时间段减去,如果没有时间窗口处于用户指定的时间范围内,则剔除该时间窗口。

2) 地影区裁剪

由于某些卫星能源系统的约束,卫星需要在阳照区才能工作,因此需要将卫星在地影区的时间段从可见时间段减去,如果时间窗口全部在地影区,则将该窗口剔除。

3) 成像质量(分辨率)裁剪

一般用户会对成像质量(分辨率)提出要求,而成像时的光照条件、卫星拍摄角度会对成像质量造成影响,因此需要将不满足成像质量(分辨率)的时间段减去,如果整个时间窗口内都不能够满足条件,则将该时间窗口剔除,这个裁剪过程称为成像质量(分辨率)裁剪。

4) 太阳高度角裁剪

由于光学成像载荷是通过地物反射太阳光进行成像的,当太阳高度角(太阳光线与目标所在水平面的夹角)小于某一阈值时,地物反射太阳光很弱,无法有效成像,因此需要将太阳高度角小于指定阈值的时间段从可见时间窗口内减去,如果整个时间窗口内都不能够满足太阳高度角要求,则将该时间窗口剔除,这个裁剪过程称为太阳高度角裁剪。

5) 成像角度裁剪

对于某些复杂地形上的观测需求,成像时还要对目标对卫星的仰角或方位角进行限制。例如,山崖、高楼旁边的目标只有在没有遮挡的方向才能有效成像,如图 3-21(a)所示,由于遮蔽物的遮挡,要求成像时目标对卫星的方位角在

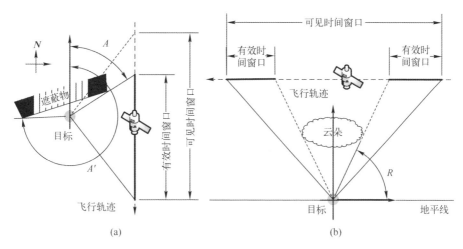

图 3-21 仰角方位角裁剪示意图

(a) 方位角裁剪;(b) 仰角裁剪。

A 到 A' 之间;而对于斜坡上或云层下方的目标则需要在特定的仰角范围内才能有效成像,如图 3-21(b)所示,由于目标正上方存在云的遮挡,要求成像时目标对卫星的仰角小于 R。所以需要将不满足仰角或方位角的时间段减去,如果整个时间窗口内都不能够满足条件,则将该时间窗口剔除,这个裁剪过程称为成像角度裁剪。

3.3 面向敏捷高分辨率卫星的任务处理方法

3.3.1 敏捷高分辨率卫星任务规划预处理主流程

敏捷高分辨率卫星主要用于敏感地区详查,而且有一般成像、立体成像、动态监视成像三种成像模式可供选择。由于一个目标可能被卫星在多圈可见,故在每一次可见机会都对目标进行预处理,其任务规划预处理主流程和三种成像模式的预处理子流程分别如图 3-22 和图 3-23 所示。

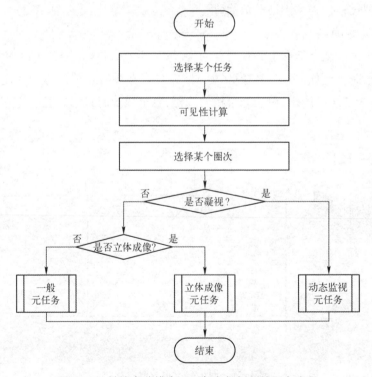

图 3-22 敏捷高分辨率卫星任务规划预处理主流程

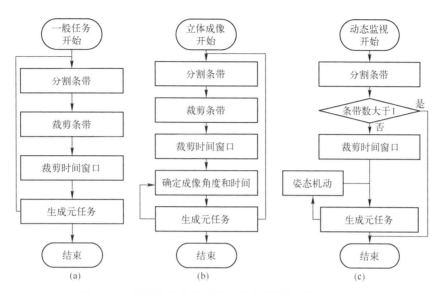

图 3-23　敏捷高分辨率卫星三种成像模式预处理子流程

由于重点目标一般面积不大(如机场、试验基地),需要对其完整观测才具有价值,故要求对于卫星一次过境不能完全覆盖观测的目标需要在预处理阶段剔除,因此在预处理过程中首先需要对区域目标进行可见性判断。而且由于卫星对目标有多次可见机会(多圈次对目标可见),每圈次的条带划分方向不同,所以需要找到区域目标完全可见的圈次再进行元任务生成。

3.3.2　敏捷高分辨率卫星与观测目标的可见性计算

在时姿向量的描述下可以将目标是否可见转化为时姿向量是否存在,判断目标可见性并找到完全可见圈次的算法如下。

Step1:求出区域每个顶点的每次可见的零时姿向量,将全部零时姿向量按时间升序排列并加入候选集队列,取出候选集队头元素加入可见目标集。

Step2:取出获选集中队头元素,如果为空,则算法结束,否则与可见目标集中的零时姿向量对比,如果同时满足可见目标集中不存在该顶点、与可见目标集中时姿向量的时间差最大不超过 45min,则将该点加入可见目标集中,否则清空可见目标集并将该点加入。

Step3:判断可见目标集中顶点数量是否等于区域顶点数,如果相等,说明目标在该圈次可见,对其进行元任务生成;如果不等则跳回 Step2。

3.3.3 应用实践

我国第一颗真正意义上的敏捷卫星于 2015 年 9 月成功发射,它的发射标志着我国正式进入到新一代卫星技术阶段,具有里程碑式的意义。该卫星的仿真参数如表 3-5 所列。利用该系统建立一个含有不同成像类型的场景,其中包括四个点目标成像、两个区域目标成像需求,具体需求信息如表 3-6 所列。

表 3-5 某敏捷卫星及成像载荷仿真参数

参 数	指 标
轨道类型	太阳同步轨道
轨道高度/km	700
降交点地方时	10:30AM
姿态机动能力	整星摆动,三轴转动范围[$-40°$, $40°$]
成像模式	同轨多点/条带拼接成像(一般成像),同轨立体成像,同轨短时动态监视成像
相机视场角/(°)	2

表 3-6 详查需求信息表

需求名称	坐标序列	成像模式	条带划分粒度	条带划分类型
点目标 1	(-4.031,112.413)(-4.035,112.431)(-4.224,112.391)(-4.221,112.374)	普通	0.9	不等长
点目标 2	(-4.632,112.279)(-4.637,112.298)(-4.826,112.258)(-4.822,112.238)	普通	0.9	不等长
点目标 3	(-5.171,112.168)(-5.175,112.188)(-5.364,112.147)(-5.359,112.126)	普通	0.9	不等长
点目标 4	(24.898,48.125)(24.893,48.144)(24.733,48.117)(24.739,48.096)	动态监视	0.9	不等长
区域目标 1	(5.713,89.758)(5.409,89.698)(4.855,90.161)(5.164,90.214)	普通	0.9	不等长

（续）

需求名称	坐标序列	成像模式	条带划分粒度	条带划分类型
区域目标2	（17.005,73.624）（16.883,73.922） （16.337,73.768）（16.451,73.491）	25°立体成像	0.9	不等长

执行"任务处理"模块中的"元任务生成"功能,其预处理的结果如图3-24所示,生成的元任务信息如图3-25所示。经过卫星在轨测试验证了本预处理方法的正确性。

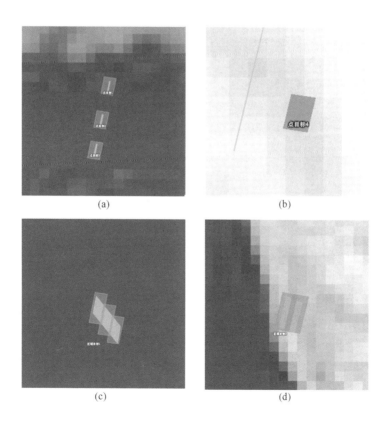

图3-24　详查需求任务规划预处理条带划分结果(见彩图)
(a)点目标1、2、3;(b)点目标4;(c)区域目标1;(d)区域目标2。

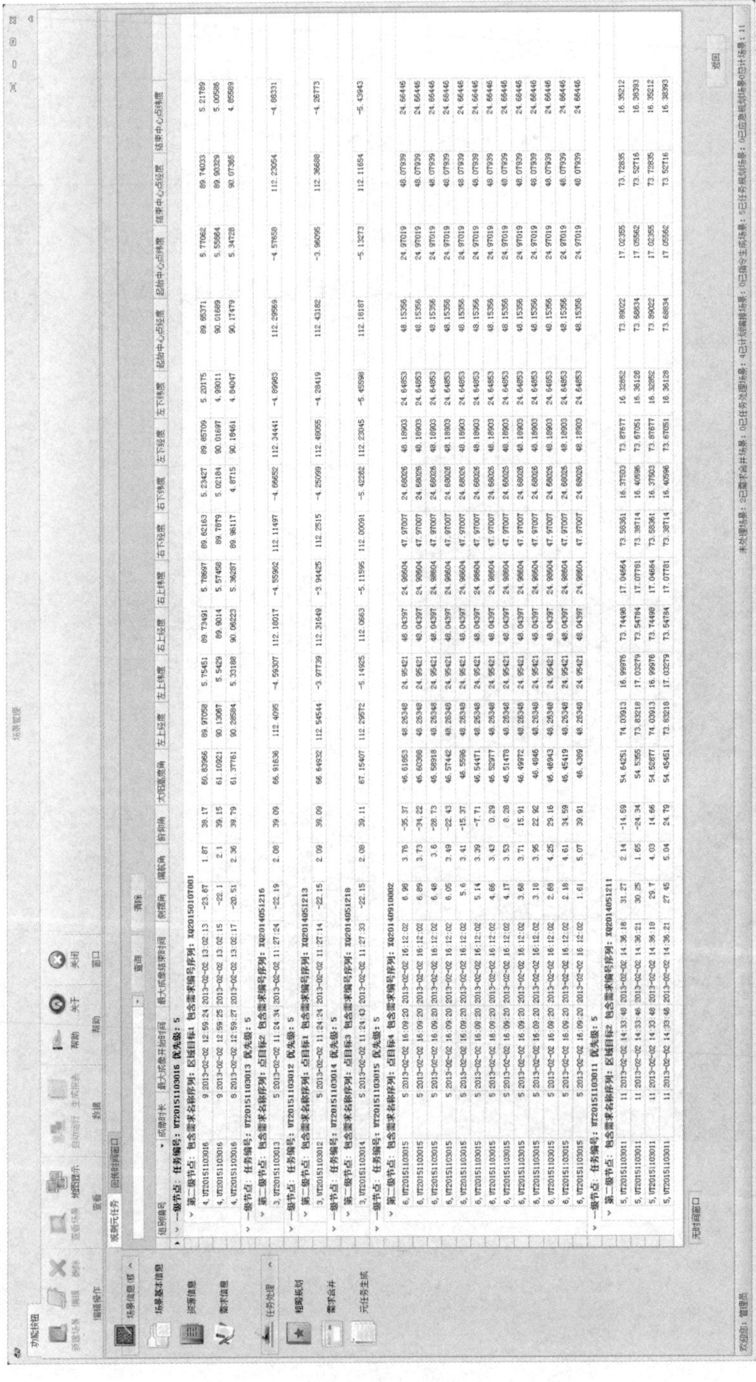

图 3-25 详查需求全部元任务结果图

3.4 面向大区域普查的任务处理方法

普查需求一般目标区域较大,甚至超过卫星的可见范围,所以预处理工作首先需要求出大区域中卫星一次过境的可见范围,即求出大区域与卫星可见范围的交集区域。由于非敏捷卫星一次过境只能覆盖一个条带,所以需要将区域划分成很密集的条带,如图3-26所示,最后处理其他参数生成元任务集,这样生成的元任务集可以直接供任务规划模块选择其中一个元任务进行规划。

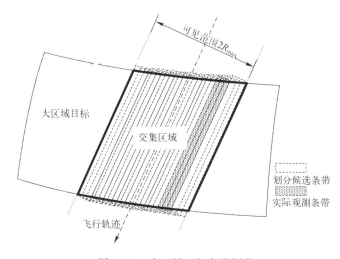

图3-26 大区域目标条带划分

3.4.1 基于空间向量的大区域交集求解算法

求交集区域是非敏捷卫星任务规划预处理的关键,传统地球表面区域求交的方法主要采用高斯投影的方法将目标转换到高斯平面,从而转化为平面多边形的交并集求解,但是这种方法对于大面积区域求交精度较低。因此,考虑将传统的平面多边形交并集求解算法扩展到球面,将地球表面近似看成球面,利用经纬坐标系与空间直角坐标系的转换,采用三维空间向量进行计算求解,以提高计算精度。

1. 球面凸多边形建模

大区域目标其实是一个球面多边形,球面多边形可以由一系列有序的球面点表示,如$\{P_1,P_2,\cdots,P_n\}$,过球面中心与球面多边形相邻两顶点所确定的圆为球面的大圆,球面多边形的边即为所在大圆上以相邻顶点为端点的劣弧,而对于球面凸多边形,其任意相邻边所在的平面之间的内夹角不大于180°,如图3-27所示。

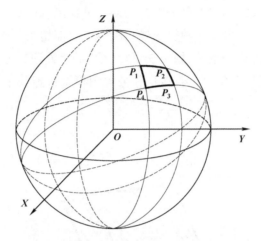

图3-27 球面多边形建模

2. 两种不同的坐标系定义及转换

算法涉及了两个不同的坐标系,一个是经纬坐标系,也是算法输入与输出所采用的坐标,经度范围对应由西经到东经为$[-180°,180°]$,纬度范围对应由南纬至北纬为$[-90°,90°]$;另一个是空间直角坐标系,以地球中心为原点O,OX轴指向本初子午线(0°经线)与赤道(0°纬线)的交点,OZ轴指向北极,OY轴依据右手系确定,如图3-28所示。

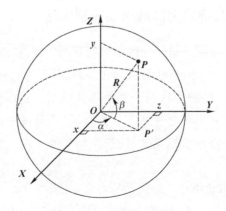

图3-28 两种坐标系转换

将经纬坐标(α,β)转换成空间直角坐标(x,y,z)的公式为

$$\begin{cases} x = R\cos\beta\cos\alpha \\ y = R\cos\beta\sin\alpha \\ z = R\sin\beta \end{cases} \quad (3-14)$$

空间直角坐标(x,y,z)转换成经纬坐标(α,β)的公式为

$$\begin{cases} \beta = \arcsin(z/R) \\ \alpha = \arccos(x/(R\cos\beta)), y \geqslant 0 \\ \text{或} -\arccos(x/(R\cos\beta)), y < 0 \end{cases} \quad (3-15)$$

3. 交集求解算法流程

Step1:将两球面凸多边形从经纬坐标系下转换到空间直角坐标系下,空间直角坐标系下的两球面凸多边形点集记为Polygon_1与Polygon_2。

Step2:计算球面凸多边形每条弧边与另一个球面凸多边形每条弧边可能存在的交点,并将获得的交点加入交点集P_{cross}中。

Step3:分别计算两球面凸多边形在对方内部的顶点,并将顶点加入内含点集P_{contain}中。

Step4:构造两球面多边形的交集区域的边界顶点集$A_{\text{inter}} = P_{\text{cross}} \cup P_{\text{contain}}$。

Step5:采用中心投影,将交集区域的点集投影到其几何中心确定的平面中,并定义点的大小排序规则,采用冒泡排序方法对交集区域顶点集进行排序,获得两球面凸多边形交集区域顶点的空间直角坐标序列。

Step6:将获得的两球面凸多边形交集区域顶点的空间直角坐标序列转换成经纬坐标序列,即为所求。

4. 两弧边交点求解算法

任意两弧边交点的求解需要通过求解两弧边所在大圆的两个交点,进而判断是否有交点同时包含于两弧边上,以此判定两弧边是否存在交点。显然,过球面上任意两点确定的大圆(除非重合)之间必然存在两个交点。

球面多边形的弧边所在大圆方程可以通过球面与平面的方程组合表示,求解两大圆的交点为

$$\begin{cases} x^2 + y^2 + z^2 = R^2 \\ a_1 x + b_1 y + c_1 z = 0 \\ a_2 x + b_2 y + c_2 z = 0 \end{cases} \quad (3-16)$$

式中:平面法向量(a_1,b_1,c_1)与(a_2,b_2,c_2)可以通过求解对应的弧边两端点的向量叉积得到。

方程的求解并不复杂,显然若是交点为(x^*,y^*,z^*),则必有

$$(x^*,y^*,z^*)=d\cdot(a_1,b_1,c_1)\times(a_2,b_2,c_2) \qquad (3-17)$$

结合球面的方程很容易能够求解得到两大圆的交点。

接下来,判断两交点是否存在一者同时包含于两弧边中,如图3-29所示,劣弧$\overset{\frown}{P_1P_2}$的端点坐标也可以作为其向量,显然向量$\overrightarrow{OP_1}$与向量$\overrightarrow{OP_2}$的夹角为

$$\langle\overrightarrow{OP_1},\overrightarrow{OP_2}\rangle=(x_1x_2+y_1y_2+z_1z_2)/(\sqrt{x_1^2+y_1^2+z_1^2}\cdot\sqrt{x_2^2+y_2^2+z_2^2}) \qquad (3-18)$$

交点C包含于劣弧P_1P_2上的判断条件为

$$\langle\overrightarrow{OP_1},\overrightarrow{OP_2}\rangle=\langle\overrightarrow{OP_1},\overrightarrow{OC}\rangle+\langle\overrightarrow{OP_2},\overrightarrow{OC}\rangle \qquad (3-19)$$

5. 点在球面多边形内的判断

点在球面多边形内的判断需要构造半圆弧并依据半圆弧与球面多边形的交点来判断,如图3-30所示,判断算法如下。

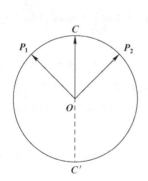

图3-29 点在弧边的判断

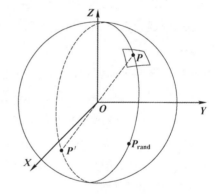

图3-30 点在多边形内的判断

Step1:构造半圆弧。首先取受判点$P=(x,y,z)$关于原点对称的点$P'=(-x,-y,-z)$,再随机生成球面上的坐标点P_{rand},需要注意的是P_{rand}与P、P'都不重合。这样构造了由劣弧$\overset{\frown}{PP_{rand}}$与$\overset{\frown}{P_{rand}P'}$构成半圆弧$\overset{\frown}{PP'}$。

Step2:求解半圆弧$\overset{\frown}{PP'}$与球面多边形的交点。采用两弧边交点求解算法分别求解劣弧$\overset{\frown}{PP_{rand}}$、劣弧$\overset{\frown}{P_{rand}P'}$与球面多边形的交点并计算交点总个数。

Step3:判断点是否在球面多边形内。若构造半圆弧$\overset{\frown}{PP'}$与球面多边形的交点总数为奇数,则点P位于球面多边形内,否则不在球面多边形内。

当然,在计算构造半圆弧与球面多边形的交点时,需要考虑以下两种情况,即当构造半圆弧与球面多边形处于同一平面或者构造半圆弧过球面多边形顶

点时,所求得的交点不纳入交点个数累加中。

6. 交集区域边界点集的排序

对交集区域边界点集进行排序时,基于原来球面多边形的几何中构造了投影平面,采用中心投影将原球面多边形投影至构造平面上,最后定义投影点的大小规则并使用冒泡排序对构造平面上点集进行排序,并将排序映射到原有的区域边界点集上作为求解的多边形交集点序列。以交集的区域边界点集排序为例,算法主要步骤如下。

Step1:求解边界点集的几何中心。

若边界点集为 $\{(x_1,y_1,z_1),(x_2,y_2,z_2),\cdots,(x_n,y_n,z_n)\}$,则几何中心为 $G(x_g,y_g,z_g)$:

$$(x_g,y_g,z_g) = \left(\sum_{i=1}^{n} x_i/n, \sum_{i=1}^{n} y_i/n, \sum_{i=1}^{n} z_i/n\right) \quad (3-20)$$

Step2:以 $\overrightarrow{OG}$ 为法向量并过点 G 构造投影平面 S,如图 3-31 所示。

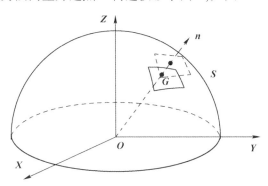

图 3-31 采用中心投影后获得的多边形

Step3:求解球面多边形顶点在构造平面上的投影。

顶点 $P_v(x_v,y_v,z_v)$ 的投影点 $P_p(x_p,y_p,z_p)$ 坐标的计算基于方程:

$$\begin{cases} x_g(x_p-x_g)+y_g(y_p-y_g)+z_g(z_p-z_g)=0 \\ x_p/x_v=y_p/y_v=z_p/z_v \end{cases} \quad (3-21)$$

Step4:计算投影点相对于几何中心的向量 $\overrightarrow{GP_p}=(x_p-x_g,y_p-y_g,z_p-z_g)$。

Step5:采用冒泡排序对边界点集 $\{P_p^1,P_p^2,\cdots,P_p^n\}$ 进行排序。

冒泡排序中投影点的大小比较规则:以第一个投影点为基准,如图 3-32 所示。

采用顺时针排序,制定以下大小比较规则:通过求解投影点对应的向量与基准点对应的基准向量的点积将点区域一分为二,点积大于零的对应的投影点

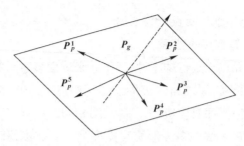

图 3-32 点集排序

要大,对于同一区域的投影点(即点积同号的点),可求解投影点对应的向量与基准点对应的基准向量的叉积来判断,若该叉积与投影平面的法向量叉积小于零,则其对应的点要大。以投影点 P_p^m 与投影点 P_p^n 的大小对比为例,若满足条件:

$$\begin{cases} \overrightarrow{GP_p^m} \cdot \overrightarrow{GP_p^1} \cdot (\overrightarrow{GP_p^n} \cdot \overrightarrow{GP_p^1}) < 0 \\ \overrightarrow{GP_p^m} \cdot \overrightarrow{GP_p^1} > (\overrightarrow{GP_p^n} \cdot \overrightarrow{GP_p^1}) \end{cases} \text{ 或 } \begin{cases} \overrightarrow{GP_p^m} \cdot \overrightarrow{GP_p^1} \cdot (\overrightarrow{GP_p^n} \cdot \overrightarrow{GP_p^1}) > 0 \\ (\overrightarrow{GP_p^m} \times \overrightarrow{GP_p^n}) \cdot \overrightarrow{OG} < 0 \end{cases} \tag{3-22}$$

则 $P_p^m > P_p^n$。反之则 $P_p^m < P_p^n$。

3.4.2 应用实践

目前,中国资源卫星应用中心所管理的卫星都是大幅宽低分辨率的非敏捷卫星,一般用于区域普查工作。下面以该中心的中巴地球资源卫星 04 星为例,研究其任务规划预处理方法。中巴地球资源卫星 04 星(也称资源一号 04 星)是中国和巴西联合研制的地球资源卫星,于 2013 年底在太原卫星发射中心成功发射升空,该卫星在国土、水利、林业资源调查、农作物估产、城市规划、环境保护及灾害监测等领域发挥着重要作用,该卫星及其有效载荷主要参数如表 3-7 和表 3-8 所列。

表 3-7 中巴地球资源卫星 04 星参数

参　数	指　标
轨道类型	太阳同步回归轨道
轨道高度/km	778
倾角/(°)	98.5
降交点地方时	10:30AM
回归周期/天	26

表 3-8 中巴地球资源卫星 04 星有效载荷参数

载荷	谱段号	谱段范围 /μm	空间分辨率 /m	幅宽 /km	侧摆角 /(°)	重访时间 /天
全色多光谱相机	1	0.51~0.85	5	60	±32	3
	2	0.52~0.59	10			
	3	0.63~0.69				
	4	0.77~0.89				
多光谱相机	5	0.45~0.52	20	120	—	26
	6	0.52~0.59				
	7	0.63~0.69				
	8	0.77~0.89				
红外多光谱相机	9	0.50~0.90	40	120	—	26
	10	1.55~1.75				
	11	2.08~2.35				
	12	10.4~12.5	80			
宽视场成像仪	13	0.45~0.52	73	866	—	3
	14	0.52~0.59				
	15	0.63~0.69				
	16	0.77~0.89				

采用资源一号 04 星的全色相机分别对高纬度的西伯利亚地区、中纬度的我国西南地区和低纬度的印度洋地区进行普查观测,其需求如表 3-9 所列。

表 3-9 普查需求表

要素	参数
高纬区域顶点坐标序列	(71.587,96.687),(64.133,128.800),(54.062,123.252),(60.089,90.660)
中纬区域顶点坐标序列	(35.617,80.205),(25.694,79.870),(25.225,105.210),(34.813,105.146)
低纬区域顶点坐标序列	(6.088,72.395),(2.139,101.682),(-6.746,99.378),(-3.784,73.053)
成像时间范围(北京时间)	2015-10-27 12:00:00~2015-10-28 12:00:00
条带划分粒度	0.9
条带划分类型	不等长条带
其他需求	默认

分别采用基于高斯投影和基于空间向量的大区域求交方法,得到卫星观测范围与需求区域交集区域结果,以及各顶点与 STK 计算结果距离差值,如表 3-10 所列。从表 3-10 中可以看出,基于空间向量的大区域求交方法平均误差均小

于基于高斯投影的大区域求交方法。

表 3-10　区域求交结果对比表

STK 坐标(纬,经)	高斯投影		空间向量	
	坐标(纬,经)	误差/km	坐标(纬,经)	误差/km
(71.176,100.624) (66.514,122.704) (57.468,111.532) (59.873,94.611)	(71.183,100.592) (66.557,122.622) (57.492,111.390) (59.872,94.592)	1.361 6.100 8.899 1.034	(71.175,100.682) (66.531,122.638) (57.480,111.499) (59.874,94.688)	2.091 3.533 2.378 4.312
	平均值=4.349		平均值=3.079	
(35.921,87.964) (35.471,99.278) (26.204,96.168) (26.095,85.866)	(35.927,87.955) (35.480,99.235) (26.217,96.093) (26.102,85.862)	1.066 4.027 7.663 0.905	(35.926,87.994) (35.474,99.259) (26.208,96.139) (26.099,85.892)	2.712 1.810 2.981 2.647
	平均值=3.415		平均值=2.538	
(4.994,81.465) (3.796,90.365) (-5.647,88.338) (-4.596,79.373)	(4.973,81.446) (3.769,90.280) (-5.670,88.287) (-4.609,79.365)	3.051 9.828 6.249 1.674	(4.993,81.500) (3.790,90.335) (-5.650,88.323) (-4.595,79.396)	3.943 3.326 1.760 2.502
	平均值=5.201		平均值=2.883	

(第一列分组：高纬地区、中纬地区、低纬地区)

利用开发的卫星任务规划与调度系统对三个普查需求进行预处理,其条带划分结果如图 3-33 所示。黄色部分为观测需求区域,红色为该时间段内卫星在观测范围内所划分的条带。为了减少条带间重叠部分以便于观察,将条带划分粒度定为 0.9,每个地区划分出 17 个红色条带(图中下边缘未被覆盖部分是由于中高纬度地区转换平面地图形变较大造成的显示误差,实际拍摄过程中这些区域得到完全覆盖),生成的全部元任务信息如表 3-11 所列。

(a)

(b)

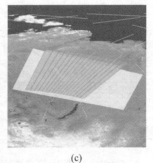
(c)

图 3-33　普查需求任务规划预处理条带划分结果(见彩图)
(a)低纬地区;(b)中纬地区;(c)高纬地区。

第3章 卫星任务规划预处理技术

表 3-11 普查需求全部元任务信息

需求	元任务编号	星下点成像开始时间	星下点成像结束时间	成像时长	侧摆角/(°)	太阳高度角/(°)	左上经度	左上纬度	右上经度	右上纬度	右下经度	右下纬度	左下经度	左下纬度	起始中心点经度	起始中心点纬度	结束中心点经度	结束中心点纬度
低纬地区	1	2015-10-27 12:48:41	2015-10-27 12:51:21	160	29.08	68.581	90.495	3.815	92.752	3.933	87.674	-5.585	88.421	-5.694	90.113	3.876	88.037	-5.638
	2	2015-10-27 12:48:42	2015-10-27 12:51:22	160	25.28	68.119	89.849	3.913	92.168	4.025	87.088	-5.498	87.773	-5.599	89.501	3.973	87.422	-5.548
	3	2015-10-27 12:48:42	2015-10-27 12:51:23	161	21.45	67.683	89.258	4.011	91.624	4.110	86.530	-5.478	87.166	-5.571	88.935	4.061	86.842	-5.524
	4	2015-10-27 12:48:43	2015-10-27 12:51:24	161	17.62	67.308	88.695	4.037	91.097	4.129	86.002	-5.461	86.602	-5.550	88.392	4.084	86.297	-5.505
	5	2015-10-27 12:48:44	2015-10-27 12:51:24	161	13.83	66.914	88.178	4.117	90.607	4.205	85.510	-5.388	86.082	-5.473	87.889	4.162	85.793	-5.430
	6	2015-10-27 12:48:44	2015-10-27 12:51:25	161	10.01	66.529	87.684	4.193	90.132	4.277	85.034	-5.317	85.587	-5.399	87.406	4.236	85.308	-5.358
	7	2015-10-27 12:48:44	2015-10-27 12:51:25	161	6.19	66.152	87.207	4.266	89.668	4.348	84.570	-5.247	85.109	-5.328	86.936	4.307	84.838	-5.288
	8	2015-10-27 12:48:44	2015-10-27 12:51:25	161	2.38	65.779	86.742	4.337	89.210	4.417	84.110	-5.178	84.643	-5.258	86.475	4.377	84.376	-5.218
	9	2015-10-27 12:48:44	2015-10-27 12:51:25	161	-1.43	65.406	86.283	4.406	88.752	4.486	83.652	-5.109	84.184	-5.189	86.018	4.446	83.918	-5.150
	10	2015-10-27 12:48:44	2015-10-27 12:51:25	161	-5.24	65.028	85.825	4.475	88.289	4.555	83.189	-5.040	83.725	-5.121	85.558	4.515	83.458	-5.080
	11	2015-10-27 12:48:45	2015-10-27 12:51:26	161	-9.04	64.678	85.351	4.484	87.805	4.565	82.704	-5.028	83.251	-5.110	85.080	4.524	82.979	-5.069
	12	2015-10-27 12:48:45	2015-10-27 12:51:26	161	-12.84	64.280	84.881	4.554	87.318	4.636	82.205	-5.013	82.767	-5.099	84.603	4.595	82.489	-5.057
	13	2015-10-27 12:48:44	2015-10-27 12:51:26	162	-16.67	63.862	84.397	4.625	86.811	4.711	81.697	-4.936	82.284	-5.025	84.108	4.667	81.995	-4.981
	14	2015-10-27 12:48:44	2015-10-27 12:51:26	162	-20.46	63.425	83.893	4.699	86.274	4.788	81.162	-4.854	81.780	-4.949	83.589	4.743	81.476	-4.902
	15	2015-10-27 12:48:44	2015-10-27 12:51:26	162	-24.25	62.957	83.362	4.776	85.701	4.871	80.589	-4.766	81.250	-4.868	83.039	4.822	80.926	-4.818
	16	2015-10-27 12:48:43	2015-10-27 12:51:26	163	-28.06	62.447	82.795	4.857	85.078	4.960	79.954	-4.730	80.670	-4.840	82.446	4.907	80.321	-4.787
	17	2015-10-27 12:48:43	2015-10-27 12:51:26	163	-31.84	61.891	82.181	4.945	84.390	5.057	79.268	-4.624	80.057	-4.746	81.798	4.999	79.675	-4.687
中纬地区	1	2015-10-27 12:39:43	2015-10-27 12:42:28	162	29.37	41.285	99.402	35.494	98.493	35.672	95.413	26.189	96.240	26.036	98.935	35.586	95.815	26.116
	2	2015-10-27 12:39:45	2015-10-27 12:42:30	163	25.53	41.149	98.569	35.533	97.734	35.691	94.710	26.129	95.468	25.993	98.142	35.614	95.081	26.063
	3	2015-10-27 12:39:47	2015-10-27 12:42:32	163	21.72	40.973	97.823	35.612	97.045	35.754	94.087	26.176	94.793	26.053	97.427	35.685	94.433	26.116
	4	2015-10-27 12:39:49	2015-10-27 12:42:32	163	17.89	40.862	97.108	35.618	96.374	35.748	93.482	26.155	94.147	26.042	96.736	35.685	93.810	26.100
	5	2015-10-27 12:39:51	2015-10-27 12:42:34	163	14.06	40.758	96.433	35.614	95.732	35.733	92.903	26.127	93.538	26.022	96.079	35.675	93.217	26.075
	6	2015-10-27 12:39:52	2015-10-27 12:42:35	163	10.23	40.605	95.807	35.655	95.129	35.771	92.358	26.153	92.972	26.054	95.465	35.716	92.662	26.104
	7	2015-10-27 12:39:54	2015-10-27 12:42:37	163	6.44	40.455	95.201	35.697	94.539	35.803	91.825	26.175	92.425	26.080	94.869	35.751	92.124	26.128
	8	2015-10-27 12:39:55	2015-10-27 12:42:39	164	2.62	40.306	94.610	35.730	93.955	35.831	91.284	26.134	91.875	26.044	94.282	35.781	91.579	26.090

（续）

需求	元任务编号	星下点成像开始时间	星下点成像结束时间	成像时长	侧摆角/(°)	太阳高度角/(°)	左上经度	左上纬度	右上经度	右上纬度	右下经度	右下纬度	左下经度	左下纬度	起始中心点经度	起始中心点纬度	结束中心点经度	结束中心点纬度
中纬地区	9	2015-10-27 12:39:56	2015-10-27 12:42:40	164	−1.2	40.155	94.027	35.759	93.372	35.856	90.758	26.151	91.349	26.063	93.700	35.808	91.054	26.107
	10	2015-10-27 12:39:57	2015-10-27 12:42:41	164	−5.01	40.002	93.445	35.784	92.784	35.879	90.228	26.167	90.824	26.080	93.116	35.832	90.527	26.124
	11	2015-10-27 12:39:58	2015-10-27 12:42:41	165	−8.85	39.894	92.841	35.748	92.168	35.842	89.659	26.063	90.266	25.977	92.507	35.795	89.965	26.020
	12	2015-10-27 12:39:58	2015-10-27 12:42:43	165	−12.66	39.673	92.261	35.829	91.566	35.922	89.117	26.137	89.743	26.051	91.918	35.876	89.434	26.094
	13	2015-10-27 12:39:59	2015-10-27 12:42:45	166	−16.46	39.494	91.647	35.850	90.922	35.943	88.524	26.094	89.176	26.007	91.290	35.897	88.854	26.050
	14	2015-10-27 12:40:00	2015-10-27 12:42:46	166	−20.26	39.301	91.008	35.871	90.242	35.965	87.913	26.112	88.601	26.023	90.632	35.918	88.263	26.067
	15	2015-10-27 12:40:00	2015-10-27 12:42:47	167	−24.08	39.087	90.335	35.893	89.516	35.989	87.247	26.072	87.953	25.981	89.935	35.941	87.623	26.026
	16	2015-10-27 12:40:01	2015-10-27 12:42:48	167	−27.88	38.851	89.618	35.916	88.729	36.014	86.540	26.096	87.338	26.000	89.185	35.965	86.949	26.048
	17	2015-10-27 12:40:02	2015-10-27 12:42:49	167	−31.67	38.582	88.842	35.941	87.861	36.042	86.761	26.124	86.641	26.023	88.367	35.991	86.214	26.073
高纬地区	1	2015-10-27 12:30:03	2015-10-27 12:33:18	195	29.73	8.919	124.630	67.431	122.946	67.868	110.277	57.580	111.600	57.281	123.772	67.658	110.923	57.437
	2	2015-10-27 12:30:04	2015-10-27 12:33:19	195	25.93	8.709	123.173	67.811	121.586	68.198	109.228	57.804	110.454	57.541	122.367	68.011	109.829	57.677
	3	2015-10-27 12:30:04	2015-10-27 12:33:19	195	22.12	8.515	121.801	68.147	120.286	68.494	108.241	58.005	109.393	57.770	121.035	68.326	108.807	57.891
	4	2015-10-27 12:30:04	2015-10-27 12:33:19	195	18.31	8.332	120.493	68.448	119.030	68.764	107.300	58.187	108.397	57.974	119.755	68.610	107.842	58.083
	5	2015-10-27 12:30:05	2015-10-27 12:33:20	195	14.51	8.158	119.231	68.722	117.804	69.012	106.394	58.354	107.450	58.158	118.514	68.870	106.917	58.259
	6	2015-10-27 12:30:05	2015-10-27 12:33:20	195	10.7	7.991	118.001	68.973	116.594	69.244	105.512	58.509	106.539	58.328	117.296	69.111	106.022	58.420
	7	2015-10-27 12:30:05	2015-10-27 12:33:20	195	6.9	7.828	116.789	69.207	115.388	69.462	104.642	58.655	105.653	58.485	116.089	69.337	105.146	58.572
	8	2015-10-27 12:30:05	2015-10-27 12:33:20	195	3.1	7.668	115.584	69.427	114.174	69.668	103.778	58.793	104.783	58.632	114.881	69.549	104.280	58.714
	9	2015-10-27 12:30:05	2015-10-27 12:33:20	195	−0.71	7.509	114.372	69.635	112.941	69.866	102.909	58.925	103.918	58.771	113.661	69.752	103.415	58.849
	10	2015-10-27 12:30:05	2015-10-27 12:33:20	195	−4.51	7.349	113.142	69.834	111.674	70.056	102.026	59.052	103.050	58.904	112.415	69.946	102.541	58.979
	11	2015-10-27 12:30:05	2015-10-27 12:33:20	195	−8.31	7.186	111.882	70.025	110.361	70.240	101.121	59.176	102.171	59.032	111.130	70.134	101.650	59.105
	12	2015-10-27 12:30:05	2015-10-27 12:33:20	195	−12.11	7.020	110.577	70.211	108.984	70.420	100.182	59.296	101.269	59.156	109.792	70.316	100.732	59.227
	13	2015-10-27 12:30:05	2015-10-27 12:33:19	195	−15.9	6.846	109.248	70.391	107.524	70.596	99.196	59.414	100.336	59.277	108.383	70.494	99.775	59.346
	14	2015-10-27 12:30:04	2015-10-27 12:33:19	195	−19.71	6.665	107.767	70.568	105.959	70.769	98.151	59.531	99.360	59.395	106.883	70.669	98.767	59.464
	15	2015-10-27 12:30:04	2015-10-27 12:33:19	195	−23.5	6.471	106.220	70.741	104.257	70.939	97.026	59.646	98.325	59.512	105.264	70.841	97.690	59.580
	16	2015-10-27 12:30:03	2015-10-27 12:33:18	195	−27.3	6.263	104.544	70.911	102.383	71.105	95.799	59.761	97.214	59.628	103.496	71.009	96.526	59.694
	17	2015-10-27 12:30:03	2015-10-27 12:33:18	195	−31.1	6.035	102.700	71.078	100.285	71.265	94.440	59.873	96.006	59.742	101.535	71.173	95.248	59.808

3.5 小结

本章梳理了不同类型的卫星任务规划预处理问题。对于地面任务规划平台,对比了非敏捷卫星与敏捷高分辨率卫星姿态机动能力和成像模式的差异,分析了普查需求与详查需求各自的特点。对于星上自主任务规划平台,描述了其工作过程,分析了其快速响应需求的特点。在总结了传统预处理方法优缺点的基础上,考虑卫星与目标的时空关系,提出了基于时间—姿态的点目标描述方式,设计了面向不同卫星任务规划的预处理方法。

第 4 章 多星一体任务规划技术

近年来,我国在轨运行的卫星种类及数量不断增加,卫星用户的需求也变得更加复杂多样。面对用户业务上的需求,我们需要卫星之间相互配合,同时进行星地一体的建设,将卫星和地面资源整合起来,使不同类别的高分辨率卫星能够协同完成复杂的观测任务,并且达到地面系统与卫星系统的一体化调度。本章通过研究和分析我国高分辨率对地观测系统的管控模式与运行特点,针对典型复杂观测任务需求,设计了多卫星协同对地观测调度框架,分析了任务建模、协同模式与策略,提出了多星任务分配与可调度性预测方法,研究了针对多星协同双层任务规划模型的求解技术和测控数传一体的资源调度技术。

4.1 多星一体任务规划问题分析

4.1.1 多星一体任务规划需求分析

随着遥感技术、数据融合技术的迅速发展,对于自然灾害以及地球信息的获取不仅仅局限于单一类型的观测图像数据,将多类型、多分辨率的图像数据进行比对、融合可以获得更准确和丰富的信息。面对日益复杂和高时效性的遥感应用需求,使用不同类型的卫星资源相互协同进行观测,将大幅度提升观测资源使用效率,准确有效、快速及时地获取多种空间分辨率、时间分辨率和光谱分辨率的对地观测数据。同时,我们也看到多星协同对地观测在自然灾害监测等环境复杂、状态瞬息万变等突发观测需求中,能够获取单一资源无法采集到的丰富图像信息。

目前，由于我国专业分工以及管理体制等原因，不同类型的观测资源由不同部门进行管理，未来随着高分辨率对地观测系统的深入建设与发展，我国对地观测技术将由科学研究向实际应用不断跨越，上述对地观测资源的组织管理模式已经无法满足日益复杂和高时效性的观测应用需求。以我国发生的汶川、玉树地震为例，地震发生后，由国务院应急管理办公室统一协调制定了航空和卫星遥感数据协同获取计划，利用各系统的观测资源获取灾区航空影像以及卫星数据，采集到的卫星影像、高分辨率光学以及微波航空观测数据为监测与评估地震灾区次生地质灾害情况提供了重要支持。但是由于资源管控模式、专业技术分工、灾区气象条件以及观测技术水平等问题，尚未能在地震后的第一时间获取高质量的遥感数据，而且各类观测数据之间缺乏有效关联。对于地震、泥石流、森林火灾等时效性极强的应急观测需求，各类观测数据若能够进一步缩短获取周期，数据之间能有效比对关联，那么对于灾害发展趋势的判定、灾害消减方式的选择以及救灾力量部署等都将具有重大意义。

结合目前国内卫星使用情况，本书总结得出了下列现存及未来在对地观测系统协同方面所面临的若干问题。

（1）各观测系统资源管控中心运行模式各不相同，包括需求接收与计划定制时段、任务分配方式、规划调度算法等。同时，任务与计划数据形式各异，难以实现各中心之间的有效协同。

（2）不同观测资源的使用模式、使用约束实际上十分复杂，过度的简化不能达到协同观测效果。例如，敏捷卫星与非敏捷卫星、高轨卫星与极轨卫星、各类型无人机等，具体的使用约束不同、计划方案形式各异，传统的多资源联合求解变得十分复杂，且时间效率难以被用户接受。

（3）随着用户需求数量与资源数目的快速增长，目前应用算法囿于时间效率愈发无法有效执行，计划人员经验与偏好难以加入并指导算法求解。

（4）新加入的观测资源，由于使用约束的特殊性，使得原始算法改动巨大，实际工程中无法适用，传统的多资源联合算法无法保证灵活可扩展。

为在当前对地观测系统组织结构的基础上进行高效可靠的多星一体任务规划，本书在各个观测系统之上的业务层面设计了业务协调层先对各种用户部门发起的任务需求进行统筹分配，将每个单独的任务需求协调分配至合适的对地观测系统的调度器中。同时，为了保障图像数据产品的有效闭环，本章也对多星测控数传一体资源调度问题进行了讨论，如图4-1所示，为完成上述构想的多星一体任务规划流程,本章首先对多星一体任务规划的分层求解框架进行了设计;其次,在对各个用户所提的观测需求进行协同之前先对任务的可调度性进行预测,以便更好地将观测任务分配给合适的对地观测系统进行调度;然后,为解决多星一体任务规划问题,本章基于所设计的求解框架提出了基于知识性学习算法对问题进行了求解;最后,本章对测控数传一体资源调度技术进行了深入研究。

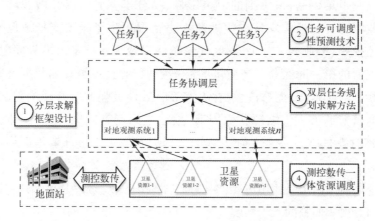

图 4-1　多星一体任务规划关键技术

4.1.2　问题特点与难点分析

协同在多机器人系统中已经不是一个新概念。Cao 在 1997 年对协同行为(Cooperative Behavior)做了如下定义:给定预先定义的任务,如果由于某些内在的机制(即"协同机制"),整个多机器人系统的效用能够提升,则称该系统呈现协同行为。在此定义中,协同概念的本质在于能够实现多个系统的整体性能提升。

由于各资源管控中心在管理权限、组织方式、通信条件与运行流程等方面的差异,以及应急与常规条件的应用需求不同,需要采用不同类型的方式进行协同任务规划,本书将各资源管控中心之间的协作方式称为协同机制(Coordination Mechanism)。通过上述对典型观测资源管控系统结构及功能分析,在广泛调研与需求论证基础上,本书将资源管控中心协同机制划分为集中式协同、自顶向下式协同、分布式同步协同以及分布式异步协同四种。其中每种协同机制具有独特的任务规划流程与适用背景,各类型协同机制业务处理流程如

图 4-2 所示。

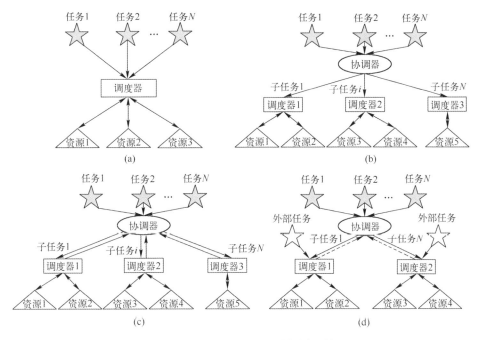

图 4-2 四种对地观测系统协同机制

(a) 集中式协同机制;(b) 自顶向下式协同机制;
(c) 分布式同步协同机制;(d) 分布式异步协同机制。

下面给出多中心对地观测协同机制相关要素的定义。

(1) 任务(Mission)是指多个用户提出的、经过规范化处理的、包括对地球表面点目标、区域目标以及移动目标等的不同类型图像获取需求的数据。

(2) 子任务(Sub-Mission)是指通过对任务进行分解、合并等操作得到的、可作为调度器(Scheduler)输入的任务数据,如区域目标分解成的成像条带数据,移动目标离散化处理后的点目标数据等。

(3) 外部任务(Sub-Mission)是指不由协调器(Coordinator)分配的,同时作为调度器(Scheduler)输入的观测任务。

(4) 资源(Assets)是指各对地观测系统所管控的搭载不同类型成像载荷的、具备执行对地观测任务的各类观测平台,主要为各类型遥感卫星。

(5) 协调器(Coordinator)是指位于各对地观测系统之上的超级中心,具备协调多个资源管控中心之间或者观测资源管控系统内部各资源调度软件之间观测任务分配能力的软件系统或者功能模块。

（6）调度器（Scheduler）是指位于某一对地观测系统内部，具备为指定观测资源所分配的观测任务，面向若干优化目标，采用各类调度算法生成资源成像与回传方案的功能模块。

1. 集中式多对地观测系统协同机制

集中式协同机制（Centralized Coordination Mechanism，CCM）通常只包含一个调度器，该调度器位于某一权限最高的管控系统内，其负责接收所有用户任务，并在一个算法架构内进行优化求解，并生成所有参与观测资源的工作方案。该机制是其他三类协同机制的原子模式，通常用于灾害监测、反恐维稳等应急条件下的多对地观测系统短期（一般为几个小时或者一天）联合规划。

面对日益复杂和高时效性的突发观测需求，隶属于多个对地观测系统的不同类型成像卫星，采用集中式协同模式进行任务规划，统一生成资源工作计划，可有效提高资源利用效率与缩短系统反应时间，并将准确有效、快速及时地获取多种成像模式下的不同空间分辨率和频谱分辨率的对地观测数据。同时，将多类型、多分辨率的观测数据进行对比、融合以获得更准确和丰富的信息，成为未来对地观测应用的发展趋势。现有的研究与应用成果对于单资源调度、多个同类型资源调度支撑程度较强，如单星调度、多星调度等技术相对较为成熟。然而，应急条件下的多种卫星观测资源联合规划调度技术尚鲜有研究。

2. 自顶向下式多对地观测系统协同机制

自顶向下式协同机制（Top-down Coordination Mechanism，TDCM）包含一个协调器、若干调度器及其相应的观测资源，具有分布式结构。当有观测任务到来时，协调器首先对任务进行格式检查、分解、合并、冗余剔除等预先处理，然后通过一定的分配算法将子任务分配至各个调度器，再由调度器执行调度算法生成各自观测资源的工作方案。在整个任务规划周期内，各调度器不再向协调器反馈调度结果。从图4-2中的自顶向下式管控机制中看出，以每个调度器为中心可以划分出三个集中式协同模式。该机制通常适用于在面向常规观测需求（如区域普查、地理测绘、周期性成像），由多个对地观测系统以"松耦合"组织方式来实现多资源协同观测的情况。其中协调器位于一个超级中心，该中心负责接收所有用户所提观测需求，并负责向各个资源管控中心分发任务。调度器位于各对地观测系统资源管控中心，负责执行任务调度生成资源成像与回传方案，当资源工作计划执行完毕后再向协调器提交具体执行结果。

这种协同机制所面临的主要技术难点在于协调器在无调度结果在线反馈的情况下,如何能够有效地将多个观测任务分配至各个调度器,并使得各调度器所辖资源发挥最大效能。囿于观测资源能力稀缺与使用约束复杂,所分配的任务一般无法保证全部完成,因此协调器所执行的任务分配问题与现有的分配问题背景,如生产任务分配、机器人任务分配、运输分配以及处理器计算分配等具有很大区别。因此,以此为背景的观测任务分配问题需要进一步研究,以更好地满足"松耦合"式的组织管理下的协同观测需求。

3. 分布式同步多对地观测系统协同机制

分布式同步协同机制(Distributed Synchronous Coordination Mechanism,DSCM)与自顶向下式协同机制具有唯一差别,即各调度器能够在线同步反馈所分配任务的调度结果,协调器可以依据调度结果进行分配方案的优化调整,经过若干次的反馈迭代保证各观测资源使用效率达到最优。该类型协同机制适用于多个对地观测系统以"紧耦合"组织方式来实现多资源协同观测的情况,同时也适用于一个对地观测系统内部的多个不同类型资源调度。对于常规观测需求(如区域普查、地理测绘、周期性成像),分布式同步协同机制由于迭代优化过程的加入,任务规划效果理论上会比自顶向下式有较大提高,但需要以各个对地观测系统之间在任务规划时段内的实时通信作为保障。

由于协调器可以在线得到调度结果,其所执行的分配算法就可以精确计算分配方案的收益,可采用一般求解组合优化问题的技术进行求解。然而,一般执行一次调度计算所花费的时间,对于现有的搜索算法来说是非常耗时的(Time-Consuming),且在多个管控中心"紧耦合"组织情况下,通信开销时间也是非常可观的。因此,如何在降低协调器与调度器交互频率前提下,保证观测任务的有效规划同样是十分值得深入研究的。

4. 分布式异步多对地观测系统协同机制

分布式异步协同机制(Distributed Asynchronous Coordination Mechanism,DACM)与分布式同步协同机制具有两点差别,一是各调度器除了接收协调器所分配任务之外还接收外部任务,二是各调度器在不同时间点接收协调器所分配任务。该模式适用于各对地观测系统临时协同执行观测的情况,各系统在接收负责临时协调的部分所分配任务之外,还有其直接用户所提的观测需求需要规划。同时由于各个系统工作运行流程的不同,如值班时间、计划定制方式(周规划、日规划、单圈次规划)等,无法同步向协调部门反馈调度结果。该机制在结合分布式同步任务规划技术研究基础上,需要增加依据已有的工作计划对观测资源剩余能力预估的方法研究,以保证观测资源能力的最大程度发挥。

通过对多中心观测资源协同机制的类别划分与特性分析可以得出以下结论。

(1) 集中式协同机制可作为另外三类协同机制的原子模式,即作为三类分布式协同机制的下层调度部分。

(2) 自顶向下、分布式同步与分布式异步等三种协同机制均具有分布式的双层物理结构,包括上层协调器,负责多任务的协同分配,以及下层多个调度器,每个调度器负责各自观测资源的工作计划生成。三种分布式协同机制仅在两个层次之间的交互方式上有所不同。

(3) 协调器与调度器所在层次的决策者具有不同的决策目标,调度希望最大化地利用所辖资源,以追求经济利益或使用效益的最大化,而协调器在追求资源使用效率目标的基础上,还需兼顾各个调度器所在的对地观测系统之间的公平目标。

在三种分布式协同机制下,对地观测任务规划过程无法在某一个层次全部执行。整个规划过程的优化不仅依赖于调度过程算法性能,同时也决定于任务是否合理高效地分配。将任务分配与资源调度两个过程同步优化能够解决多对地观测系统协同任务规划问题。

集中式协同机制是其他三种分布式类型协同机制的原子模式,该协同机制适用于灾害监测、反恐维稳等应急条件下的对地观测系统短期(一般为几个小时或者一天)联合任务规划。由于同一类型观测资源的联合调度技术研究已经较为成熟,本节主要研究应急条件下多种遥感观测资源联合调度问题。主要考虑解决两方面的难题:一是如何在同一算法架构内实现多种不同类型观测方案统一生成;二是两种观测资源在优化过程中如何实现动态能力互补。

本章研究的多星协同对地观测调度是指在综合考虑成像卫星观测应用能力的基础上,在资源约束以及目标约束条件下,协调分配成像观测资源,完成对多个目标的协同观测。不同类型平台观测模式差异、目标的地理分布差异以及观测方案形式差异等因素对数学模型和求解算法都有较大的影响。

多星协同对地观测还需要考虑目标的地理位置差异。成像卫星具有覆盖区域广、持续时间长、不受空域国界限制等独特的优势。卫星观测调度问题的求解结果对于每颗卫星来说是一系列的被选择的观测时间窗口,这些时间窗口在时间与空间上均不存在逻辑关系。

4.1.3 基本假设与数学模型

1. 基本假设

多星资源集中式联合规划问题的研究基于以下假设:被观测目标均为点目标,区域目标可以被离散划分成为多个点目标的组合;某个点目标只能在限定时间范围内被观测一次,不能重复观测。

2. 数学模型

高分辨率对地观测系统集中式任务规划可以描述为对于待观测任务集合 T,隶属于航天观测系统的 N_s 颗成像卫星根据各类平台能力(包括轨道、巡航能力、传感器类型、分辨率等)及其约束条件以协作的方式分配观测目标,并制定各自的成像计划。在协同规划过程中各平台之间反复交互阶段调度结果,形成各自观测计划,期望以确定的资源尽量多地完成重要目标的观测任务。

考虑到任务约束以及不同类型观测资源的使用约束条件,我们建立多星协同观测任务规划模型(Multi-Space-Aeronautics Cooperative Observation Task Planning Model,MSACOTPM)对问题进行描述,首先给出如下定义。

1) 模型输入

$T = \{t_1, t_2, \cdots, t_{Num_{target}}\}$:观测地面目标集合。

$p_{(n,m)}$:目标 t_m 与 t_n 空间距离。

(ts_i, te_i):目标 t_i 的需求观测时间范围。

$Pr_i \in (0,1)$:目标 t_i 的优先级。

$Rt_i = \{rt_1^i, rt_2^i, rt_3^i, rt_4^i\}$:$rt_j^i$ 表示目标 t_i 需要第 j 种观测数据类型以及最小分辨率。其中,$j=1$ 表示光学,2 表示红外,3 表示多光谱,4 表示 SAR。若 $r_j^i = 0$,则表示不需要类型 j 的观测数据。

$P = \{S, U\}$:观测平台集合。其中,$S = \{s_1, s_2 \cdots, s_{N_s}\}$ 表示卫星资源集合。

$Rs_\alpha = \{rs_1^\alpha, rs_2^\alpha, rs_3^\alpha, rs_4^\alpha\}$:平台携带的遥感器类型以及提供的最小分辨率。

ME_α:卫星 s_α 调度周期 J 内最大放电深度。

$W_{\alpha i} = \bigcup_{k=1}^{N_{ij}} win_{\alpha i}^k$:卫星 s_α 对目标 t_i 的时间窗口集合。其中,$win_{\alpha i}^k = [ws_{\alpha i}^k, we_{\alpha i}^k]$ 分别对应窗口的开始与结束时间。

$sl_{\alpha i}^k$:时间窗口 $win_{\alpha i}^k$ 对应的侧摆角度。

st_α:卫星 s_α 两次侧摆最大间隔时间。

se_α：卫星 s_α 侧摆单位角度所消耗电量。

2）模型输出

卫星 s_α 的计划观测目标序列：

$$SW_\alpha = \{\alpha 1k, \cdots, \alpha jk, \cdots \alpha nk\}, \quad t_j \in T \tag{4-1}$$

卫星 s_α 的计划观测时间窗口集合：

$$SW_\alpha = \{w_{\alpha 1k}, \cdots, w_{\alpha jk}, \cdots w_{\alpha nk}\}, \quad t_j \in T \tag{4-2}$$

3）数学模型

多平台协同对地观测调度问题的优化目标为

$$\max f = \sum_{i=1}^{NT} \sum_{\alpha=1}^{NP} \text{Prfit}(x_i^\alpha \cdot Pr_i) \tag{4-3}$$

约束条件为

$$x_i^\alpha = \{0,1\}, \quad \forall i \in T, \alpha \in S \tag{4-4}$$

$$\prod_{j=1}^{4} x_i^\alpha \cdot (rt_j^i - rt_j^\alpha) \geq 0, \quad \forall i \in T, \alpha \in P \tag{4-5}$$

$$ts_i \leq ws_{\alpha i}^k, \quad \forall i \in T, \alpha \in S \tag{4-6}$$

$$we_{\alpha i}^k \leq te_i, \quad \forall i \in T, \alpha \in S \tag{4-7}$$

$$ts_i \leq JS + \sum_{i \in UT_\alpha} p_{(i,i+1)}/ms_\alpha \leq te_i, \quad \forall i \in T, \alpha \in U \tag{4-8}$$

$$ws_{\alpha i}^k - we_{\alpha j}^k \geq st_\alpha, i,j \in T, \quad \forall \alpha \in S \tag{4-9}$$

$$\sum_{k \in W_{\alpha i}} sl_{\alpha i}^k \leq ME_\alpha, \quad \forall i \in T, \alpha \in S \tag{4-10}$$

式中：$ws_{\alpha i}^k$、$we_{\alpha i}^k$ 分别为卫星 S_α 对观测序列内相邻两个目标 t_m 的观测开始时间与 t_n 的观测结束时间。

优化目标式(4-3)保证了已被安排观测的目标优先级收益最大；约束条件式(4-4)为决策变量，表示目标 t_i 被安排至平台 α 进行观测；约束条件式(4-5)表示平台携带载荷能提供的最小分辨率应该小于所分配的任务相应观测数据类型的分辨率；约束条件式(4-6)、约束条件式(4-7)与约束条件式(4-8)共同保证了平台对目标观测时间满足目标本身观测时间窗口要求；约束条件式(4-9)保证了卫星 S_α 连续两个观测目标时间窗口间隔大于其侧摆的最大转换时间；约束条件式(4-10)保证了卫星 S_α 侧摆累积使用电量不超过其最大放电深度。

3. 模型分析

对 MSACOTPM 求解的过程就是在问题的解空间进行搜索的过程，下面定理给出了其可行解数目的上界。

定理1：MSACOMPM模型的可行解数目上界，即

$$N_f = \sum_{N=0}^{N_T} N! C_{N_T}^{N} C_{N+N_S+N_U-1}^{N_S+N_U-1} \Big/ \prod_{k=1}^{N_U} N_k! = \sum_{N=0}^{N_T} P_{N_T}^{N} C_{N+N_S+N_U-1}^{N_S+N_U-1} \Big/ \prod_{k=1}^{N_U} N_k! \quad (4-11)$$

在确定MSACOMPM模型可行解数目的上界时，可以认为任何一种观测目标序列都是满足目标的观测时间窗口约束以及卫星观测使用约束的。

首先由于本观测调度为过多订购问题，因此模型中不要求完成所有的任务，可能有$0 \leq N \leq N_T$个目标被观测的情况为$C_{N_T}^{N}$，对应不同排列顺序对应不同的解，N个目标的排列数为$N!$，将N个目标的某个排列分配给N_S颗不同卫星以及N_U架不同无人机观测的方案数目为

$$C(N, N_S + N_U) = C_{N+N_S+N_U-1}^{N_S+N_U-1} \quad (4-12)$$

证明如下：

当$N_S+N_U=1$时，$C(N,1)=1$；当$N_S+N_U=2$时，$C(N,2)=C_{N+1}^{1}$；当$N_S+N_U=3$时，$C(N,N_S+N_U)=C_{N+1}^{1} C_{N+2}^{1}$。

一般来说，当$N_S+N_U=m$时，$C(N,N_S+N_U)=C_{N+1}^{1} C_{N+2}^{1} \cdots C_{N+m-1}^{1} = C_{N+m-1}^{N_S+N_U-1}$，从而得到$C(N,N_S+N_U) = C_{N+N_S+N_U-1}^{N_S+N_U-1}$。

假设存在N_k架性能相同的无人机，由于各无人机均从单基地出发，则k架无人机的观测目标序列之间是可以互换的。而卫星由于不存在轨道参数完全相同的情况，卫星的观测目标序列不能互换。对于性能相同的无人机重复的数量为$N_k!$，从而将N个目标的某个排列分配给N_S颗不同卫星以及N_U架不同无人机观测的方案数目为

$$C(N, N_S + N_U) = C_{N+N_S+N_U-1}^{N_S+N_U-1} \Big/ \prod_{k=1}^{N_U} N_k! \quad (4-13)$$

综上所述，所有可行解的数目的上界N_f为

$$N_f = \sum_{N=0}^{N_T} N! C_{N_T}^{N} C_{N+N_S+N_U-1}^{N_S+N_U-1} \Big/ \prod_{k=1}^{N_U} N_k! = \sum_{N=0}^{N_T} P_{N_T}^{N} C_{N+N_S+N_U-1}^{N_S+N_U-1} \Big/ \prod_{k=1}^{N_U} N_k!$$

$$(4-14)$$

图4-3给出了解空间随观测资源数量及目标数量的变化图。由图4-3可知，随着资源数量及目标数量的增加，解空间也迅速增加。可见，本问题的复杂程度随着问题规模的增大而迅速增加，呈现出指数爆炸的趋势。

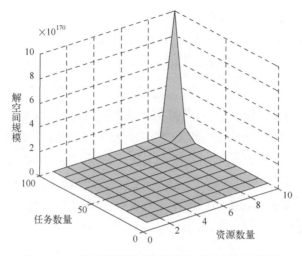

图 4-3　解空间规模随观测资源与任务数量变化图

4.2　多星一体任务规划的双层求解框架

4.2.1　多星一体任务规划双层求解特性分析

多类型高分辨率资源构成的对地观测系统复杂多元，一体化的任务规划采用分层思想解决能够大大降低问题的求解难度与提升求解效率。高分辨率对地观测系统分布式协同机制包括自顶向下式、分布式同步与分布式异步三种类型，三种机制之间的差异仅在于各资源管控中心之间通信条件与方式不同，但都具有任务分配—资源调度双层结构。通过本问题与双层规划理论在诸多特点上的一致性，以及双层规划理论实际应用问题与多中心分布式任务规划问题的相似性，依据双层规划理论对多中心对地观测资源分布式协同任务规划问题进行描述与建模。

阶层性是系统的特征之一，对于大系统和复杂系统，层次性更是主要特征。社会的发展和经济全球化的扩展，实际问题的规模越来越大，层次越加明显，结构更加复杂，使得层次性的研究具有非常重要的意义，多层规划正是为了研究系统层次性问题而产生的。从 20 世纪 70 年代以来，在各种现实的层次分散系统优化决策问题的研究中，人们发现用传统的标准优化方法不能解决这些实际问题，在寻找各种特定方法成功解决这些问题的过程中，逐渐形成了多层规划的概念和方法。

分布式协同机制下的多中心对地观测资源协同任务规划问题也具有分层决策特性,包括上层多任务协同分配与下层各系统资源调度两个相互结合、紧密连接的决策过程。图4-4详细给出了两个层次问题的输入要素、决策目标与输出要素。

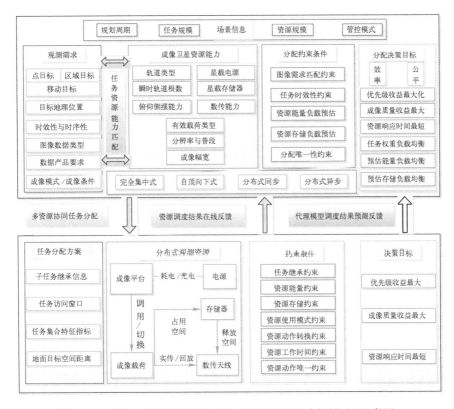

图4-4　多中心对地观测资源分布式任务规划层次性描述(见彩图)

依据双层规划问题的概念与特点分析,并对应双层规划问题的典型特征,分别归纳总结了本书研究的多中心对地观测资源分布式协同任务规划问题的特点。

1) 多层次性

分布式协同机制具有双层物理结构,上层协调器负责观测需求,并制定出任务分配方案,下层调度器接收任务,并制定出资源成像计划,具备各层决策者逐级做出决策,下层服从上层等特点。

2) 独立性

下层调度器对于所分配的任务并不要求全部完成,依据资源能力与约束条件,自主定制资源的使用计划。

3) 冲突性

协调器与调度器所在层次的决策者具有不同的决策目标,调度器希望最大化地利用所辖资源,以追求经济利益或使用效益的最大化,而协调器在追求资源使用效率目标的基础上,还需兼顾各个调度器之间负载任务的公平目标,这些目标是相互矛盾的。

4) 优先性

协调器首先制定出任务分配方案,调度器得到任务后再进行资源调度,不能违背上层的分配方案。

5) 自主性

协调器决策者决定任务分配至哪个资源,而调度器则决定资源如何完成任务,各自控制一部分决策变量,以优化各自的目标。

6) 制约性

调度器的成像方案的制定不但决定着自身目标的达成,而且也影响着协调器分配目标的达成。协调器在制定任务分配方案时,必须考虑到调度器采取的优化策略。

7) 依赖性

协调器的分配与调度器的调度两个部分有机组合才能完成对地观测任务规划的全部过程。

由此得出如下结论:多中心对地观测资源分布式协同任务规划问题是双层规划问题,能够采用双层规划问题数学模型进行描述,可以借鉴现有研究成果与本问题相结合进行有效求解。

分布式协同机制下的多中心对地观测资源协同任务规划问题在不同决策层次具有不同的优化目标,上层分配与下层调度问题所面临的约束条件众多,同时在不同协同机制下,上层与下层协调方式不同,给问题建模与求解带来了如下新的特点与难点。

1) 资源选择的多样性

面向分布式协同机制的对地观测任务规划包括分配与调度两个层次,在每个层次上都具备资源选择多样性的特点。在上层协调器执行多任务分配过程中,同一个任务可以选择分配至多个观测资源或者资源分组安排调度。当上层分配方案产生后,对于资源分组调度器来说,同一个任务可以选择不同资源安排观测。如果观测平台携带多个遥感器,还可以选择用不同的遥感器进行任务观测;如果调度周期足够长或者平台的成像范围足够大,对于一个资源而言,同一任务也可能有不止一个可见机会。

2) 对地观测任务双层规划建模的困难性

对协同任务规划过程进行统一建模,仅在求解方法上采用不同策略,对于不同类型管控模式的灵活转换与扩展将是具有较大意义的。然而,不同协同机制下,协调器与调度器之间协调方式不同,且两个层次决策者面临的优化目标、约束条件也不尽相同,这为统一建模带来了很大困难。在此基础上,如何确定两个层次决策变量之间的关系也是统一建模的关键所在,现有研究尚未解决上述问题,需要进一步深入探讨。

3) 双层规划模型求解的复杂性

对地观测任务双层规划问题不仅建模困难,在问题求解过程中,需要同时考虑满足分配决策目标与调度优化目标,并需要协调两个层次的优化过程。现有的数学规划方法、智能优化方法难以单一使用进行求解,各个层次需要采用适应其问题特点的方法进行求解,且不同方法之间还需要进行有效关联,这使得整个问题的求解过程变得极为复杂。

4.2.2 双层求解规划综合模型

在双层规划模型中,位于不同层次的决策者控制着相应的决策变量,并优化各自的目标函数。上层决策者首先做出决策,下层再根据上层的决策方案以优化个人的目标函数进行反应。由于双方可供选择的策略集是相互依赖的,上层的决策会影响下层的决策和目标的实现;反之亦然。

双层规划的一般模型为

$$\begin{cases} \min F(\boldsymbol{x},\boldsymbol{y}) \\ \text{s.t. } G(\boldsymbol{x},\boldsymbol{y}) \leq 0 \\ \text{其中 } y \text{ 是如下问题的解} \\ \begin{cases} \min_y f(\boldsymbol{x},\boldsymbol{y}) \\ \text{s.t. } g(\boldsymbol{x},\boldsymbol{y}) \leq 0 \end{cases} \end{cases} \quad (4\text{-}15)$$

式中:上层决策者控制的变量为 $\boldsymbol{x}=(x_1,x_2,\cdots,x_n)^\mathrm{T}\in X\in\mathbb{R}^n$;下层决策者控制的变量为 $\boldsymbol{y}=(y_1,y_2,\cdots,y_n)^\mathrm{T}\in Y\in R^m$;$F(\boldsymbol{x},\boldsymbol{y})$ 为上层规划的决策目标;$G(\boldsymbol{x},\boldsymbol{y})\leq 0$ 是上层规划的约束条件;$f(\boldsymbol{x},\boldsymbol{y})$ 是下层规划的目标函数;$g(\boldsymbol{x},\boldsymbol{y})\leq 0$ 是下层规划的约束条件。

一般情况下，下层决策的反应集合可能为空集、单元素集合以及多元素集合。因此，在双层规划模型的求解过程中，当下层决策反应集合为单元素集合时，下层规划的决策变量 y 就变成了上层规划决策变量 x 的函数 $y(x)$，称为上层规划的反馈函数。于是，对于给定的上层决策变量 x，则对应下层的决策变量集合 $y(x)$，那么式(4-15)可以转化为下单层规划：

$$\begin{cases} \min F(x,y(x)) \\ \text{s. t.} \begin{cases} G(x,y(x)) \leq 0 \\ g(x,y(x)) \leq 0 \end{cases} \end{cases} \quad (4-16)$$

当式(4-16)模型中的上层规划或者下层规划为多目标规划时，称此类双层规划模型为多目标双层规划模型，其一般形式表达如下：

$$\begin{cases} \min[F_1(x,y), F_2(x,y), \cdots, F_n(x,y)] \\ \text{s. t. } G_r(x,y) \leq 0, r=1,2,\cdots,p_1 \\ \text{其中 } y \text{ 是如下问题的解} \\ \min_y [f_1(x,y), f_2(x,y), \cdots, f_m(x,y)] \\ \text{s. t. } g_r(x,y) \leq 0, r=1,2,\cdots,p_2 \end{cases} \quad (4-17)$$

1. 模型参数定义

1) 输入变量

$\{NT, NS\}$：任务规划场景规模。

NT：任务数量。

NS：卫星数量。

$T = \{t_1, \cdots, t_i, \cdots, t_{NT}\}$：对地观测任务集合。

$t_i = <p_i, d_i, w_{oi}, w_{fi}, rt_i>$：定义个体任务的五元组。

$p_i \in [1, 10]$：表示任务优先级。

d_i：任务 t_i 需要的最小观测时长。在本书中，我们考虑的任务为具有一定长度，即需要一定的图像扫描时间（观测时间）的目标。有关区域目标的处理可以采用一定的方式转换为点目标进行处理，本书不对此做详细论述。

$[w_{oi}, w_{fi}]$：任务 t_i 所要求的观测时间范围区间。

$rt_i = \{rt_1^i, rt_2^i, rt_3^i, rt_4^i\}$：任务 t_i 需要的观测数据类型及分辨率。其中，1 为光学，2 为红外，3 为多光谱，4 为 SAR；r_j^i 表示目标 t_i 需要第 j 种观测数据类型的最小分辨率。若 $r_j^i = 0$，则表示不需要类型 j 的观测数据（r_j^i 值越大，表示成像分辨率越低）。

$o_{ij}^{\alpha}=<os_{ij}^{\alpha},oe_{ij}^{\alpha},sl_{ij}^{\alpha},\text{orbit}_{ij}^{\alpha}>$：卫星 s_{α} 对任务 t_i 在场景周期时间内的第 j 个访问时间窗口。其中，os、oe 分别表示成像机会的开始与结束时间，以调度场景的开始时间为 0 计数的整秒数；sl 表示所在成像机会对应的侧摆角度（$0°\sim 180°$）；orbit 表示访问窗口所在的轨道圈号。

no_i^{α}：卫星 s_{α} 对任务 t_i 在场景周期时间内的访问时间窗口数量。

$S=\{s_1,\cdots,s_{\alpha},\cdots,s_{NS}\}$：观测资源集合。

$Rs_{\alpha}=\{rs_1^{\alpha},rs_2^{\alpha},rs_3^{\alpha},rs_4^{\alpha}\}$：表示每个平台携带的成像载荷类型以及相对应的能够提供的最小分辨率。

nl^{α}：卫星 s_{α} 所携带的有效成像载荷数目，$1\leqslant nl^{\alpha}\leqslant 4$。

pn_{α}：卫星 s_{α} 的单日最大工作圈数。

M_{α}：卫星 s_{α} 的固定存储容量。

dt_{α}：卫星 s_{α} 单圈累积最大回传时间窗口长度。

rs_{α}^j：卫星 s_{α} 第 j 种载荷的记录速率。

ds_{α}：卫星 s_{α} 天线回放速率。

ρ_{α}：管控用户对卫星 s_{α} 的存储负载能力预估参数，$\rho_{\alpha}\in[1,5]$。

$\text{Max}S_{\alpha}=\rho_{\alpha}\cdot(M_{\alpha}+p_{\alpha}\cdot dt_{\alpha}\cdot ds_{\alpha})$：卫星 s_{α} 的单日最大预估存储容量。

E_{α}：卫星 s_{α} 的最大放电深度。

ct_{α}：卫星 s_{α} 单圈累积最大太阳光照时间。

cs_{α}：卫星太阳能帆板最大充电速率。

β_{α}：管控用户对卫星 s_{α} 的电量负载能力预估参数，$\rho_{\alpha}\in[1,5]$。

$\text{Max}E_{\alpha}=\beta_{\alpha}\cdot(E_{\alpha}+pn_{\alpha}\cdot ct_{\alpha}\cdot cs_{\alpha})$：卫星 s_{α} 单日最大预估电量。

se_{α}：卫星 s_{α} 侧摆单位角度所消耗电量，本书仅仅考虑与有效载荷密切相关的侧摆活动，侧摆活动消耗的电源资源与侧摆的角度正相关，只有足够的电源才能保证侧摆活动的执行。

slew_{α}：卫星 s_{α} 携带载荷的最大侧摆角度。

gs_i^{α}：卫星 s_{α} 对任务 t_i 单日访问窗口平均侧摆角度；当 $gs_i^{\alpha}=\text{INF}$ 时，表示卫星 s_{α} 对目标 t_i 没有观测时间窗口。

$\sum_{i=1}^{m}\text{Weight}_{1\times i}=1$：上层优化目标的权重矩阵。其中，$m$ 为优化指标个数。

2) 决策变量

$x_i^{\alpha}=\{0,1\}$：若 $x_i^{\alpha}=1$，表示任务 t_i 被分配到卫星 s_{α} 观测任务集合中；若 $x_i^{\alpha}=0$，表示其他。

$y_i^\alpha = \{0,1\}$：若 $y_i^\alpha = 1$，表示分配至卫星 s_α 的任务 t_i 成功安排；若 $y_i^\alpha = 0$，表示未安排。

$k_{ijv}^\alpha = \{0,1\}$：若 $k_{ijv}^\alpha = 1$，表示分配至卫星 s_α 的第 v 个成像载荷的任务 t_i 的观测机会 o_{ij}^α 被调度器选择（或者预测成功）；若 $k_{ijv}^\alpha = 0$，表示该观测机会未被选择。

2. 上层任务分配模型

对地观测任务分配问题可以描述为：对于观测任务集合 T，N_s 颗成像卫星依据各自的能力（包括星载遥感器类型、分辨率、星载存储能量、电量）及其约束条件以协作方式规划分配任务集合 T。在协同分配过程中，各卫星反复交互阶段规划成果，形成各卫星的任务分配方案，期望分配收益最大，并在存储、电量等指标上尽量均衡。

1）优化目标

$$f_1 = \max TP \quad (4-18)$$

$$f_2 = \min \text{Var}C \quad (4-19)$$

$$f_3 = \min \text{Var}E \quad (4-20)$$

式(4-18)表示分配成功的任务优先级预测收益最大化；式(4-19)表示分配方案中各卫星存储容量负载比例方差最小化；式(4-20)表示分配方案中各卫星电量负载比例方差最小化。

TP 表示分配成功的任务优先级总和：

$$TP = \sum_{i=1}^{NT} \sum_{\alpha \in S} y_i^\alpha \cdot p_i, \quad i \in T, \alpha \in S \quad (4-21)$$

$\text{Var}C$ 表示各卫星存储容量负载比例方差：

$$\text{Var}C = \text{Var}\left[\left(\sum_{i=1}^{NT} x_i^\alpha \cdot d_i \cdot rs_\alpha^j\right) / \max S_\alpha\right], \quad i \in T, \alpha \in S, j \in Rs_\alpha \quad (4-22)$$

$\text{Var}C$ 各卫星电量负载比例方差：

$$\text{Var}E = \text{Var}\left[\left(\sum_{i=1}^{NT} x_i^\alpha \cdot gs_i^i \cdot se_\alpha^i\right) / \max E_\alpha\right], \quad i \in T, \alpha \in S \quad (4-23)$$

2）约束条件

$$\prod_{j=1}^{4} x_i^\alpha \cdot (rt_j^i - rt_j^\alpha) \geq 0, \quad \forall i \in T, \alpha \in S \quad (4-24)$$

$$x_i^\alpha \cdot (gs_i^\alpha - \text{slew}_\alpha) \geq 0, \quad \forall i \in T, \alpha \in S \quad (4-25)$$

$$\max S_\alpha - \sum_{i=1}^{NT} x_i^\alpha \cdot d_i \cdot rs_\alpha^j \geq 0, \quad \forall i \in T, \alpha \in S, j \in Rs_\alpha \quad (4\text{-}26)$$

$$\max E_\alpha - \sum_{i=1}^{NT} x_i^\alpha \cdot gs_i^\alpha \cdot se_\alpha^i \geq 0, \quad \forall i \in T, \alpha \in S \quad (4\text{-}27)$$

$$\sum_{\alpha=1}^{NS} x_i^\alpha y_i^\alpha \leq 1, \quad \forall i \in T, \alpha \in S \quad (4\text{-}28)$$

$$x_i^\alpha = \{0,1\}, \quad \forall i \in T, \alpha \in S \quad (4\text{-}29)$$

$$y_i^\alpha = \{0,1\}, \quad \forall i \in T, \alpha \in S \quad (4\text{-}30)$$

约束式(4-24)表示卫星携带载荷能提供的最小分辨率应该小于所分配的任务相应观测数据类型的分辨率;式(4-25)表示卫星对所安排的任务的平均侧摆要在卫星最大侧摆范围内;式(4-26)与式(4-27)分别表示卫星所分配的任务集合的累计存储容量和能量消耗情况应在卫星的预估能力范围内;式(4-28)表示每个任务最多只能分配给一颗卫星;式(4-29)与式(4-30)表示决策变量。其中,若 $x_i^\alpha = 1$,表示任务 i 被分配到卫星 α 观测任务集合中;若 $x_i^\alpha = 0$,则表示其他。

决策变量 y_i^α 表示分配至卫星 α 观测任务集合中的任务 i 在实际调度方案中是否完成,当调度器无法在线同步反馈时,由以下预测函数给出。

无调度结果同步反馈时:

$$y_i^\alpha = \begin{cases} f(\overline{D}_i, \overline{P}_i, \overline{F}_i^\alpha, \overline{S}_i^\alpha, \overline{N}_i^\alpha, \overline{C}_i^\alpha, x_i^\alpha), & x_i^\alpha = 1 \\ 0, & x_i^\alpha = 0 \end{cases} \quad (4\text{-}31)$$

调度结果同步反馈时:

$$y_i^\alpha = \begin{cases} \sum_{j=1}^{no_i^\alpha} \sum_{v=1}^{nl^\alpha} k_{ijv}^\alpha, & x_i^\alpha = 1 \\ 0, & x_i^\alpha = 0 \end{cases} \quad (4\text{-}32)$$

这里有

$$\overline{D}_i = d_i x_i^\alpha \quad (4\text{-}33)$$

$$\overline{P}_i = p_i x_i^\alpha \quad (4\text{-}34)$$

$$\overline{F}_i^\alpha = \sum_{j=1}^{no_i^\alpha} (o_{ej}^\alpha - o_{sj}^\alpha) \cdot x_i^\alpha / d_i \quad (4\text{-}35)$$

$$\overline{S}_i^\alpha = \sum_{i=1}^{NT} \sum_{j=1}^{no_i^\alpha} (o_{ej}^\alpha - o_{sj}^\alpha) x_i^\alpha \bigg/ \sum_{i=1}^{NT} d_i x_i^\alpha \quad (4\text{-}36)$$

$$\overline{N_i^\alpha} = \sum_{i=1}^{NT} x_i^\alpha \qquad (4-37)$$

在上述公式中，$\overline{D_i}$ 表示任务 t_i 的最小要求观测时长；$\overline{P_i}$ 表示任务 t_i 的优先级收益；$\overline{F_i^\alpha}$ 表示任务 t_i 对于卫星 s_α 在场景周期内的观测机会灵活度指标；$\overline{S_i^\alpha}$ 表示分配至卫星 s_α 的所有任务对于资源的过度订阅度指标；$\overline{N_i^\alpha}$ 表示分配至卫星 s_α 的任务数目；$\overline{C_i^\alpha}$ 表示任务 t_i 所在的任务子集内的冲突度指标。特征值 $\overline{C_i^\alpha}$ 主要用于描述分配至卫星观测 s_α 的任务子集内部冲突情况，$\overline{C_i^\alpha}$ 由表 4-1 所列算法给出。

表 4-1 任务集合冲突度指标计算方法

算法名称：任务 job_i 特征值 $Conflict_i$ 的计算方法；
输入：$SubJobSet_l$ 的所有任务对应的成像机会集合：
$\{O_i = \{<o_{s1},o_{e1},sl_1>,\cdots,<o_{sk},o_{ek},sl_k>\} \mid i=1,\cdots,n\}$，
卫星侧摆平均速度：v；
输出：$Conflict_i$
(1) input $O = \{O_i \mid i=1,\cdots,n\}$, v, $Conflict_i = 0$；
(2) for each $ow_k = <o_{sk},o_{ek},sl_k> \in O_i$；
(3)   for each $ow_i = <o_{si},o_{ei},sl_i> \notin O_i$；
(4)   if ow_k overlap with ow_i；
(5)   then $Conflict_i$ ++；
(6)   else if $o_{ek} + v \mid sl_k - sl_i \mid > o_{si}$；
(7)   then $Conflict_i$ ++；
(8)   else if $o_{ei} + v \mid sl_i - sl_k \mid > o_{sk}$；
(9)   then $Conflict_i$ ++；
(10) return $Conflict_i$

当无调度结果同步反馈时，式 (4-31) 中的函数 $f(\overline{D_i},\overline{P_i},\overline{F_i^\alpha},\overline{S_i^\alpha},\overline{N_i^\alpha},\overline{C_i^\alpha},x_i^\alpha)$ 由本章提出的任务可调度性预测代理模型给出。

3. 下层任务调度模型

由于本节着重介绍多星一体任务规划中的协调技术，对各个对地观测系统中单星调度器进行了简化，4.3 节对成像卫星的调度模型及方法进行了详细的介绍。

1) 优化目标

$$f_4^\alpha = \max \sum_{i=1}^{NT} \sum_{j=1}^{no_i^\alpha} \sum_{v=1}^{nl_i^\alpha} p_i x_i^\alpha k_{ijv}^\alpha \qquad (4-38)$$

各卫星的调度器均以最大化观测优先级收益为优化目标,即在所分配的任务子集内寻找最优观测计划,使得安排成功的任务对应的优先级之和最大。

2) 约束条件

$$\sum_{j=1}^{no_i^\alpha} \sum_{v=1}^{nl^\alpha} x_i^\alpha k_{ijv}^\alpha \leqslant 1 \quad (4-39)$$

$$d_i \leqslant \sum_{j=1}^{no_i^\alpha} \sum_{v=1}^{nl^\alpha} x_i^\alpha k_{ijv}^\alpha (oe_{ij}^\alpha - os_{ij}^\alpha) \quad (4-40)$$

$$E_\alpha + p_\alpha \cdot ct_\alpha \cdot cs_\alpha - \sum_{i=1}^{NT} \sum_{j=1}^{no_i^\alpha} x_i^\alpha \cdot k_{ijv}^\alpha \cdot sl_{ij}^\alpha \cdot se_\alpha \leqslant 0 \quad (4-41)$$

$$\sum_{i=1}^{NT} \sum_{j=1}^{no_i^\alpha} \sum_{v=1}^{nl^\alpha} x_i^\alpha \cdot k_{ijv}^\alpha \cdot d_i \cdot rs_\alpha^v - M_\alpha + pn_\alpha \cdot dt_\alpha \cdot ds_\alpha \leqslant 0 \quad (4-42)$$

$$os_{ik}^\alpha \sum_{j=1}^{no_i^\alpha} \sum_{v=1}^{nl^\alpha} x_i^\alpha k_{ijv}^\alpha - oe_{(i+1)k}^\alpha \sum_{j=1}^{no_i^\alpha} \sum_{v=1}^{nl^\alpha} x_{i+1}^\alpha k_{(i+1)jv}^\alpha - M(1 - a_{i(i+1)k}) \leqslant v|sl_{ik}^\alpha - sl_{(i+1)k}^\alpha|$$

$$(4-43)$$

式中,决策变量 $x_{ik} = \{0,1\}$ 表示任务 job_i 是否在卫星第 k 个圈次对应的成像机会安排观测。$a_{ihk} = \{0,1\}$ 表示被调度的两个任务 job_i 与 job_h,若时间上相邻,且 job_i 先于 job_h 成像,则 $a_{ihk}=1$;否则 $a_{ihk}=0$。M 表示一个非常大的正数。sl_{ik} 表示任务 job_i 在第 k 个圈次的观测机会对应的侧摆角度。v 表示卫星侧摆平均速度。式(4-39)表示每个任务最多安排观测一次;式(4-40)表示任务最小成像时间约束;式(4-41)表示平台电量使用约束;式(4-42)表示平台存储使用约束;式(4-43)表示相邻成像活动满足侧摆的转换时间约束。第 5 章研究的任务可调度性预测问题求解就是对 $\sum_{k=1}^{m} x_{ik}$ 取值进行预测的过程。

4. 分布式双层规划综合模型

综合以上建立的上层任务分配模型与下层任务调度模型,得到如下的多中心对地观测资源分布式协同机制下的多目标双层任务规划模型。

$$\left\{ \max \sum_{i=1}^{NT} \sum_{\alpha \in S} y_i^\alpha \cdot p_i, \min \text{VAR}\left[\sum_{i=1}^{NT} x_i^\alpha \cdot d_i \cdot rs_\alpha^j / \text{Max} S_\alpha\right], \\ \min \text{VAR}\left[\sum_{i=1}^{NT} x_i^\alpha \cdot gs_i^i \cdot se_\alpha^i / \text{Max} E_\alpha\right] \right\}$$

$$\text{s. t.} \begin{cases} \prod_{j=1}^{4} x_i^\alpha \cdot (rt_j^i - rt_j^\alpha) \geq 0, & \forall i \in T, \alpha \in S \\ x_i^\alpha \cdot (gs_i^\alpha - \text{slew}_\alpha) \geq 0, & \forall i \in T, \alpha \in S \\ \text{Max}S_\alpha - \sum_{i=1}^{NT} x_i^\alpha \cdot d_i \cdot rs_\alpha^j \geq 0, & \forall i \in T, \alpha \in S, j \in Rs_\alpha \\ \text{Max}E_\alpha - \sum_{i=1}^{NT} x_i^\alpha \cdot gs_i^\alpha \cdot se_\alpha^i \geq 0, & \forall i \in T, \alpha \in S \\ \sum_{\alpha=1}^{NS} x_i^\alpha y_i^\alpha = \sum_{\alpha=1}^{NS} x_i^\alpha f(\overline{D_i}, \overline{P_i}, \overline{F_i^\alpha}, \overline{S_i^\alpha}, \overline{N_i^\alpha}, \overline{C_i^\alpha}, x_i^\alpha) \leq 1, & \forall i \in T, \alpha \in S \end{cases}$$

其中 $y_i^\alpha = \sum_{j=1}^{no_i^\alpha} \sum_{v=1}^{nl^\alpha} k_{ijv}^\alpha$，$k_{ijv}^\alpha$ 是如下问题的解，对于观测资源 $s_\alpha, \alpha \in S$：

$$\max \sum_{i=1}^{NT} \sum_{j=1}^{no_i^\alpha} \sum_{v=1}^{nl^\alpha} p_i \cdot x_i^\alpha \cdot k_{ijv}^\alpha$$

$$\text{s. t.} \begin{cases} \sum_{j=1}^{no_i^\alpha} \sum_{v=1}^{nl^\alpha} x_i^\alpha k_{ijv}^\alpha \leq 1 \\ d_i \leq \sum_{j=1}^{no_i^\alpha} \sum_{v=1}^{nl^\alpha} x_i^\alpha k_{ijv}^\alpha (oe_{ij}^\alpha - os_{ij}^\alpha) \\ E_\alpha + p_\alpha \cdot ct_\alpha \cdot cs_\alpha - \sum_{i=1}^{NT} \sum_{j=1}^{no_i^\alpha} x_i^\alpha \cdot k_{ijv}^\alpha \cdot sl_{ij}^\alpha \cdot se_\alpha \leq 0 \\ \sum_{i=1}^{NT} \sum_{j=1}^{no_i^\alpha} \sum_{v=1}^{nl^\alpha} x_i^\alpha \cdot k_{ijv}^\alpha \cdot d_i \cdot rs_v^v - M_\alpha + pn_\alpha \cdot dt_\alpha \cdot ds_\alpha \leq 0 \\ os_{ik}^\alpha \sum_{j=1}^{no_i^\alpha} \sum_{v=1}^{nl^\alpha} x_i^\alpha k_{ijv}^\alpha - oe_{(i+1)k}^\alpha \sum_{j=1}^{no_i^\alpha} \sum_{v=1}^{nl^\alpha} x_{i+1}^\alpha k_{(i+1)jv}^\alpha - M(1 - a_{i(i+1)k}) \\ \leq v|sl_{ik}^\alpha - sl_{(i+1)k}^\alpha| \end{cases}$$

(4-44)

式(4-44)的管理意义为：上层需求承载中心通过决策将通过受理的用户观测任务按照效率优先、兼顾公平的优化目标分配至多个资源管控中心，下层包含了 $\alpha=1,2,\cdots,NS$ 个并行的分布式资源调度模型，各中心依据所分任务按照最大化资源使用效率来确定所辖观测资源的成像计划。

4.3 多星任务分配与可调度性预测方法

4.3.1 多星任务分配与可调度性预测问题分析

1. 任务可调度性预测必要性分析

通过对我国主要成像卫星管控中心的实地调研,在参与实际执行任务规划与调度过程中发现了下列问题。

(1) 不同观测资源使用模式、使用约束实际上十分复杂,过度简化的联合求解不能达到协同观测效果;如敏捷卫星与非敏捷卫星、高轨卫星与极轨卫星等,具体的使用约束不同、计划方案形式各异,使得整个求解变得十分复杂。

(2) 随着任务数目与资源数目的增加,多资源联合求解愈发难以执行(时间效率、优化效果),分布式求解成为主要的应用方向。

(3) 用户在提交成像任务后,由于上述原因任务处理与算法执行时间过长,无法尽快得到调度结果,一旦任务调度失败,用户无法尽快做出调整以满足观测需求。

(4) 由于不同卫星的使用约束差异十分巨大,一般具有独立的调度系统,但如何将多用户提出的大量需求有效地分配至各资源的调度系统尚缺乏有效的理论支撑,现仅由计划编排人员集中商讨,人工制定分配方案。

(5) 各卫星调度系统的长期运行积累了大量的历史任务数据,但未被有效利用。

若能在执行调度算法之前,应用积累的历史任务数据,采用计算时间较短的方式对观测任务的可调度性进行预测,既可以方便用户及时修正任务信息以满足观测需求,又可以有力地辅助管控人员在分布式调度中对大量任务的高效分配。以此为出发点,本书设计了一种新的面向观测任务可调度性问题的组件化求解架构,并在采用经典的成像卫星调度模型以及通用的调度算法执行软件的基础上,设计了一种基于变隐含层节点的集成神经网络算法进行求解。仿真试验证明,预测成功率稳定地保持在80%以上。

2. 任务可调度性预测问题难点分析

1) 成像卫星调度问题的复杂性

成像卫星规划调度问题是一个极其复杂的组合优化问题,具备 NP-hard 特性,特别是未来高分辨率对地观测卫星调度问题在任务、资源、约束和优化目标四个方面的特殊性,常见的资源调度模型与优化方法很难解决[4]。而对于调度结果的预测同时不可避免地要面对上述四方面的复杂特性,否则无法保证预测的精度与稳定。

2) 调度算法的复杂性与不确定性

由于成像任务调度问题复杂、涉及大量非线性约束、求解目标不唯一,使得不存在适用于所有问题的通用算法。大量研究表明,具有一定智能的局部搜索算法是适应范围最广、综合性能最好的一类算法。采用不同的调度算法执行的调度结果不一而同,即使采用同一算法,由于搜索具有的随机性使得调度结果也具有不确定性,同时也就增加了可调度性预测的难度。

3) 成像任务样本选择的复杂性

不同卫星在轨运行过程中会积累大量的历史任务数据,如何选择具备典型代表性样本数据,缩减样本数量来提高预测算法的执行效率与预测效果也具备一定的难度。

4) 样本特征提取的复杂性

成像任务一般具备静态与动态两方面的属性特征,其中静态属性是任务独立具备的,不随所在任务集合的改变而变化,如任务的成像数据类型、分辨率、优先级、任务需求观测时长、气象条件、成像模式等属性。动态属性随任务所在集合变化而变化,如描述任务之间资源竞争情况、观测机会冲突情况等属性。如何在各类属性中选择对于预测过程具有决定性影响的特征同样是十分复杂的。

4.3.2 基于集成神经网络的观测资源任务可调度性预测方法

1. 任务可调度性预测特点与难点分析

成像卫星任务可调度性预测问题可以形式化表示为$<J_T, J_p, S, C, X, G>$六元组,并可以描述为:针对资源集合 S、约束集合 C、面向调度优化目标 G,基于已经完成调度的任务样本集数据 J_T,不经过调度算法执行,为新任务样本集 J_p 的决策变量 $X=\{x_1, x_2, \cdots, x_j\}$ 赋值的过程,即为本书所研究的成像卫星任务可调度性预测问题。求解该问题的特点与难点与上一节类似,主要也体现在成像卫星调度问题的复杂性、调度算法的复杂性与不确定性、成像任务样本的复杂性、样本特征提取的复杂性等4个方面。

2. 成像卫星任务可调度性预测模型

为了更好地描述成像卫星任务可调度性预测问题,本书做以下定义。

(1) 调度场景:$\{S_i = <J_i, O_i, C> | i = 0, 1, \cdots, n\}$,分配至卫星任务子集$\text{Sub}J_i$,$\text{Sub}J_i$中的每个任务对于卫星具有的成像机会集合$W_i$,以及卫星使用约束集合$C$。

(2) 任务定义:$\text{job}_i = <p_i, d_i, w_{oi}, w_{fi}>$。其中,$p_i \in [1,8]$表示任务$\text{job}_i$的优先级,越大表示任务越重要。

(3) 定义任务job_i的所有成像机会集合:$O_i = \{<o_{s1}, o_{e1}, sl_1>, \cdots, <o_{sk}, o_{ek}, sl_k>\}$。其中,$o_s$、$o_e$分别表示成像机会的开始与结束时间,以调度场景的开始时间为0计数的整秒数;sl表示所在成像机会对应的侧摆角度(0~180);O_i是经过预处理后得到的位于任务job_i所要求的观测时间范围内的成像机会集合。

调度模型采用成像卫星调度领域公认的经典文献[46]中对单颗卫星点目标成像任务调度问题的建模方法,并进行合理扩展。文献[46]中给出了如下定义:对于观测任务集合$\{\text{job}_i | i = 1, 2, \cdots, n\}$及单颗成像卫星,其中每个任务$\text{job}_i$必须在给定时间$[w_{oi}, w_{fi}]$范围内安排观测。每个任务指定一个成像持续时间$d_i$,满足$d_{\text{min}i} \leq d_i \leq d_{\text{max}i}$。$d_{\text{min}i}$与$d_{\text{max}i}$表示最短和最长持续成像时间。但文献[46]中假定每个任务对于卫星只有一个观测时间机会,可知作者研究只适用于单星单轨成像调度,由于我国大多数成像卫星管控中心如中国卫星资源应用中心采用日任务调度机制,每个任务在一天之内一般多个轨道圈$\{\text{orbit}_k | k = 1, 2, \cdots, m\}$次均具有观测机会,但每个圈次最多具有一个观测机会,同时相邻成像活动由于平台侧摆调整与姿态稳定需要一定时间。基于此,本书进行了修改与扩展,得到下面单颗成像卫星日调度模型。

1) 优化目标

$$f_4^\alpha = \max \sum_{i=1}^{NT} \sum_{j=1}^{no_i^\alpha} \sum_{v=1}^{nl^\alpha} p_i x_i^\alpha k_{ijv}^\alpha \tag{4-45}$$

成像卫星的调度器均以最大化观测收益为优化目标,即在所分配的任务子集内寻找最优观测计划,使得安排成功的任务对应的优先级之和最大。

2) 约束条件

$$\sum_{j=1}^{no_i^\alpha} \sum_{v=1}^{nl^\alpha} x_i^\alpha k_{ijv}^\alpha \leq 1 \tag{4-46}$$

$$d_i \leq \sum_{j=1}^{no_i^\alpha} \sum_{v=1}^{nl^\alpha} x_i^\alpha k_{ijv}^\alpha (oe_{ij}^\alpha - os_{ij}^\alpha) \tag{4-47}$$

$$E_\alpha + p_\alpha \cdot ct_\alpha \cdot cs_\alpha - \sum_{i=1}^{NT} \sum_{j=1}^{no_i^\alpha} x_i^\alpha \cdot k_{ijv}^\alpha \cdot sl_{ij}^\alpha \cdot se_\alpha \leq 0 \tag{4-48}$$

$$\sum_{i=1}^{NT} \sum_{j=1}^{no_i^\alpha} \sum_{v=1}^{nl^\alpha} x_i^\alpha \cdot k_{ijv}^\alpha \cdot d_i \cdot rs_\alpha^v - M_\alpha + pn_\alpha \cdot dt_\alpha \cdot ds_\alpha \le 0 \quad (4\text{-}49)$$

$$os_{ik}^\alpha \sum_{j=1}^{no_i^\alpha} \sum_{v=1}^{nl^\alpha} x_i^\alpha k_{ijv}^\alpha - oe_{(i+1)k}^\alpha \sum_{j=1}^{no_i^\alpha} \sum_{v=1}^{nl^\alpha} x_{i+1}^\alpha k_{(i+1)jv}^\alpha - M(1 - a_{i(i+1)k}) \le v\left|sl_{ik}^\alpha - sl_{(i+1)k}^\alpha\right|$$

$$(4\text{-}50)$$

式中:决策变量 $x_{ik} = \{0,1\}$ 表示任务 job_i 是否在卫星第 k 个圈次对应的成像机会安排观测;$a_{ihk} = \{0,1\}$ 表示被调度的两个任务 job_i 与 job_h,若时间上相邻,且 job_i 先于 job_h 成像,则 $a_{ihk} = 1$,否则 $a_{ihk} = 0$;M 表示一个非常大的正数;sl_{ik}^α 表示任务 job_i 在第 k 个圈次的观测机会对应的侧摆角度;v 表示卫星侧摆平均速度。约束式(4-46)表示每个任务最多安排观测一次,约束式(4-50)表示相邻成像活动满足侧摆的转换时间要求。本书研究的任务可调度性预测问题求解就是对 $\sum_{k=1}^{m} x_{ik}$ 取值进行预测的过程。

任务子集 $SubJobSet_l = \{job_i | i = 1, 2, \cdots, n\}$ 中 job_i 的特征向量定义为:$F_i = \{f_j | j = 1, 2, \cdots, 6\}$。其中,$f_1 \cdots f_5$ 为输入属性,f_6 为输出属性。

$F_i = <Duration_i, Priority_i, Flexibility_i, Subscription_i, Conflict_i, Scheduled_i>$。

f_1: $Duration_i = d_i$。

f_2: $Priority_i = p_i \in [1, 8]$。

f_3: $Flexibility_i = \sum_{j=1}^{k}(o_{ej} - o_{sj})/d_i, k = \text{numberof}(O_i)$

f_4: $Subscription_i = \sum_{i=1}^{n}\sum_{j=1}^{k}(o_{ej}^i - o_{sj}^i) \bigg/ \sum_{i=1}^{n} d_i, n = \text{numberof}(SubJobSet_l)$

f_5: $Conflict_i$

f_6: $Scheduled_i = \{-1, 1\}$

特征值 $Conflict_i$ 主要用于描述 job_i 与其他任务观测机会冲突情况,表4-2给出 $Conflict_i$ 的计算方法。

表4-2 任务集合冲突度指标计算方法

输入:$SubJobSet_l$ 的所有任务对应的成像机会集合:
$\{O_i = <o_{s1}, o_{e1}, sl_1>, \cdots, <o_{sk}, o_{ek}, sl_k> | i = 1, 2, \cdots, n\}$,
卫星侧摆平均速度:v;
输出:$Conflict_i$

(续)

(1) input $O=\{O_i \mid i=1,2,\cdots,n\}, v, Conflict_i = 0$;
(2) for each $ow_k = <o_{sk}, o_{ek}, sl_k> \in O_i$;
(3)   for each $ow_i = <o_{si}, o_{ei}, sl_i> \notin O_i$;
(4)   if ow_k overlap with ow_i;
(5)   then $Conflict_i$++;
(6)   else if $o_{ek}+v \mid sl_k-sl_i \mid > o_{si}$;
(7)   then $Conflict_i$++;
(8)   else if $o_{ei}+v \mid sl_i-sl_k \mid > o_{sk}$;
(9)   then $Conflict_i$++;
(10) return $Conflict_i$

为便于试验结果统计,$Scheduled_i = 1$ 表示任务 job_i 调度成功;$Scheduled_i = -1$ 表示调度失败。

3. 组件化求解框架

为了保证维持现有各管控中心规划调度系统稳定,不做大的改动,并有效求解上述的成像卫星任务可调度性预测问题,本书设计了一个组件化求解架构,具体组成与数据流程如图 4-5 所示,具体架构组成与组件功能如下。

1) 任务协同分配组件(Task Coordinated Allocator,TCA)

主要负责将用户的观测需求通过数据处理(包括卫星访问预报、任务时间窗口计算)分解成为可调度的元任务集合,并通过任务—资源静态能力匹配(图像数据类型、分辨率、成像模式)为每个元任务选择出若干可完成的观测资源,最后通过一定的分配策略与算法,将元任务集合分解并分配至各个资源所在调度组件执行观测方案的生成,同时输入至 TS 组件。

2) 任务调度组件(Task Scheduler,TS)

接收 TCA 分配的观测任务,在所属资源的约束条件下,通过一定的调度策略与算法进行求解,得到满足单一或多个优化目标的观测方案,并将调度结果返回 TCA 组件,并输入至 TSP 组件。

3) 特征提取组件(Task Feature Extracter,TFE)

将由 TCA 组件分配的元任务子集依据一定的特征属性划分、提取规则与算法进行任务子集特征提取,并将结果作为 TSP 组件的输入。

4) 任务可调度性预测组件(Task Schedulablity Predictor,TSP)

将元任务子集特征数据、调度结果作为输入,采用某种预测机制与算法对尚未执行调度的元任务子集的可调度性进行预测。

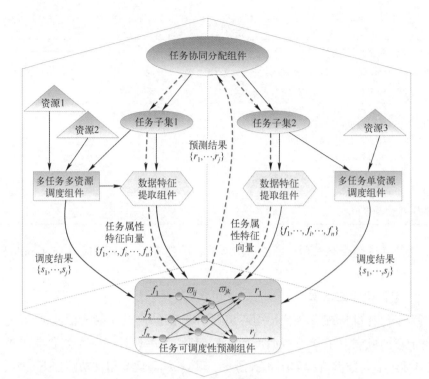

图 4-5　成像卫星任务可调度性预测组件化求解架构(见彩图)

本书求解成像任务可调度性预测问题的数据与组件实现如下。

(1) 任务协同分配组件,任务集由全球分布的 1000 个点目标生成,各任务之间彼此独立。卫星对于各任务的访问时间窗口在数据预处理阶段计算完毕。每次执行调度的任务子集在任务集中随机选择,规模为每日 20~60 个任务。

(2) 任务调度组件,采用 ILOG 公司求解约束规划的通用工具 CPLEX,采用前文中建立的单星日调度模型进行求解。

(3) 特征提取组件,本书主要从任务独立特征、任务与资源匹配特征、任务所在子集对卫星能力竞争与卫星约束竞争特征四个方面进行描述。

(4) 任务可调度性预测组件。

由于本书预测的输出是特征值 $Scheduled_i = \{-1, 1\}$,即将具有不同特征值 $\{f_1, f_2, f_3, f_4, f_5\}$ 的任务子集进行分类,预测结果为调度成功与失败两类。采用神经网络进行预测,理论上可以解决上述问题。

神经网络的构建过程如下。

1) 输入层神经元的确定

在神经网络模型中,输入节点和输出节点的多少根据问题的性质来确定,本书设计的神经网络采用 $\{f_1,f_2,f_3,f_4,f_5\}$ 全部 5 个特征值作为输入节点。试验分析部分将分别采用上述特征值的组合进行对比验证预测效果。

2) 输出层神经元的确定

输出节点是特征值 $Scheduled_i=\{-1,1\}$,任务 job_i 经过调度组件计算若进入到成像方案中则 $Scheduled_i=1$,表明调度成功;否则,$Scheduled_i=-1$。

基于变隐含层节点数的多网络集成的 TSP 组件实现:为了提升单一类型神经网络的预测精度与稳定性,本书采用基于不同隐含层节点数的多神经网络集成来构建任务可调度性预测组件,集成架构与方法如图 4-6 所示。

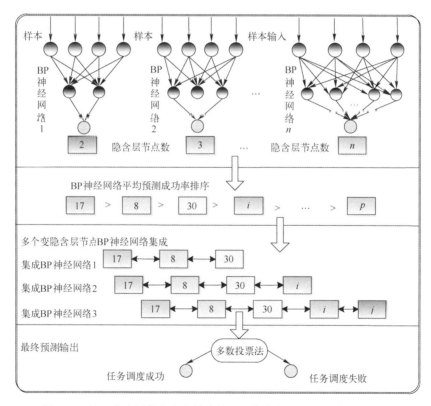

图 4-6 基于隐含层节点变化的多神经网络集成的 TSP 组件(见彩图)

4.3.3 应用实践

实验平台:TCA 与 TFE 组件采用 Visual Studio.NET 实现,TS 组件采用

ILOG CPLEX 实现,TSP 组件采用 Matlab R2012a 的神经网络工具箱实现,全部组件在 Intel Core i3 2.13GHz,4GB 内存的计算机上运行。

数据准备:对地观测任务、成像卫星数据与成像机会数据,由作者所在单位完成的中巴系列卫星资源三号地面任务规划系统提供,任务全集包括 1000 个全球分布的地表点目标成像任务,调度周期为 24h,任务优先级分布在[1,8]。限于卫星日成像能力,由 TCA 组件将任务全集分割成多个包括 20~60 不等的任务子集作为 TS 组件的输入,得到调度结果后,由 TFE 组件产生 2000 组任务样本数据。

1. 神经网络预测成功判据

本书采用的神经网络的输出层神经元采用特征值 $Scheduled_i$,输出层节点数为 1,任务 job_i 经过调度组件计算若进入到成像方案中则 $Scheduled_i = 1$;否则,$Scheduled_i = -1$。任务 job_i 经过神经网络预测组件若预测输出结果 $Scheduled'_i > 0$,表示预测成功;若 $Scheduled'_i <= 0$,则表示预测失败。具体预测效果如图 4-7 所示,采用 5 特征值输入,12 个隐含层节点,1950 组数据作为训练数据,50 组数据作为测试数据,在图中 50 个预测输出点中,有 5 个点(正方形框点)预测失败,预测成功率为 90%。

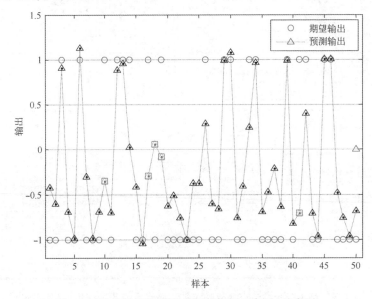

图 4-7 神经网络预测成功判断依据示意图(见彩图)

2. 特征值 Conflict 加入前后神经网络预测精度对比

四属性输入:$<Duration_i, Priority_i, Flexibility_i, Subscription_i>$。

五属性输入:$<Duration_i, Priority_i, Flexibility_i, Subscription_i, Conflict_i>$。

特征值 Conflict 加入前后神经网络预测效果对比通过图 4-8 和图 4-9 代表的两组试验来说明。图 4-8 代表试验中前后两神经网络采用相同的 1900 组数据进行训练，100 组数据进行预测测试，隐含层节点数统一由 1~49 之间取值。每个节点数目下进行 10 次学习,预测成功率取平均值。从图 4-8 中可以看出,特征值 Conflict 的加入有效提升了神经网络的预测成功率,随着隐含层节点数目的增加,提升效果愈趋于稳定,平均提升 2.5 个百分点。

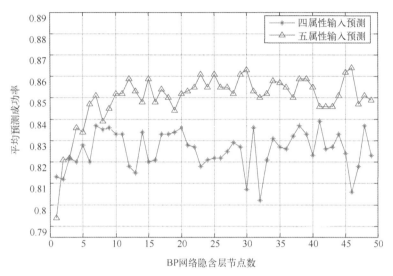

图 4-8　不同属性输入随隐含层节点变化的预测效果（见彩图）

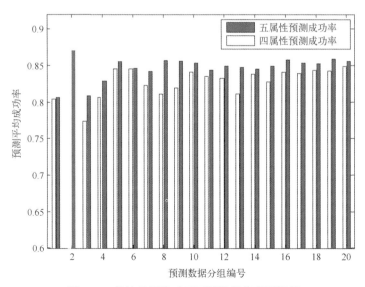

图 4-9　各神经网络对于不同数据集预测效果

图 4-9 代表试验中前后两神经网络分别采用图 4-8 试验中取得最好效果的隐含层节点数进行学习。2000 组数据平均分成 20 份，将每份 100 组作为测试数据，其余 1900 组作为训练数据。每组数据进行 10 次学习，预测成功率取平均值。由图 4-9 可以判断，五属性输入的神经网络在不同数据集上均发挥了更好的预测效果。

3. 输入特征值 Priority 与输出特征值 Scheduled 期望输出、预测输出的趋势关系分析

图 4-10 表示 2000 组试验数据的对应优先级分布情况，以及经过 CPLEX 调度组件执行调度算法后调度成功率随优先级变化情况。优先级为 8 的任务全部调度成功，而优先级为 1 的任务调度成功率最低。然而优先级位于中间的任务调度成功率并不随优先级的增加而严格增加。

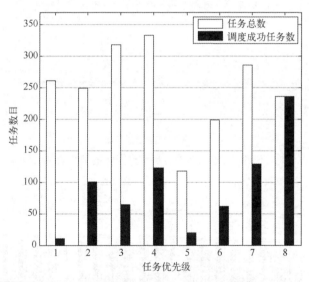

图 4-10　任务优先级与 CPLEX 调度组件期望输出关系

图 4-11 表示 2000 组数据中预测成功率随任务优先级增加的变化趋势。从图 4-11 中可看出，任务优先级为 8 的任务可调度性预测成功率为 1，优先级为 1 对应成功率也大于 0.95，最低与最高优先级成为任务可调度性预测过程中的良好鉴别器，而其他优先级未有良好分类效果。结合对图 4-10 的分析可知，优先级 1 与 8 的鉴别效果与调度器执行结果密切相关。

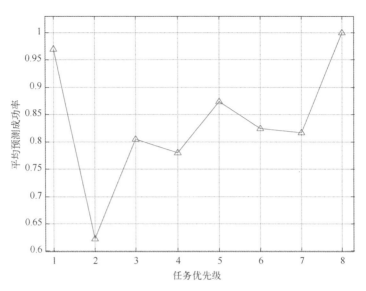

图 4-11　任务优先级与预测输出成功率趋势关系

4. 特征值 Conflict 与 Scheduled 的期望输出、预测输出的趋势关系分析

图 4-12 表示 2000 组任务数据的调度成功率随任务冲突度 $\text{Conflict} \in [0,16]$ 增加而变化的情况。可以看出，任务实际调度成功率随冲突度的增加而降低，当冲突度大于 14 时，无任务调度成功。

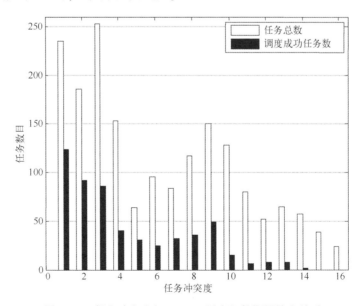

图 4-12　任务冲突度与 CPLEX 调度组件期望输出关系

图 4-13 表示预测成功率随任务冲突度增加变化趋势。可以看出,当冲突度大于 12 时,预测成功率大于 95%。结合图 4-13 中数据信息可知,若要增加任务的调度成功可能性,需要尽量降低任务子集内对应任务的冲突度属性值。

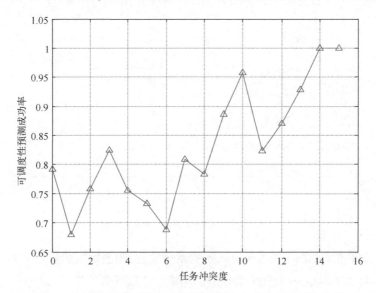

图 4-13 任务冲突度与神经网络预测输出成功率的趋势关系

5. 基于隐含层节点数变化的多神经网络集成预测效果

本实验采用图 4-8 中采用的基础数据以及隐含层节点变化范围为 2~50,表 4-3 给出了各神经网络的预测成功率排序。

表 4-3 不同隐含层节点的神经网络预测成功率排序

序号	节点数	成功率	节点数	成功率	节点数	成功率	节点数	成功率	节点数	成功率
1~5	23	0.88	29	0.88	40	0.88	13	0.87	19	0.87
6~10	32	0.87	36	0.87	48	0.87	8	0.86	10	0.86
11~15	15	0.86	16	0.86	18	0.86	21	0.86	30	0.86
16~20	31	0.86	38	0.86	39	0.86	41	0.86	44	0.86
21~25	50	0.86	3	0.85	11	0.85	12	0.85	17	0.85
26~30	24	0.85	25	0.85	27	0.85	28	0.85	33	0.85
31~35	35	0.85	37	0.85	42	0.85	47	0.85	49	0.85
36~40	4	0.84	7	0.84	14	0.84	34	0.84	5	0.83
41~45	9	0.83	20	0.83	22	0.83	43	0.83	46	0.82
46~49	26	0.81	45	0.80	6	0.77	2	0.75		

采用上面所描述的 TSP 组件构成方式,分别采用上述若干不同神经网络进行集成,得到预测效果如表 4-4 所列。从表 4-4 中可以得出,基于多神经网络集成构建的任务可调度性预测组件性能比单一神经网络稳定提升,最高预测成功率可达 91%。由于实际卫星管控过程中,调度器执行的结果未必是确定性的,所以 100% 的预测精度是毫无意义的。

表 4-4 各神经网络集成预测性能

编号	各子网络隐含层节点数	集成神经网络预测成功率	子网络平均预测成功率	预测性能提升比
1	23,29	0.89	0.8800	1.13%
2	23,29,40	0.90	0.8800	2.27%
3	23,29,40,13	0.91	0.8775	3.70%
4	23,29,40,13,19,32	0.90	0.8750	2.86%
5	23,29,40,13,19,32,36,48	0.89	0.8738	1.85%
6	23,29,40,13,19,32,36,48,8,10	0.88	0.8710	1.03%

4.4 基于知识型学习算法的双层任务规划模型求解

4.4.1 基于知识型遗传算法的双层任务规划模型求解

1. 算法架构

针对高分辨率对地观测任务分布式双层规划模型,本书分别在遗传算法自身维度、上层多任务协同分配维度以及下层分布式资源调度维度围绕遗传算法的标准结构进行求解框架的构建,设计知识型遗传算法进行求解(Multidimensional Knowledge-Based Genetic Algorithm,MKBGA),算法的基本框架如图 4-14 所示。MKBGA 主要把智能优化模型(遗传算法)与知识模型有效结合起来,以前者为基础并突出后者的作用,达到两者之间的优势互补,从而提高知识型遗传算法的优化绩效。

(1)适应度评价,采用了基于 TOPSIS 方法的多目标函数适应度评价,同时在不同场景竞争度指标下存储并提取用户偏好进行优化目标的权重分配,并针对不同类型的分布式协同机制采用不同的调度代理模型更新策略进行适应度计算。

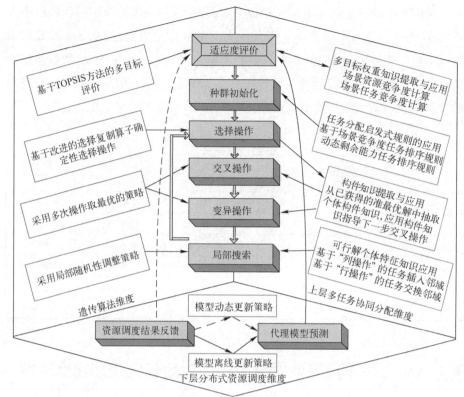

图 4-14 混合多维双层规划模型求解算法框架

（2）种群初始化，采用基于启发式规则的初始化种群生成，在提高初始种群质量基础上同时保证初始种群的随机分布。

（3）选择操作，在对选择算子进行改进的同时，不断学习迭代过程中出现好解的个体构件组合知识、个体中任务的资源竞争度知识，并应用于下一步的交叉与变异操作。

（4）交叉操作，在个体构件组合知识的指导下，以不同概率进行交叉位置的选择，同时在采用多次操作取最优的策略保证交叉操作的有效性。

（5）变异操作，在任务的资源竞争度知识的指导下，以不同概率选择个体变异操作位置，同时也采用多次操作取最优的策略以提高变异操作效率。

（6）局部搜索，采用局部随机与确定搜索相结合的策略，其中确定性搜索基于个体平台剩余能力排序的任务交流规则进行。

2. 编码策略

本书采用任务序号作为编码方式,即采用自然数串编码,如图 4-15 所示,个体长度与卫星及观测机会数量并无直接关系,编码长度为任务数量。染色体中的每个基因位代表了一个任务,编码的顺序代表了任务尝试插入资源已分配任务队列的顺序。

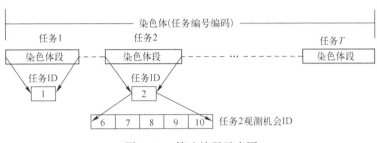

图 4-15　算法编码示意图

3. 适应度计算与种群初始化

本书采用基于绝对理想点的 TOPSIS 上层多目标评价算子对个体进行适应度计算,具体算法如下。

输入:n 个待评价解,优化目标的权重 $\sum \text{Weight}_{1\times 3} = 1$。

输出:待评价解的得分矩阵 $\text{Score}_{n\times 1}$。

Step1:依据待评价解计算得到评价矩阵。

$$\boldsymbol{D}_{n\times m} = \begin{vmatrix} TP_n & \text{Var}C_n & \text{Var}E_n \end{vmatrix} \tag{4-51}$$

Step2:分别给出各指标的绝对正负理想点 $\text{Ideal}_m^{\pm}$。

$$\begin{aligned} \text{Ideal}_1^+ &= \sum_{i=1}^{NT} Pr_i, \quad \text{Ideal}_1^- = \text{Ideal}_2^+ = \text{Ideal}_3^+ = 0, \\ \text{Ideal}_2^- &= \text{Ideal}_3^- = ((1 - 1/NS)^2 + (NS - 1)(1/NS)^2)/NS \end{aligned} \tag{4-52}$$

Step3:计算各解的 3 个指标与正负理想点的距离。

$$d_i^+ = \sum_{w=1}^{3} \text{Weight}_{1\times w} \cdot |(D_{i,w} - \text{Ideal}_w^+)/(\text{Ideal}_w^+ - \text{Ideal}_w^-)| \tag{4-53}$$

$$d_i^- = \sum_{w=1}^{3} \text{Weight}_{1\times w} \cdot |(D_{i,w} - \text{Ideal}_w^-)/(\text{Ideal}_w^+ - \text{Ideal}_w^-)| \tag{4-54}$$

Step4:计算得分。

$$\text{Score}_{i\times 1} = d_i^-/(d_i^+ + d_i^-) \tag{4-55}$$

双层规划模型中包括决策变量 $x_i^\alpha = \{0,1\}$ 与 $y_i^\alpha = \{0,1\}$。前者表示任务 t_i

是否分配到卫星 s_α 观测任务集合中；后者表示分配至卫星 s_α 的任务 t_i 是否成功安排。计算个体适应度需要为上述决策变量进行赋值，当下层调度结果可以在线反馈时，y_i^α 由实际调度结果给出；当无在线反馈时，由代理模型预测给出。

优化目标的权重 $\text{Weight}_{1\times3}$ 一般由上层决策者依据经验与偏好给出，当实际执行数据长期积累不断增加时，将会出现较为相似的任务场景，本书采用了场景目标权重知识模型将该相似程度定量描述并提取存储，新任务到达时可以为决策用户自动推荐多目标权重。

种群的初始化包括任务的随机分配和规则式分配，本书设计了三类初始化种群规则。

（1）将任务按照优先级从大到小排列，优先级相同的任务按照资源竞争度从小到大排列，任务顺序选择，卫星随机选择。

（2）任务随机选择，卫星按照动态剩余能力从大到小排列并顺序选择。

（3）根据任务优先级进行轮盘赌，优先选择优先级较高的任务，卫星随机选择。

（4）综合 A、B 规则，即任务和卫星均按规则选择。

4. 知识模型及应用

本书将可辅助求解多中心协同观测双层任务规划问题的一些结构化数据定义为知识，知识模型则是为求解问题特征表达、存储、获取和应用而采用的方法和技术手段。在知识型遗传算法中，知识获取主要是指从问题本身及遗传优化过程中挖掘（采用统计方法抽取）有用知识，知识应用就是如何采用知识来指导算法的进一步寻优。本书知识模型所指的知识主要包括三种，即优化目标权重知识、构件组合知识和精英个体特征知识。

1）优化目标权重知识

将每次观测任务分配视为不同的场景。由于任务需求与平台能力之间匹配的约束关系，任务 T_i 只能分配至满足其要求的卫星任务集合中，卫星 S_α 只能完成与其能力匹配的任务，为了描述卫星资源与任务的彼此竞争关系，分别定义了两类场景竞争指标：任务的资源竞争度（Resource Contention, RC）与卫星的任务竞争度（Task Contention, TC）。

$$\text{RC} = -1 \times \text{VAR}[\text{ResCompte}_i] = -1 \times \text{VAR}\left[\sum_{\alpha \in S} w_\alpha^i / NS\right], i \in T \quad (4\text{-}56)$$

$$\text{TC} = -1 \times \text{VAR}[\text{TaskCompte}_\alpha] = -1 \times \text{VAR}\left[\sum_{i \in T} w_\alpha^i / NT\right], \alpha \in S \quad (4\text{-}57)$$

式中: $w_\alpha^i=1$ 表示卫星 S_α 可以满足任务 i 的需求。若 $w_\alpha^i=0$,则表示不满足任务需求。ResCompte$_i$ 表示任务 T_i 的资源竞争度;TaskCompte$_\alpha$ 表示卫星 S_α 的任务竞争度。

场景竞争度 RC 与 TC 主要应用于适应度评价过程中。同时,任务的资源竞争度 ResCompte$_i$ 大小在种群初始化时作为任务的排序规则引导任务的选择。在变异操作时,以较小的概率选择 TaskCompte$_\alpha$ 较小的卫星对应的任务进行变异。反之,以比较大的概率对 TaskCompte$_\alpha$ 较大的个体位置进行变异操作。由于 TaskCompte$_\alpha$ 描述了不同卫星对于任务的竞争关系,当 TaskCompte$_\alpha$ 较小时,说明卫星 S_α 可满足要求的任务数量相对较小,即对应个体位置变异操作成功概率较小。若以较小的概率进行变异操作,将会提高计算效率并改善操作效果。

为了定量化存储与表示用户对于不同观测任务分配场景的优化目标偏好,且能够不断学习与修正以汲取用户经验,本书建立了多目标权重分配规则知识矩阵。表4-5给出了已实际应用的任务规模500、卫星数目为10的场景经验知识实例。

表 4-5 规模为[500、10]场景知识实例

场景	RC	TC	W_1	W_2	W_3
1	0	0	1/3	1/3	1/3
2	-0.007	-0.05	0.7	0.15	0.15
3	-0.01	-0.04	0.8	0.1	0.1
4	-0.1	-0.2	0.9	0.05	0.05

在表4-5中,W_i 对应 Weight$_{1\times i}$,初始化时用户依据自身经验给出不同规模场景下的目标权重分配,并依据算法对求解效果进行调整,由上述知识矩阵进行存储。权重分配知识数据积累到一定规模时,计算出场景的 RC 与 TC 后,依据知识矩阵进行采用自动化的多目标权重选择。随着场景竞争度的增加,W_1 降低,W_2 与 W_3 增加。

2) 构件组合知识

本书采用了构件组合知识(Components Combination Knowledge,CCK),体现了构件之间的组合特征,该类知识是指在演化过程中出现的准最优解个体中各卫星分配的任务集合内多次重复出现的若干任务组合。本书将构件卫星 S_α 对应的构件组合知识矩阵的行宽度设置为相对于任务竞争度 TaskCompte$_\alpha$ 的固定

数值。其优点在于既可有效节省存储空间,还可大幅度减少相关计算量。

本书采用大小为 $N_R \times Dim$ 的矩阵 CCK 表示某颗卫星对应的任务组合知识;N_R 是某卫星任务集合中出现次数排序靠前的 $\delta \times TaskCompte_j$ 个任务,$Dim = \gamma \times TaskCompte_j$,$\delta$、$\gamma$ 依据算例规模给定。表 4-6 给出了构件组合知识的一个简单实例,第一列代表相对应任务在该卫星分配任务集中出现次数;第二列表示所在行与下一行共 2 个任务的组合出现次数;其他列依此类推。表中三行三列的 4 表示任务 4、2、1 的组合在该卫星的分配任务集合中出现的次数为 4 次。实验结果表明,可采用前 5%～10% 的个体来抽取构件组合知识。

以 10 个任务 4 颗卫星的算例为例,采用 N 进制进行个体的编码,假设方案 K 被用来更新 CCK 矩阵,如表 4-6 所示。设当前 K 的最优个体为 3212213414,其中个体位置代表不同的任务,个体值表示分配的卫星编号,0 表示未分配。将其中含有的卫星 S_2 两个任务组合 (5,4,2) 和 (4,2) 在已获得的准最优解中出现的次数各自增加 1,进行更新,更新后的 CCK 矩阵如表 4-7 所列。

表 4-6　CCK 简单实例

任务	第 1 列	第 2 列	第 3 列	第 4 列
5	20	13	2	1
4	15	8	1	0
2	11	4	0	0
1	8	0	0	0

表 4-7　更新后的 CCK

任务	第 1 列	第 2 列	第 3 列	第 4 列
5	21	13	3	1
4	16	9	2	0
2	12	4	0	0
1	8	0	0	0

为避免当前个体所含优良子序列遭到交叉或变异的破坏,本书使用构件组合知识为交叉或变异操作选择相应的断点位置。如果某些任务的组合多次出现在已获准最优解的某颗卫星任务集中,那么应以较小概率破坏该组合在新个体中的结构;否则,应以较大概率破坏该组合。从表 4-6 中得知,任务组合 (5,4,2,1)、(5,4,2) 与 (4,2) 出现在已获准最优解中卫星 S_2 的分配任务集合的次

数分别为1次、3次和9次,这三个组合中同时被保留至操作后新个体的概率为7%、18%和64%,且有

$$p_1 = 组合出现次数/组合内各任务平均出现次数 = 1/((21+16+12+8)/4) \approx 7\% \quad (4-58)$$

构件组合知识的应用模式总结如下:从既得准最优解中学习不同构件之间的组合知识,并基于这些知识对后续个体进行构造或改进。这种模式适用于各种智能优化方法和那些涉及构件组合分配的各种优化问题。

3) 精英个体特征知识

一般情况下,近似最优方案基本上具有实际最优方案的主要构件特征,仅由于少数构件特征的差异性,使得近似最优方案不能演化成为实际最优方案。鉴于此,本书设计了两种基于精英个体特征的搜索算子,辅助遗传算法提高其局部搜索能力。

对于规模为{8,3}的场景,某精英个体结构特征如表4-8所列。其中,由方格填充的任务表示已分配给对应卫星;由斜线填充的任务表示对应卫星满足其要求但未被分配至该卫星。

表4-8 某精英个体特征

任务编号	资源1	资源2	资源3
1	■		
2		■	
3			
4	■		■
5	■		
6			
7			
8			■

符号定义:rc_α 为卫星 S_α 当前存储负载比;$AvgC$ 为当前所有卫星存储负载比的均值;$VARC$ 为每颗星剩余容量的方差;δ_α 为调整后的卫星 S_α 存储负载比的增量;re_α、$AvgE$、θ_α、$VARE$ 分别对应电量负载的上述各值;n 为卫星的数量;ΔPri 为调整后的优先级增量;ΔS 为调整后的适应度增量。

(1) 基于个体特征"列操作"的任务插入算子。邻域特征:将对应各列的填充为斜线的任务向当前个体中的对应卫星分配任务集合的插入;操作过程:将

卫星 S_α 对应可完成的但分配成功的任务分别计算 ΔS 并进行排序,选择出 $\Delta S>0$ 的最大任务进行插入。适应度增量为

$$\Delta S = \xi_1 \Delta \text{Pri} + \xi_2 [(1-1/n)\delta_\alpha^2 + 2(rc_\alpha - \text{Avg}C)\delta_\alpha] + \xi_3 [(1-1/n)\theta_\alpha^2 + 2(re_\alpha - \text{Avg}E)\theta_\alpha]$$
(4-59)

$$\begin{cases} \xi_1 = w_1/(\text{Ideal}_1^+ - \text{Ideal}_1^-) \\ \xi_2 = w_2/n(\text{Ideal}_2^+ - \text{Ideal}_2^-) \\ \xi_3 = w_3/n(\text{Ideal}_3^+ - \text{Ideal}_3^-) \end{cases}$$
(4-60)

式中: ξ_i 是优化指标权重以及对应正负理想点的常数值, $i=1,2,3$。

将卫星 S_α 对应任务列中填充为斜线的任务分别计算 ΔS 并进行排序,选择出 $\Delta S>0$ 的最大任务进行插入,更新上述各值重新排序进行插入操作。

(2) 基于个体特征"行操作"的任务交换算子。邻域特征:将对应各行不同卫星之间的填充为方格的任务交换;操作过程:将卫星对应的负载比进行排序,从负载比较高的卫星任务集合中选择若干任务,尝试分配至负载比较低的卫星;预期结果:优先级指标值不变,存储容量与电量的方差值有较大概率降低。

5. 预测代理模型更新

本章采用了基于集成神经网络的对地观测任务可调度性预测模型作为下层任务调度模型的代理模型,并为上层的任务分配模型提供任务调度预测结果。双层规划模型求解算法执行过程中包括预测模型的初始化与更新两个步骤,初始化方法在第 4 章已经阐述,以下主要对预测模型的更新策略进行论述。

预测模型更新策略包括更新时机确定与样本更新策略两部分。更新时机是指在算法求解过程中何时向下层调度器发送时机执行调度请求,样本更新是指上层任务分配方案确定后,各个资源调度执行求解并返回调度结果,将分配方案与调度结果一起作为新的样本来重新对初始的神经网络进行训练。预测模型更新时机在不同类型管控模式下具备不同更新机制,下面分别加以论述。

1) 自顶向下管控模式

该类型管控模式下,由于在同一规划场景时段内下层调度结果不能反馈,任务可调度性预测代理模型只能离线更新,即以上一次规划场景实际调度结果作为样本,而预测模型更新效果需要在下一个任务规划场景得到。

2）分布式同步管控模式

该类型管控模式下,当上层分配方案确定后,可以在线请求下层执行调度并返回结果。由于上层分配问题求解采用的基于群优化的遗传算法,随着迭代深入不断增加个体所代表的分配方案数目众多。求解过程中随时请求下层调度执行效率十分低下,并且在实际分布式管控组织下执行也是不切实际的,所以本书设定一个整数阈值,当迭代过程中最优个体适应度不变累计次数超过该阈值时才向下层调度器发送分配方案,调度器执行完毕后返回调度结果,更新预测模型并更新决策变量 $y_i^a = \{0,1\}$,修正个体适应度。

3）分布式异步管控模式

该类型管控模式下,在一次场景周期内,由于下层调度器不能同时反馈调度结果,上层协调器需要在不同时刻请求执行调度,一旦某一管控中心任务分配方案确定,不再对其预测代理模型进行更新。

在实际算法执行过程中,需要利用下层调度器在线反馈更新预测模型,即当有新的实际调度结果加入样本库时,需用新的样本库重新进行神经网络训练,改善已有模型的预测精度。本书对神经网络重新进行训练的条件设定为当有数量超过 n 的新调度结果加入时启动训练,n 的取值依据具体试验场景规模确定。假设当前的神经网络模型为 Net(i),当满足上述条件时,算法对预测模型重新进行训练并得到新的神经网络模型 Net(i+1)。由于考虑到新的预测模型 Net(i+1)可从 Net(i)中继承更多信息,因此新的预测模型在训练时做以下两方面处理。

(1) 固定训练样本池规模,当模型更新启动时,将最新得到的 n 个样本替换样本池中最早产生的 n 个样本,从而完成训练样本池的更新。

(2) 将模型 Net(i+1)的初始权值和阈值设定为 Net(i)的权值和阈值。如此对于预测模型的更新,相当于在最新的模型基础上对权值和阈值进行微调,并且可以提高模型 Net(i+1)的训练速度。具体的观测任务可调度性预测模型在线更新策略如下。

Step1:设定神经网络的样本池规模以及阈值 n。

Step2:当新加入样本数量大于 n 时,将新得到 n 个样本替换 Net(i)样本池中最先进入的 n 个样本,得到 Net(i+1)的样本池。

Step3:初始化输入层、隐含层与输出层,并执行初始化操作。

Step4:设定神经网络 Net(i+1)的初始化阈值和权值与 Net(i)相等。

Step5:执行神经网络训练。

Step6:判定当前预测精度是否收敛至预先设定值。若已收敛,转至Step8;否则,转至Step7。

Step7:判定当前迭代次数是否到达设定值。若已达到,转至Step8;否则,转至Step5。

Step8:终止训练,得到Net(i+1)。

4.4.2 应用实践

1. 仿真试验设计

1)试验场景周期设计

仿真试验场景周期包括样本训练周期时间,以及不同类型管控模式双层规划实际执行周期时间。具体场景周期设计如表4-9所列,场景1主要验证调度器预测代理模型初始化效果与离线更新效果;场景2、3、4基于场景1生成的各资源的调度器代理模型,通过对本书提出的多维知识型遗传算法与标准遗传算法在求解各类型分布式协同机制下的多中心协同任务规划运行算法的效果对比,验证了本书提出的算法改进的有效性,以及算法性能的优越性。

表4-9 仿真试验场景设计表

编号	开始时间	结束时间	试验名称	试 验 目 的
1	2013-02-01 00:00:00	2013-02-07 23:59:59	集中式协同任务规划试验	初始化各资源所在调度器的预测代理模型,并验证相关方法有效性
2	2013-02-08 00:00:00	2013-02-08 23:59:59	自顶向下式协同任务规划试验	依据场景1所生成的代理模型,验证自顶向下式协同机制下的双层规划求解算法有效性
3	2013-02-08 00:00:00	2013-02-08 23:59:59	分布式同步协同任务规划试验	验证分布式同步协同机制下,双层规划模型求解方法在上层多目标分配收益与下层调度收益上的同步优化效果
4	2013-02-08 00:00:00	2013-02-08 00:00:00	分布式异步协同任务规划试验	验证分布式异步协同机制下,双层规划模型的适应性以及求解算法在同步次数优化以及决策目标优化上的有效性

2)观测任务设计

本书采用的观测任务基于全球分布的都市区、港口、试验基地、机场以及重要交通枢纽等目标生成,并以不同分辨率要求相结合衍生出多组试验任务集合。

(1)目标分布与任务类型设计。全球分布的都市区、港口、试验基地、机场以及重要交通枢纽共计 992 个目标,具体任务数目、分辨率要求以及识别级别如表 4-10 所列。

表 4-10 观测目标设计表

目标	数目	分辨率要求/m	识别级别
都市区	262	10	A 级
港口	120	3	C 级
试验基地	470	0.6	D 级
机场	74	3	C 级
交通枢纽	59	2	B 级
合计	992	0.6~10	A~D 级

(2) 观测任务图像分辨率要求设计。定义一个观测需求时,如果对图像的地面分辨率有一定要求,必须设置图像所允许的最大地面分辨率。这样,在计算可见时间窗口时,要求卫星遥感设备对地面目标的实时地面分辨率小于图像所允许的最大地面分辨率,才能真正保证图像质量。假设现有一颗最高地面分辨率为 2m 的卫星,要求对 地面目标拍一张分辨率小于 5m 的卫星照片,且要求时间内卫星对地面目标可见但并不过顶,那么卫星遥感设备在拍照时就有一定的摆角。也就是说,elev<90°。如果不分析卫星遥感设备和地面目标之间的实时地面分辨率,就不能保证所拍卫星图像的地面分辨率小于 5m,容易造成误判。按照观测应用需求的不同,将对地观测任务的识别要求划分为四个级别:A 级是目标发现级别,判断目标是否存在于所成像区域。B 级是一般识别级别,可以判断出目标的属性或类型。例如,区分出车辆、房屋。C 级是详细鉴别级别,能够判断出同类物体的不同类型。例如,车辆是大巴车、越野车还是轿车。D 级是目标描述级别,能够识别出目标的特征和细节。例如,轿车是否有尾翼等。

根据经验,可以识别出地面部分类型目标的卫星成像照片地面分辨率,如表 4-11 所列。

表 4-11 地面部分类型目标识别所需卫星成像地面分辨率

目标	A 级/m	B 级/m	C 级/m	D 级/m
桥梁	6	1.5	1.5	0.9
公路	9	6	1.8	0.6

(续)

目标	A 级/m	B 级/m	C 级/m	D 级/m
车辆	1.5	0.6	0.3	0.05
机场	6	4.6	3	0.3
飞机	4	1.5	0.9	0.15
舰船	7.6	4.6	0.6	0.3
港口	30	15	6	3
工厂	30	15	6	1.5
仓库	1.5	0.6	0.3	0.025

3) 观测资源设计

为采用真实卫星轨道数据，本书从国内外对地观测卫星中选取 14 颗典型的卫星构造成像卫星网备选。虽然有的已经停用，但并不影响本书对其轨道参数的利用，不会影响仿真实验。星载遥感器设备自行设置，不完全依照其自身实际情况选择，备选卫星列表如表 4-12 所列。

表 4-12　备选卫星列表

编号	卫星国际编号	卫星名称	所属国家	发射时间
1	1986-019A	SPOT_1	法国	1986
2	1995-059A	RADARSAT-I	加拿大	1995
3	1997-057A	IRS-1D	印度	1997
4	1998-017A	SPOT_4	法国	1998
5	1999-020A	LANDSAT 07	美国	1999
6	1999-051A	IKONOS-2	美国	1999
7	2000-050A	JB-3A	中国	2000
8	2000-079A	EROS-A1	以色列	2000
9	2001-047A	QUICKBIRD-2	美国	2001
10	2002-021A	SPOT_5	法国	2002
11	2003-046A	IRS-P6	印度	2003
12	2005-017A	CARTOSAT-1	印度	2005
13	2006-014A	EROS-B1	以色列	2006
14	2006-031A	KOMPSAT-2	韩国	2006

2. 集中式协同机制试验分析

集中式协同机制下仿真试验主要为观测任务可调度性预测模型提供训练

样本以及初始化工作,试验结果分析主要验证各资源预测代理模型初始化预测精度以及离线更新策略执行的有效性。

1) 预测模型初始化效果

初始化样本采用仿真时间的 2013 年 2 月 1 日 24 小时内的 3000 个观测任务,14 颗成像卫星。采用不同规模的随机分配任务采样,经过调度算法执行生成不同规模的预测模型训练与测试样本,采用第 4 章提出的方法进行各个卫星调度预测模型的初始化,预测模型初始化的预测精度如图 4-16 所示。14 颗成像卫星观测任务可调度性预测模型初始化预测精度分布于 0.73~0.87,均取得了较为良好的初始预测效果。

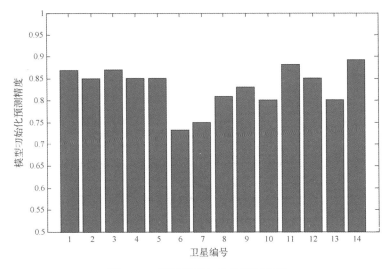

图 4-16　预测模型初始化预测精度

2) 预测代理模型离线更新效果

预测代理模型离线更新试验以日为时间节点,在 2013 年 2 月 1 日—2013 年 2 月 7 日一周时间内不断更新模型训练样本,各卫星预测代理模型精度变化情况如图 4-17 所示。随着样本更新策略迭代执行,各代理模型离线预测精度均有所提升,最终达到平均大于 0.85 的预测效果。

3. 自顶向下式协同机制试验分析

在自顶向下式协同机制下,在试验场景一次完整的任务规划过程中,所有上层任务分配执行均在协调器执行,下层的调度器无法在线反馈资源调度结果。算法执行过程中划分的任务子集调度结果由预测代理模型给出,以下对算法对应的若干试验指标的试验结果进行分析。

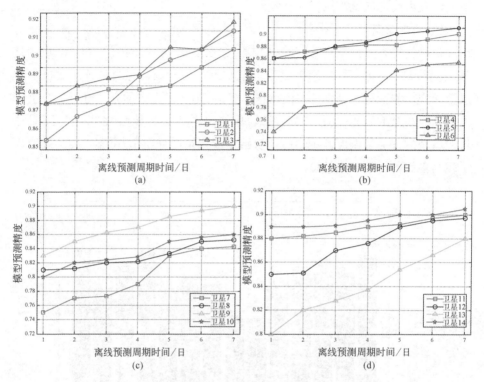

图4-17　各卫星调度代理模型离线更新预测精度(见彩图)
(a) 卫星1~3；(b) 卫星4~6；(c) 卫星7~10；(d) 卫星11~14

为了验证本书算法的适用性和可行性,本书生成了不同规模的算例,分别代表了不同竞争度指标的场景,并依据前文描述的方法进行不同指标权重的赋值,并从求解算法的求解质量、求解稳定性两个方面与标准遗传算法进行比较与验证。为了消除优化过程中的随机性,本书采用标准遗传算法和知识型遗传算法对每个实例均进行20次求解。为了体现比较的公平性,本书从求解过程消耗时间的角度来定义标准遗传算法和知识型遗传算法的终止准则,即采用每种方法求解每个实例所耗费的时间均不超过20min。

表4-13是对每个实例进行20次实验的结果,表中记录了每个实例的规模、各优化指标的权重值、平均成功分配任务数量以及最好解的平均得分。图4-18~图4-21将上述12个算例优化求解结果中的最好解的平均得分进行了图形化比较。

表4-13 算例的计算结果统计

NC	NT	NS	W_1	W_2	W_3	标准遗传算法		知识型遗传算法	
						$\overline{NT}$	$\overline{Score}$	$\overline{NT}$	$\overline{Score}$
1	100	5	1/3	1/3	1/3	62	0.873	63	0.876
2		7	0.7	0.2	0.1	85	0.709	85	0.778
3		10	0.8	0.1	0.1	98	0.965	99	0.985
4	300	8	1/3	1/3	1/3	102	0.623	113	0.630
5		6	0.6	0.3	0.1	157	0.485	185	0.493
6		14	0.7	0.1	0.2	223	0.755	246	0.820
7	500	10	1/3	1/3	1/3	206	0.655	238	0.725
8		15	0.7	0.2	0.1	288	0.725	316	0.811
9		20	0.8	0.1	0.1	372	0.761	401	0.880
10	1000	10	1/3	1/3	1/3	296	0.567	325	0.654
11		20	0.7	0.2	0.1	589	0.655	625	0.776
12		30	0.8	0.1	0.1	814	0.723	886	0.886

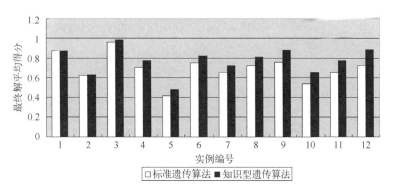

图4-18 不同规模实例的求解结果

在表4-13中,NC表示算例编号;NT表示待分配任务数目;NS表示参与分配的卫星数目;W_i代表不同指标的权重值;$\overline{Score}$表示算例最好解的平均得分;$\overline{NT}$表示算例实际分配任务数目。

知识型遗传算法比标准遗传算法在优化结果方面的改进程度如图4-18所示。从图4-18可以看出,对于小规模实例(如实例1、2、3),标准遗传算法和知识型遗传算法的求解结果差异不大;对于相对大规模实例,知识型遗传算法的优化结果明显好于标准遗传算法。本书分别从上述算例中选择指标权重相同的算例1、4、7、10进行算法稳定性的比较,从图4-19~图4-21可以明显看到,知识型遗传算法在多次求解过程中均比标准遗传算法稳定。

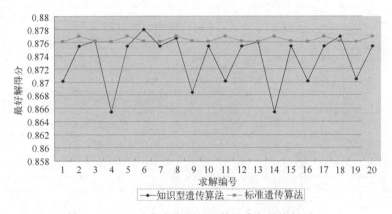

图 4-19　100 个任务 5 颗卫星算法求解稳定性对比

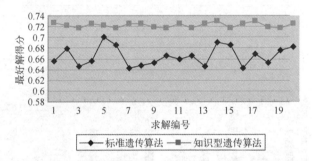

图 4-20　300 个任务 10 颗卫星算法求解稳定性对比

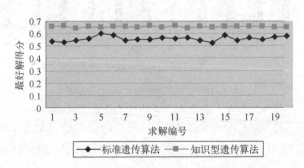

图 4-21　1000 个任务 30 颗卫星算法求解稳定性对比

4. 分布式同步协同机制试验分析

在分布式同步协同机制下，各场景一次完整规划过程中，下层各调度器能够提供在线调度结果同步反馈，上层协调器依据实际调度结果进行预测模型更新，以及任务分配方案的重新调整。由于实际执行调度时间相对较长，上层协调器采用预测加调度相结合的策略进行分配求解。该机制下的试验主要验证本书算法在上层分配与下层调度问题协同求解效果。

算例设置：分别采用100~1000个观测任务与5~30颗成像卫星，并采用不同的分配目标权重组成下列12组算例。通过标准遗传算法与本书提出的知识型遗传算法在上层分配优化效果对比以及下层各调度器调度收益收敛性两个评价指标来验证本书所提出的模型求解算法在该类型协同机制下的适应性。

表4-14是对每个实例进行20次实验的结果，表中记录了每个实例的规模、各优化指标的权重值、平均成功调度任务数量以及最好解的平均得分。其中，NC表示算例编号；NT表示待分配任务数目；NS表示参与分配的卫星数目；W_i代表不同指标的权重值；$\overline{NT}$表示算例实际分配任务数目；$\overline{ST}$表示下层调度成功任务数目；Score表示上层分配最好解的平均得分。

表4-14 分布式同步管控模式双层任务规划结果统计

NC	NT	NS	W_1	W_2	W_3	标准遗传算法			知识型遗传算法		
						$\overline{NT}$	$\overline{ST}$	Score	$\overline{NT}$	$\overline{ST}$	Score
1	100	5	1/3	1/3	1/3	83	75	0.843	86	77	0.880
2	100	7	0.7	0.2	0.1	95	92	0.909	100	95	0.957
3		10	0.8	0.1	0.1	100	98	0.931	100	100	0.969
4	300	8	1/3	1/3	1/3	155	114	0.623	163	130	0.701
5		6	0.6	0.3	0.1	184	145	0.585	215	189	0.633
6		14	0.7	0.1	0.2	243	192	0.605	288	242	0.710
7	500	10	1/3	1/3	1/3	257	200	0.655	328	287	0.725
8		14	0.7	0.2	0.1	342	288	0.725	389	312	0.811

从表4-14中可以看出，对于不同任务与资源规模的算例，知识型遗传算法在分布式同步协同机制下，比标准遗传算法在上层任务分配与下层资源调度上取得了更好的效果。为了更清晰地显示试验对比结果，图4-22~图4-25分别给出了算例1与算例2的上层分配与下层调度两个过程的算法求解效果。

由图4-22可以看出，对于100个任务5颗隶属于不同管控中心的成像卫星协同规划实例，知识型遗传算法在初始解质量与收敛性能两个方面均优于标准遗传算法。图4-23显示了各卫星调度收益随着在线同步次数增加而变化的情况，可以看出，随着在线调度器同步反馈结果的频率增大，上层分配方案不断优化，使得下层资源调度收益也随之增加。

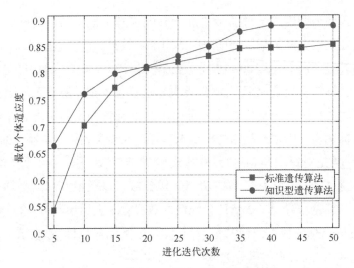

图 4-22 算例 1 上层分配收益收敛情况

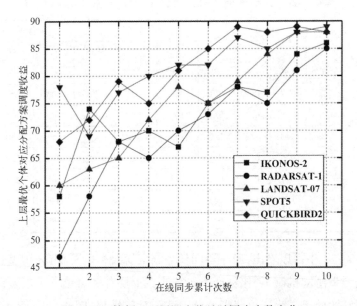

图 4-23 算例 1 下层调度收益随同步次数变化

由图 4-24 可以看出,对于 100 个任务 7 颗隶属于不同管控中心的成像卫星协同规划实例,知识型遗传算法在初始解质量与收敛性能两个方面均优于标准遗传算法。图 4-25 显示了各卫星调度收益随着在线同步次数增加而变化的情况,可以看出,随着同步次数增加,上层分配方案不断优化,使得下层资源调度收益也随之增长。同时,多数卫星在同步 15 次以后调度收益趋于收敛,说明上层分配方案已经接近最优。

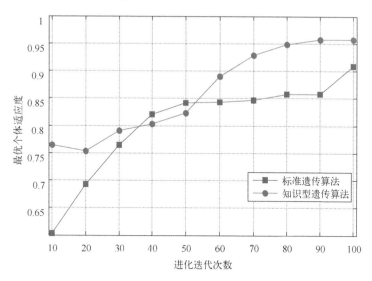

图 4-24 算例 2 上层分配收益收敛情况

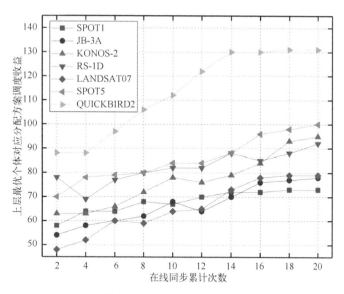

图 4-25 算例 2 下层调度收益随同步次数变化

5. 分布式异步协同机制试验分析

在分布式异步协同下，任务规划与外部任务处理可以采用以下三种形式。

（1）下层调度器的外部任务（External Mission, EM）执行调度完毕后，将所辖资源成像计划上传至上层协调器。协调器依据该计划进行资源剩余观测能力提取,再执行任务分配,经过若干次迭代后完成所有任务与外部任务的规划过程。

(2) 上层协调器直接将任务分配至调度器,调度器将任务与外部任务一起执行调度,并将资源成像计划反馈至协调器,经过若干次迭代后完成所有任务与外部任务的规划过程。

(3) 调度器将外部任务首先发送至协调器成为协调器输入任务一部分,协调器综合所有任务进行统一分配,调度器再依据分配方案执行调度,经过若干次迭代后完成所有任务与外部任务的规划过程。

在无法预知各调度器外部任务条件下,实现公平分配的目标是很困难的,有可能某颗卫星外部任务很多,分配过程中考虑到剩余观测能力的问题,对其分配的任务就要受到该资源的剩余观测能力影响。本书采用第二种方法进行任务规划流程处理,将任务子集中部分任务锁定(外部任务),不断改变其他任务组合。在算法终止规则一致前提下,验证算法在优化单一调度器与协调器同步次数上的优劣效果,从而验证两种算法在全局寻优以及跳出局部最优两个方面性能的优劣性。

在表 4-15 中,NC 表示算例编号;NT 表示待分配任务数目;NS 表示参与分配的卫星数目;ID 表示卫星编号;NT_i 表示各卫星所分配任务数,NET 表示调度完成任务数,NF_i 表示调度在线反馈次数,Re_i 表示调度收益。

表 4-15 分布式异步管控模式任务规划结果统计

NC	NT/NS	ID	NET	标准遗传算法				知识型遗传算法			
				NT_i	NET_i	NF_i	Re_i	NT_i	NET_i	NF_i	Re_i
1	100/5	S1	5	7	4	10	40	7	4	5	42
		S2	7	10	5	12	54	11	6	7	60
		S3	10	12	7	11	62	13	6	7	70
		S4	13	12	7	12	60	12	7	8	69
		S5	15	13	7	15	67	15	6	8	73
2	300/7	S1	10	8	6	12	45	8	7	7	45
		S2	13	9	7	14	52	8	8	6	53
		S3	14	10	7	14	58	9	7	8	58
		S4	15	12	7	15	67	14	6	7	77
		S5	14	11	8	15	64	13	7	8	75
		S6	17	13	8	17	74	14	8	8	75
		S7	20	12	10	18	70	15	10	8	78

4.4.1 节中提出了预测代理模型更新策略:设定一个整数阈值,当迭代过程中最优个体适应度不变累计次数超过该阈值时才向下层调度器发送分配方案,调度器执行完毕后返回调度结果,更新预测模型。由此可知,NF_i的大小实际代表了算法全局寻优以及跳出局部最优的能力。在算法终止规则一致前提下,同步次数越多表明算法跳出局部最优能力越差,同时双层的通信累计时间变长,从而影响算法的时间效率。图 4-26、图 4-27 给出了算例 1 与算例 2 两种算法在调度收益与同步两个指标上的对比情况,可以看出本书提出的知识型遗传算法能够求解分布式异步机制下的多中心协同任务规划问题,且与标准遗传算法相比更为有效。

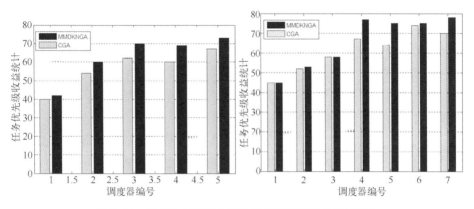

图 4-26 算例 1 与算例 2 任务规划优先级收益统计对比

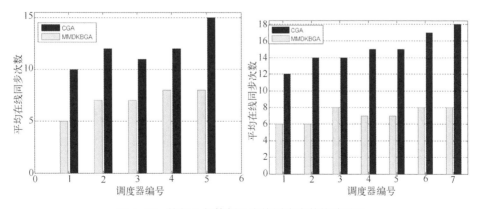

图 4-27 算例 1 与算例 2 在线同步次数统计对比

4.5 测控数传一体资源调度技术

4.5.1 测控数传一体资源调度问题分析

测控任务与数传任务是维持卫星在轨运行、状态监控、参数修正与观测数据回传等不可或缺的重要任务。在对地观测成像任务规划中,卫星作为稀缺的调度资源主体,而在测控数传一体资源调度中,地面站作为稀缺的调度资源主体。高分辨率对地观测系统中测控数传资源调度模型建模是针对测控资源调度问题选用合适的建模工具和数学语言进行描述,建立能够表述测控数传过程、需求、约束及技术特点的概念模型以及数学模型。结合测控数传特点的分析,本书采用CSP约束规划技术建立航天测控数传资源的数学模型。

1. 基本假设

鉴于天地测控数传资源一体化调度问题的复杂性,结合实际情况,同时考虑研究问题的方便性,对问题做出如下假设。

(1) 一个地面站可以有多台设备(天线),且每台设备都可看作是一个独立的资源,而用户卫星只有一台设备可与地面站建立通信链路。

(2) 设备与用户卫星的通信链路一旦建立就不能中断,只能在完成此任务后才能处理其他任务。

(3) 调度过程中,每台设备任意时刻只能为一颗用户卫星服务(中继卫星的多址天线可看作是多台设备),且一颗用户卫星任意时刻也只需一个资源为其服务。

(4) 天基测控数传资源特指中继卫星系统,且中继卫星系统的地面终端站只负责与中继卫星进行数传,数传动作瞬时完成。

(5) 不考虑其他辅助设施对设备的影响,即测控数传设备可独立提供服务而不受外部环境的影响。

(6) 用户卫星提出的测控需求都已转化为能够直接用于调度的测控任务。

(7) 用户卫星均为合作目标。

(8) 不考虑断点续传的数传需求,即只有完全可用数传时间窗口才能满足任务的数传需求,所有数传任务都可以在单个数传时间窗口内完成。

2. 变量及符号定义

为方便建立数学模型,首先给出符号定义,具体如表4-16所列。

表 4-16　约束满足模型符号定义

符号	类型	意　义
Sc	集合	参与规划的用户卫星集合
Dev	集合	参与规划的设备集合
Arc	集合	参与规划的可见弧段集合
$Task$	集合	参与规划的任务集合
$Task_A$	集合	参与规划的测控任务集合
$Task_S$	集合	参与规划的数传任务集合
$ScDevA$	集合	用户卫星 i 与所有设备形成的弧段集合
$DevScA$	集合	设备 i 与所有用户卫星形成的弧段集合
$scFreq_i$	参数	用户卫星 i 的频段
$dFreq_i$	参数	设备 i 的频段
$dType_i$	参数	设备 i 的类型
$scOrbit_i$	参数	用户卫星 i 的轨道高度类型
$scPeriod_i$	参数	用户卫星 i 的飞行阶段
$TaskA_i$	集合	任务 i 的所有可用弧段集合
$TaskContent_i$	集合	任务 i 对应服务内容
$DevFunction_i$	集合	设备 i 可完成的功能类型集合
ξ_{ij}	布尔变量	任务 i 在弧段 j 上被完成,其值为 1,否则为 0
$taskST_i$	决策变量	任务 i 的实际开始时间
$taskET_i$	决策变量	任务 i 的实际完成时间
aET_i	参数	弧段 i 的结束时间
aST_i	参数	弧段 i 的开始时间
$taskLast_i$	参数	任务 i 的最短持续时间
λ_{ijk}	布尔变量	用户卫星 k 的两个任务 i、j,若完成任务 i 之后,紧接着完成任务 j,其值为 1,否则为 0
ScT_i	集合	用户卫星 i 对应的所有任务集合
$DevT_i$	集合	设备 i 对应的所有任务集合
$DevA_i$	集合	设备 i 对应的所有弧段集合

各约束条件及相对应形式化表述如下。

1) 资源使用约束

资源使用约束是指资源是否具备测控数传服务能力的相关约束。这里提到的资源并非仅指测控数传服务资源,同时也包括用户卫星及星上天线。此类约束一般应用于调度算法运行前的预处理阶段,通过预处理过滤掉不满足约束条件的弧段,可减少调度问题规模,有效提高算法运行效率。

(1) 天线频段约束,在建立星—星或星—地链路时,资源天线频段必须与用户卫星天线频段相匹配。目前天线的主要频段包括 S 频段、C 频段、Ku 频段和 Ka 频段等。其中,S 频段主要用于近地轨道卫星测控任务;C 频段用于地球同步轨道卫星测控任务;Ku 段用于高速数据传输,主要为中继卫星与地面站之间的通信服务;Ka 频段为 S 频段的升级版,数据传输速率远高于 S 频段,可用于数传任务和绝大多数工程测控任务。

$$\forall i \in Sc, \quad \forall j \in Dev, \quad \forall n \in Arc, \\ \text{if } n \in ScDevA_i \land n \in DevScA_j, \\ \text{then } scFreq_i = dFreq_j \qquad (4-61)$$

(2) 卫星类型约束,由于天基和地基资源所处位置和工作机理不同,导致测控数传服务对象受到限制。其中,地基资源可为高中低轨非小卫星和小卫星提供服务,而中继卫星仅能为轨道高度位于 1200km 以下的低轨非小卫星提供服务。

$$\forall i \in Sc, \quad \forall j \in Dev, \quad \forall n \in Arc, \\ \text{if } n \in ScDevA_i \land n \in DevScA_j \land dType_j = 2, \\ \text{then } scOrbit_i = 2 \qquad (4-62)$$

式中,$dType \in \{1,2\} = \{$地面站,中继卫星$\}$;$scOrbit \in \{1,2,3\} = \{$小卫星,非小卫星低轨卫星,非小卫星中高轨卫星$\}$。

(3) 卫星飞行阶段约束,地基测控资源可以为所有飞行阶段的用户卫星提供服务,而天基测控资源仅能执行用户卫星长期运行段管理任务,无法为发射段、早期轨道段、再入段和返回段提供服务。

$$\forall i \in Sc, \quad \forall j \in Dev, \quad \forall n \in Arc, \\ \text{if } n \in ScDevA_i \land n \in DevScA_j \land dType_j = 2, \\ \text{then } scPeriod_i = 2 \qquad (4-63)$$

式中,$scPeriod \in \{1,2,3,4\} = \{$早期轨道段,长期运行段,转移段,返回段$\}$。

(4) 地面站功能约束,地面站按照功能可分为单功能地面站、多功能地面站和综合地面站。其中单功能地面站只具备一种功能,如跟踪测轨站、参数遥测站、航天器遥控站、天地通信数传站等,多功能站是包括两个及以上功能的地面站,在执行任务时,地面站的功能约束必须加以考虑。

$$\forall j \in \text{Dev}, \quad \forall k \in \text{Task}, \quad \forall n \in \text{Arc},$$
$$\text{if } n \in \text{DevSc}A_j \wedge n \in \text{Task}A_k \tag{4-64}$$
$$\text{then } \text{TaskContent}_k \subseteq \text{DevFunction}_j$$

（5）资源单次最大服务能力约束，通常一台设备在同一时刻仅能为一颗用户卫星提供服务。但在某些特殊情况下，可以为满足可见性要求的多颗卫星同时提供服务。当出现这种情况时，就需要考虑资源单次最大服务能力约束。本书假设每台设备在同一时刻仅能为一颗卫星提供服务。

$$\forall k, k' \in \text{Task}, \quad \forall n, n' \in \text{Arc}, \quad \forall j \in \text{Dev}$$
$$\text{if } n, n' \in \text{DevSc}A_j \wedge \xi_{kn} = 1 \wedge \xi_{k'n'} = 1 \tag{4-65}$$
$$\text{then } [\text{task}ST_k, \text{task}ET_k] \cap [\text{task}ST_{k'}, \text{task}ET_{k'}] = \varnothing$$

（6）卫星并行接收最大测控数传服务能力约束，在某些情况下，卫星可以接收多个资源同时为其提供服务，此时需要考虑卫星能够接收的最大并行测控数传服务能力。本书假设每颗卫星在同一时刻仅能接收一台设备为其提供服务。

$$\forall k, k' \in \text{Task}, \quad \forall n, n' \in \text{Arc}, \quad \forall i \in \text{Sc}$$
$$\text{if } n, n' \in \text{ScDev}A_i \wedge \xi_{kn} = 1 \wedge \xi_{k'n'} = 1 \tag{4-66}$$
$$\text{then } [\text{task}ST_k, \text{task}ET_k] \cap [\text{task}ST_{k'}, \text{task}ET_{k'}] = \varnothing$$

2）有效时间约束

（1）最短服务时间约束，根据用户提出的测控数传需求，如遥测数据接收或指令上传等，为了确保服务执行效果，需要满足最短服务时间要求，即测控服务到达执行时间下限后方可结束测控任务。

$$\forall k \in \text{Task}, \quad \forall n \in \text{Arc}$$
$$\text{if } n \in \text{Task}A_k, \tag{4-67}$$
$$aET_n - aST_n \geqslant \text{taskLast}_k$$

（2）时间窗口约束，由于测控数传资源与用户卫星必须"可见"才能建立通信链路，因此所有测控数传任务都需在资源与卫星的可见时间窗口内执行，超出或提前都会导致失败，且只能由时间窗口对应的资源提供服务。时间窗口约束是卫星调度问题中一个常见的硬约束。

$$\forall k \in \text{Task}, \quad \forall n \in \text{Arc}$$
$$(aST_n - \text{task}ST_k) \leqslant 0 \wedge (\text{task}ET_k - aET_n) \leqslant 0 \tag{4-68}$$

（3）同颗卫星测控时间间隔约束，分为最大服务时间间隔约束和最短服务时间间隔约束。同一颗卫星相邻两次接收的测控服务必须满足服务时间间隔约束,即前一个测控任务执行结束后,必须达到最短时间间隔要求才能进行下一次测控服务,避免两次服务相隔过近导致结果相似,无法得到满意数据。同时,如果两次服务时间间隔过长,会导致用户卫星长期得不到测控服务而无法及时发现工作状态的变化。因此,同一颗卫星的前后两次服务必须满足服务时间间隔约束。

$$\forall i \in Sc, \quad \forall k,k' \in ScT_i$$
$$\text{if } \lambda_{k,k',i}=1 \quad (4\text{-}69)$$
$$\text{then } (\text{task}ET_k+\text{rttcMin}IT \leqslant \text{task}ST_{k'}) \wedge (\text{task}ET_k+\text{rttcMax}IT \geqslant \text{task}ST_{k'})$$

(4)设备切换时间约束,资源在结束对一颗用户卫星的测控服务后,需要经过设备的释放和准备,才能执行下一个测控活动。有时,测控天线也需一定时间进行必要的调整。因此在调度过程中,设备的切换时间也是必须考虑的约束之一。

$$\forall j \in \text{Dev}, \quad \forall k,k' \in \text{Dev}T_j, \quad \forall n \in \text{Task}A_{k'}, \text{if } n \in \text{Dev}A_j \wedge \lambda_{k,k',j}=1$$
$$\text{then } \text{task}ET_k+d\text{Setup}_j+\text{taskLast}_{k'} \leqslant a ST_n \quad (4\text{-}70)$$

3) 测控任务约束

任务执行次数约束规定每个测控数传任务最多只能被执行一次,即任务执行唯一性约束。重复执行同一个任务会造成资源浪费,同时可能导致其他任务无法完成。

$$\forall k \in \text{Task}$$
$$\sum_{n=1}^{|\text{Arc}|} \xi_{kn} \leqslant 1 \quad (4\text{-}71)$$

对航天资源相关对象及约束满足问题进行建模,是测控数传调度场景构建和想定的基础,也是验证下文响应流程合理性和有效性的重要前提。

4.5.2 测控数传一体资源调度算法

1. 定周期调度模式下测控数传任务动态响应机制

以资源管控中心工作周期为参考的定周期调度模式,基本思想是根据任务到达时刻将任务划分为常管任务和应急任务(临时任务),分别存入不同的任务集中,在每次调度时,仅对当前可调度任务集内的任务进行调度或重调度。随着调度时刻的推进,新到达任务被不断加入,而已完成调度任务则被逐渐删除,从而实现任务集的更新。定周期调度模式可将动态到达的多个任务进行划分,以滚动推进的形式选取任务进行调度或者重调度,从而及时调整规划方案以适应和跟踪系统状态的变化从而降低问题的求解难度。此外,由于在每一次滚动周期内都需要进行一次规划。因此,为了降低算法的时间复杂度,根据动态到达的任务的时效性要求和当前时刻卫星资源的状态、约束等参数要求,在每个周期内结合启发式规则进行重调度,可对原调度方案进行周期修订,实现对动态测控和数传需求的快速响应,并维持原调度计划的相对稳定。

资源在执行调度方案过程中,会遇到各种动态不确定因素。例如,设备故障和新任务增加等问题,导致原有的调度方案不可行,不能完成预定的数据传输任务或测控任务。虽然动态变化的因素很多,具有各种类型,但始终可以将其映射为任务数量的增加或减少。其中,设备故障使得原调度方案中其服务对象无法正常按照原分配计划接受服务,即原任务需重新进行资源分配,可将其看作新的应急任务进行处理。

本书将任务分为三类:已调度任务、应急调度任务和延迟调度任务。本节主要叙述应急调度任务的判定标准。设周期开始时刻为 t_s,周期长度为 T,将周期平均划分为 n 段,每段时长为 Δt,即 $T=n\Delta t$。对于 t_i 时刻到达的任务,当满足下式时,可判定其为应急任务:

$$\text{if } t_s < t_i < t_s + T - \Delta t \\ [t_s + (\lfloor (t_i - t_s)/\Delta t \rfloor + 2) \times \Delta t] < tET \tag{4-72}$$

在综合考虑可用地面资源、可用时间窗口、任务间冲突等因素的基础上,结合任务优先级,为每个测控任务在分配测控资源及时间窗口时设定一个综合优先级数值,其基本组成如表 4-17 所列。

表 4-17 测控任务综合优先度指标

优先度指标	符号	含 义
测控任务优先级	ttpr	用户方对该任务的需求优先程度,由用户方提供,取值为 1~10 之间的整数
卫星健康状态	tshs	衡量卫星健康状况的指标,与卫星运行时长和可靠性参数有关
测控资源灵活度	tdfr	该任务可选择资源的多少程度,为当前空闲可见天线数量与所有天线数量的比值
执行时间灵活度	ttfr	该任务在时间窗口选择方面的灵活性,为任务的可用时间窗口数量与拥有可用时间窗口最多的任务所拥有的时间窗口数量的比值
任务时间冲突度	ttcr	测控任务在使用天线时,与其他待分配资源的任务在使用时间上的冲突程度
任务数量冲突度	tncr	测控任务在天线资源使用时,受其影响的其他待分配资源任务的数量,从另一个角度反映了该任务与其他任务的冲突程度

由于综合了测控需求、可见时间窗口以及资源等信息，测控任务的属性包含了大部分能够对测控调度的进程产生影响的因素，主要包括测控需求和卫星的静态优先级可见窗口时间对应的测控弧段性质和冲突情况、卫星健康状态、资源富裕程度以及可用性等。

综合优先度中的任务需求优先级是指处于某卫星测控任务的静态优先级，卫星健康状态会随着卫星运行时间的增加逐渐下降，卫星平台出现故障的可能性增加，对其进行状态检测和维护的必要性和紧迫性也随之增加。

其余四个基本指标是从可用资源和任务调度互相影响两个角度提出的。测控资源灵活度和执行时间灵活度是从任务可用资源方面提出的两个指标，用以表示任务调度的难易程度。任务的可用资源越多，可选择的余地就越大，成功调度的可能性就越大。换言之，任务越容易被调度。反之，任务在资源方面可选择的余地越小，成功调度的可能性越小，调度成功的困难性加大。尤其对一些调度时机较晚的任务，调度成功的可能性更小。因此，优先调度"难"调度的任务，从整体角度而言，可能使得更多的任务能够调度成功。任务时间冲突度、任务数量冲突度是从任务调度相互影响这个方面提出的两个指标，用以表示任务调度时对其他任务的影响程度。一个任务的这两个指标数值越大，表示该任务的优先调度将使得受其影响的任务越多或受其影响的程度越严重。因此，应优先调度对其他任务影响较小的任务，从而使得更多的任务得以调度。下面将分别对各组成要素数值的计算方法进行介绍。

1）测控任务综合优先度计算

（1）测控任务优先级，测控任务的紧迫性或重要性决定了不同任务优先级不同。影响测控任务优先级的因素主要为任务包含的测控事件类型和任务对应卫星所处飞行阶段。测控事件类型主要包括遥控、数据注入、数传、遥测、测定轨、单数据接收等，其对优先级的影响由高到低降序排列。卫星从发射到其生命周期结束，要依次经历发射、入轨、早期、运行、回收（返回型航天器）等飞行阶段，一般按照发射→入轨→回收→早期→运行的递减顺序排列。测控任务优先级取值为 1~10 之间的自然数。

（2）卫星健康状态，在考虑卫星可靠性参数的前提下，随着卫星运行时间的增加越来越接近于 MTBF，卫星健康状态会下降，卫星平台出现故障的可能性增加，对其进行状态检测和维护的必要性和紧迫性也随之增加。当卫星接收测控服务后，则可认为卫星恢复到正常状态，相应的对优先级的影响也会减少或消失。

定义卫星健康状态为

$$tshs = (MTBF - nwt)/MTBF \quad (4-73)$$

式中:nwt 为卫星已正常运行时间;MTBF 为卫星的可靠性参数,且 tshs 数值越大,任务调度优先级越小。若卫星处于故障状态,相应的测控服务就变成了应急测控服务,此时任务将会被自动排入调度序列的首位。

(3) 测控资源灵活度。测控资源灵活度是指由于资源分布等原因,卫星测控请求可能有多个不同资源可以灵活选择。测控资源灵活度反映了任务在地面资源选择方面的可调整余地,它主要与能够为其提供服务的地面站天线数量有关。基于下面的启发式信息:在调度过程中优先调度灵活度差的测控任务将可能使得更多需求得到满足。因此,定义测控优先级随着需求资源灵活度增加相应地降低,且当某个任务的对应资源已被占用,就不再考虑该任务对灵活度的影响。定义测控资源灵活度的公式为

$$tdfr = dn/N \quad (4-74)$$

式中:dn 为任务执行时间区间内可用资源数;N 为一个较大的整数,可以取值为所有天线数量。由定义可知,当测控任务的可用资源数量越多,则该任务的测控资源灵活度越高。

(4) 执行时间灵活度。测控任务的执行时间灵活度反映了任务在时间窗口选择方面的灵活度,它主要取决于任务的可用时间窗口数量。测控任务执行时间灵活度的计算公式为

$$ttfr = ntw/Ntw_{max} \quad (4-75)$$

式中:ntw 为任务可用时间窗口总数;Ntw_{max} 取值为拥有可用时间窗口最多的测控任务所拥有的时间窗口数量。

(5) 任务时间冲突度。任务时间冲突度反映了测控任务在使用天线时,与其他待分配资源的任务在使用时间上的冲突程度。

对于某一任务,首先列出其所用天线在区间 $[tST, tET]$ 内所有相关待分配的任务集合。然后,计算该任务与其余相关任务的时间冲突度。设对于该任务所用的某一天线 a_j,任务 $task_k$ 的最早开始时间和最晚结束时间分别为 $[tST_k, tET_k]$。再计算任务 $task_k$ 受冲突影响的可见时间窗口占其在 $[tST_k, tET_k]$ 中所有可见窗口时间的比例,设为 RT_{jr}^k,当比值大于 1 时取 1,这是由于存在设备切换时间的影响,其具体计算方法如下:

$$RT_{jr}^k = \begin{cases} \sum_{p \in \{1,2,\cdots\}} ct_{jp}^k \left(\sum_{p \in \{1,2,\cdots\}} tw_{jq}^k\right)^{-1} & \text{if } \sum_{p \in \{1,2,\cdots\}} ct_{jp}^k \left(\sum_{p \in \{1,2,\cdots\}} tw_{jq}^k\right)^{-1} \text{if} \leq 1 \\ 1 & \text{if } \sum_{p \in \{1,2,\cdots\}} ct_{jp}^k \left(\sum_{p \in \{1,2,\cdots\}} tw_{jq}^k\right)^{-1} \text{if} > 1 \end{cases}$$
(4-76)

式中：ct_{jp}^k 表示 $task_k$ 在天线 a_j 上受任务冲突影响的第 p 个可见窗口时间；tw_{jq}^k 表示 $task_k$ 在天线 a_j 上的第 q 个可见窗口时间。

再计算任务在天线 a_j 上影响的其他各任务的冲突时间比例的平均值 $\overline{RT_{jr}}$：

$$\overline{RT_{jr}} = \sum_{k=1}^{N_\mu} RT_{jr}^k / N_{jr} \quad (4-77)$$

式中：N_{jr} 表示在天线 a_j 上受任务影响的待分配任务数。

最后，计算任务所有可用天线上影响各任务的平均时间比例 $\overline{RT}$，任务时间冲突度 $ttcr$ 为

$$ttcr = \overline{RT} = \sum_{\{j | a_j \in A\}} \overline{RT_{jr}} / Na \quad (4-78)$$

（6）任务数量冲突度，任务数量冲突度反映了测控任务在天线资源使用时，受其影响的其他待分配资源任务的数量，从另一个角度反映了该任务与其他任务的冲突程度。

首先，设受任务影响的其他待分配资源任务数量为 TN，其计算公式为

$$TN = \sum_{\{j | a_j \in A\}} N_{jr} \quad (4-79)$$

再设所有待分配任务总数为 TN_{max}，则任务数量冲突度的计算公式为

$$tncr = TN / TN_{max} \quad (4-80)$$

综合上述各项，测控任务的综合优先度的计算方法为

$$TCP = (p_H^t - ttpr + 1) \times (\omega_1^t \times tshs + \omega_2^t \times tdfr + \omega_3^t \times ttfr + \omega_4^t \times ttcr + \omega_5^t \times tncr) \quad (4-81)$$

式中：p_H^t 为测控任务静态优先级取值范围的最大值，本书取静态优先级范围为 $1 \sim 10$，故 $p_H^t = 10$；ω_1^t、ω_2^t、ω_3^t、ω_4^t、ω_5^t 分别为测控任务综合优先度中卫星健康状态、测控资源灵活度、执行时间灵活度、任务时间冲突度和任务数量冲突度的权重系数。测控任务静态优先级越高，构成其综合优先度的各指标值越小，则其综合优先度数值越小，综合优先度较小的任务应优先调度。

2）数传任务综合优先度计算

基于实拍实传数传任务和存储转发数传任务在时间窗口选择方面也有所区别，故下面分别给出两种方式调度的数传任务的综合优先度指标。

（1）实拍实传任务综合优先度,实拍实传任务的综合优先度指标主要从数传任务静态优先级、数传资源、时间窗口的灵活度和冲突度等方面来确定任务的优先调度次序。本书提出的实拍实传任务优先度指标主要有任务需求优先级、数传资源灵活度、数传时间灵活度、任务时间冲突度,以及任务数量冲突度。各指标的加权求和即为实拍实传任务的综合优先度,具体的指标含义如表4-18所列。

表4-18 实拍实传任务综合优先度指标

优先度指标	符号	含义
任务需求优先级	rdtp	用户方对该任务的需求优先程度,由用户方提供,取值为1~10之间的整数
数传资源灵活度	rdfr	该任务可选择资源的多少程度,为当前空闲可见天线数量与所有天线数量的比值
数传时间灵活度	rtfr	该任务在时间窗口选择方面的灵活性,为任务的可用时间窗口数量与拥有可用时间窗口最多的任务所拥有的时间窗口数量的比值
任务时间冲突度	rtcr	任务在使用天线时,与其他待分配资源的任务在使用时间上的冲突程度
任务数量冲突度	rncr	任务在天线资源使用时,受其影响的其他待分配资源任务的数量,从另一个角度反映了该任务与其他任务的冲突程度

实拍实传任务的综合优先度计算方法为

$$\text{RCP} = (p_H^r - \text{rdtp} + 1) \times (\omega_1^r \times \text{tdfr} + \omega_2^r \times \text{rtfr} + \omega_3^r \times \text{rtcr} + \omega_4^r \times \text{rncr}) \quad (4-82)$$

式中:p_H^r为实拍实传任务静态优先级取值范围的最大值,本书取静态优先级范围为1~10,故$p_H^r=10$;$\omega_1^r、\omega_2^r、\omega_3^r、\omega_4^r$分别为实拍实传任务综合优先度中数传资源灵活度、数传时间灵活度、任务时间冲突度和任务数量冲突度的权重系数。实拍实传任务静态优先级越高,构成其综合优先度的各指标值越小,则其综合优先度数值越小,综合优先度较小的任务应优先调度。

（2）存储转发任务综合优先度,存储转发任务的优先度指标同样从需求优先、数传资源、时间窗口等方面来确定任务的优先调度次序。同时,需要考虑星上数据的存储时长,应优先为数据存储时间较长的任务分配资源。本书提出的存储转发任务优先度指标主要有任务需求优先级、数传资源灵活度、数传时间灵活度、任务时间冲突度、任务数量冲突度和存储时长优先级,各指标的加权求和即为存储转发任务的综合优先度,具体指标含义如表4-19所列。

表 4-19 存储转发任务综合优先度指标

优先度指标	符号	含义
任务需求优先级	sdtp	用户方对该任务的需求优先程度，由用户方提供，取值为 1~10 之间的整数
数传资源灵活度	sdfr	该任务可选择资源的多少程度，为当前空闲可见天线数量与所有天线数量的比值
数传时间灵活度	stfr	任务在时间窗口选择方面的可调整余地，取决于任务执行时间区间和可为该任务提供服务的可用时间窗口
任务时间冲突度	stcr	任务在使用天线时，与其他待分配资源的任务在使用时间上的冲突程度
任务数量冲突度	sncr	任务在天线资源使用时，受其影响的其他待分配资源任务的数量，从另一个角度反映了该任务与其他任务的冲突程度
存储时长优先级	sstp	与存储时长约束相关的优先级指标

表 4-19 中部分优先度指标的含义如下。

（1）数传时间灵活度，存储转发任务时间灵活度反映了任务在时间窗口选择方面的可调整余地，它主要取决于任务执行时间区间和可为该任务提供服务的可用时间窗口，定义如下：

$$\text{rtfr} = \frac{1}{Na} \sum_{\{j|a_j \in A\}} (aT_j - \text{rdtsLast})/(\text{rdts}ET - \text{rdts}ST) \quad (4\text{-}83)$$

式中：A 为能够为任务提供服务的天线集合；Na 为能够为任务提供服务的天线数量；aT_j 为天线 a_j 能够为任务提供服务的总时间。

（2）存储时长优先级，设数据存储时间临界值为 Tc，则存储时长优先级的计算方法为

$$\text{sstp} = (Tc - \text{rdtsSaveTime})/Tc \quad (4\text{-}84)$$

其余各指标的计算方式与测控任务各优先度指标的求解方式类似。存储转发任务的综合优先度计算方法为

$$\text{SCP} = (p_H^s - \text{sdtp} + 1) \times (\omega_1^s \times \text{sdfr} + \omega_2^s \times \text{stfr} + \omega_3^s \times \text{stcr} + \omega_4^s \times \text{sncr} + \omega_5^s \times \text{sstp})$$

$$(4\text{-}85)$$

式中：p_H^s 为存储转发任务静态优先级取值范围的最大值，本书取静态优先级范围为 1~10，故 $p_H^s = 10$；ω_1^s、ω_2^s、ω_3^s、ω_4^s、ω_5^s 分别为存储转发任务综合优先度中数传资源灵活度、数传时间灵活度、任务时间冲突度、任务数量冲突度和存储时长优先级的权重系数。存储转发任务静态优先级越高，构成其综合优先度的各指标值越小，则其综合优先度数值越小，综合优先度较小的任务应优先调度。

3) 定周期模式下测控数传任务处理流程

定周期模式下测控数传任务处理流程的主要思想是优先调度综合优先级较高(即综合优先度数值较小)的测控数传任务,根据任务到达时刻及任务需求最晚结束时间对新到达任务进行调度任务集的划分,通过对各调度任务集的更新(新任务的添加和已完成任务的删减)实现任务的滚动调度,在为每个任务分配地面或中继卫星资源及时间窗口时,应在尽可能满足当前任务需求的基础上,尽量减少对其他待调度任务的影响程度。根据调度基本思想,设计任务处理流程如图 4-28 所示。

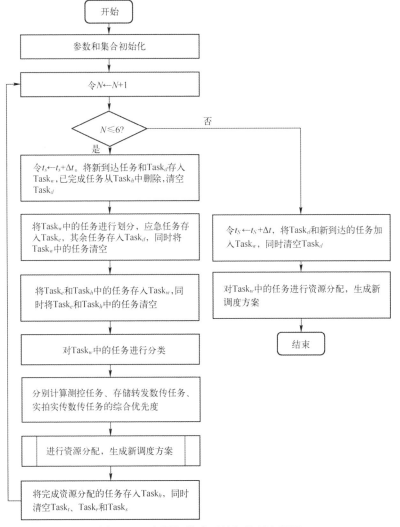

图 4-28　定周期模式下任务处理流程图

根据调度流程图,给出定周期模式下测控数传任务处理流程的基本步骤。

Step1:对各参数和集合进行初始化。定义 $N=0$,周期开始时刻为 t_s,已调度任务集 $Task_h$,应急调度任务集 $Task_e=\varnothing$,延迟调度任务集 $Task_d=\varnothing$,等待调度任务集 $Task_w=\varnothing$,测控任务集 $Task_t$,实拍实传数传任务集 $Task_r$,存储转发数传任务集 $Task_s$。在每个调度周期开始时,初始调度方案已经确定,已完成资源分配的任务被存入 $Task_h$。

Step2:令 $N \leftarrow N+1$。

Step3:$N \leq 6$ 转 Step4;否则,转 Step13。

Step4:令 $t_s \leftarrow t_s + \Delta t$,将 t_s 前新到达的任务和 $Task_d$ 存入 $Task_w$,已完成服务的任务从 $Task_h$ 中删除,清空 $Task_d$。

Step5:将 $Task_w$ 中的任务按前文应急任务的判定标准进行划分,应急任务存入 $Task_e$,其余任务存入 $Task_d$,同时将 $Task_w$ 中的任务清空。

Step6:将 $Task_e$ 和 $Task_h$ 中的任务存入 $Task_w$,同时将 $Task_e$ 和 $Task_h$ 中的任务清空。

Step7:对 $Task_w$ 中的任务进行分类,将测控任务存入 $Task_t$,实拍实传数传任务存入 $Task_r$,存储转发数传任务存入 $Task_s$,并将 $Task_w$ 清空。

Step8:对 $Task_t$ 中的任务进行综合优先度的计算。将任务按照其对应的综合优先度数值进行升序排列。

Step9:对 $Task_r$ 中的任务进行综合优先度的计算。将任务按照其对应的综合优先度数值进行升序排列。

Step10:对 $Task_s$ 中的任务进行综合优先度的计算。将任务按照其对应的综合优先度数值进行升序排列。

Step11:进行资源分配,生成新方案。

Step12:将完成资源分配的任务存入 $Task_h$,同时清空 $Task_t$、$Task_r$ 和 $Task_s$。转到 Step2。

Step13:令 $t_s \leftarrow t_s + \Delta t$,将 $Task_d$ 和新到达的任务加入 $Task_w$,同时清空 $Task_d$。

Step14:对 $Task_w$ 中的任务进行重新调度,生成新调度方案,该周期调度流程结束。

2. 滚动三窗口调度模式下测控数传任务响应机制

滚动三窗口调度模式的基本思想是以当前时刻为起点,将时间轴划分为锁定窗口(Locked Window,LW)、实时窗口(Real-Time Window,RTW)和浮动窗口(Floating Window,FW),图 4-29 为三窗口简单示意图。对于某一时刻到达的新任务,根据其调度时刻所在窗口不同,分别采取不同的调度策略。对位于实时窗口中的任务采取事件触发重调度策略,位于浮动窗口中的任务则采取周期触发重调度策略。

图 4-29 滚动三窗口示意图

周期触发重调度策略和事件触发重调度策略是预测反应式调度领域两种较为常用的重调度策略。

周期驱动重调度策略是指周期性地引发重调度行为。也就是说,它以恒定的时间间隔有规律地引发重调度,不考虑调度系统中干扰事件的发生。这种重调度策略特别适用于以周期生产的方式工作的车间调度问题,其对渐变性不确定因素具有较好的处理能力,但由于其对未来的不确定事件缺乏预见能力,因此不适宜处理突变性不确定因素,常会由于处理不及时而极大影响调度系统的性能。

事件驱动重调度策略是指当调度系统中发生不确定事件时就会引发重调度。该策略能够较好地处理系统中发生的突变性不确定因素,但是当干扰程度较小的渐变性不确定因素频繁发生时,该策略的完全事件响应可能会导致系统频繁地进行重调度,这样不仅会大量占用系统的计算资源,而且过多的重调度也不利于调度系统持续稳定的运行。

两种重调度策略各有优劣,因此需将两者进行有机结合,根据任务调度时刻分别采取不同的调度策略。

滚动三窗口模式下应急测控数传任务判定,其本质是对任务所处窗口位置的判定。以新任务到达时刻为起点,对该任务的最晚开始时间进行窗口位置判断。设任务到达时刻为 T_0,锁定窗口时间区间长度为 t_L,实时窗口时间区间长度为 t_R,浮动窗口时间区间长度为 t_F,任务最晚结束时间为 t_{ET},任务最短持续时间为 t_{Last}。则应急测控数传任务的判定方法为

$$\begin{cases} \text{if} & t_{ET}-t_{\text{Last}} \leqslant T_0+t_L & \text{任务无法成功调度} \\ \text{if} & T_0+t_L < t_{ET}-t_{\text{Last}} \leqslant T_0+t_L+t_R & \text{采用事件触发重调度策略} \\ \text{if} & T_0+t_L+t_R < t_{ET}-t_{\text{Last}} \leqslant T_0+t_L+t_R+t_F & \text{采用周期触发重调度策略} \end{cases} \quad (4\text{-}86)$$

将落入实时窗口中的任务判定为应急任务,采用事件触发模式进行重调度;对落入浮动窗口中的任务采用周期触发重调度策略。若任务落入锁定窗口,由于该时间区间内的任务调度指令已上注,无法对调度方案进行修改,故判定该任务无法被成功调度。

1) 滚动三窗口模式下测控数传任务优先级研究

滚动三窗口模式下任务调度优先级的确定方法与定周期调度模式类似,均采用综合优先度作为判定指标。考虑到测控数传任务的紧急程度与任务最晚开始时间所在时间区间有关,故落入不同窗口区间的任务在综合优先度指标的基本组成上应略有差异。因此,本节将对落入实时窗口和浮动窗口中的任务分开进行讨论,对于落入浮动窗口中的任务,由于采用周期驱动重调度策略进行资源再分配,其综合优先度的基本组成指标与定周期模式下任务综合优先度的组成基本相同,故本节不做赘述。

由于实时窗口任务即被认定为应急任务,采用事件触发重调度策略,故在综合优先度组成设计上应优先考虑两个基本要求。

(1) 尽可能实现任务成功调度,即确保每个任务能够获得一个对应时间窗口,且该时间窗口的开始时间在任务最晚开始时间之前。

(2) 在成功调度的基础上尽可能减少对其他已调度和待调度任务的影响。

综合考虑以上两点,设计实时窗口任务综合优先度的基本组成,如表4-20所列。

表4-20 实时窗口综合优先度的基本组成

优先度指标	符 号	含 义
任务需求优先级	rpfr	用户方对该任务的需求优先程度,由用户方提供,取值为1~10之间的整数
资源选择灵活度	dcfr	该任务可选择资源的多少程度,为当前空闲可见天线数量与所有天线数量的比值
时间窗口冲突度	twcr	任务在天线资源使用时,受其影响的其他已调度任务时间窗口数量
任务数量冲突度	ntcr	任务在天线资源使用时,受其影响的其他待分配资源任务的数量,从另一个角度反映了该任务与其他任务的冲突程度
截止时间优先级	dlfr	任务截止时间相对紧迫的任务优先调度

其中,部分基本组成指标的计算方法如下。

(1) 时间窗口冲突度,时间窗口冲突度的计算方式与定周期模式下任务时间冲突度有所不同,由于采用事件驱动重调度策略,故主要考虑已调度任务所用时间窗口与该任务可见时间窗口的冲突程度。对于某一任务 $task_k$,若该任务在调度时间区间内有可用空闲资源,则其与已调度任务的时间窗口冲突度为 0;若不存在可用空闲资源,对于 $task_k$,设对于该任务所用的某一天线 a_j,其上共有 vn_j^k 个可见时间窗口,每个可见时间窗口都影响一个或多个已调度任务对应的时间窗口,设 $task_k$ 在天线 a_j 上第 x 个可见时间窗口影响的已调度任务时间窗口数量为 sn_{jx}^k,则时间窗口冲突度的计算方法为

$$\text{twcr} = \frac{1}{Na} \sum_{\{j \mid a_j \in A\}} vn_j^k \Big/ \sum_{x=1}^{vn} sn_{jx}^k \tag{4-87}$$

式中:Na 为任务在调度时间区间内所有可见天线数量。

(2) 截止时间优先级。应急任务的优先调度顺序很大程度上取决于任务的紧迫程度,为了保证更多任务可以在规定时间内得以成功调度,考虑为截止时间相对靠前任务优先完成资源分配。设任务 $Task_k$ 的最早开始时间为 eST_k,最晚开始时间为 lST_k,则任务截止时间优先级的计算方法为

$$\text{dlfr} = (lST_k - eST_k)/t_R \tag{4-88}$$

综合上述各指标,滚动三窗口模式下测控数传任务的综合优先度计算方法为

$$\text{WCP} = (p_H^w - \text{rpfr} + 1) \times (\omega_1^w \times \text{dcfr} + \omega_2^w \times \text{twcr} + \omega_3^w \times \text{ntcr} + \omega_4^w \times \text{dlfr}) \tag{4-89}$$

式中:p_H^w 为任务静态优先级取值范围的最大值,本书取静态优先级范围为 1~10,故 $p_H^w = 10$;ω_1^w、ω_2^w、ω_3^w、ω_4^w 分别为任务综合优先度中资源选择灵活度、时间窗口冲突度、任务数量冲突度和截止时间优先级的权重系数。实拍实传任务静态优先级越高,构成其综合优先度的各指标值越小,则其综合优先度数值越小,综合优先度较小的任务应优先调度。

2) 滚动三窗口模式下测控数传任务处理流程

滚动三窗口模式下测控数传任务处理流程的基本思想是优先调度综合优先级较高(即综合优先度数值较小)的测控数传任务;根据新到达任务在当前三窗口中的位置确定任务采用的重调度策略;对于落入实时窗口中的任务,应优先保证其成功调度,故采用事件驱动重调度策略,在高效且快速完成资源分配的基础上可适度对其余已调度任务进行替换和时间窗口再分配;对于落入浮动窗口中的任务,采用周期驱动重调度策略,提高系统长期运行稳定性;在为每个任务分配地面或中继卫星资源及时间窗口时,应在尽可能满足当前任务需求的基础上,尽量减少对其他待调度任务和已调度任务的影响程度。根据调度基本思想,设计任务处理流程如图 4-30 所示。

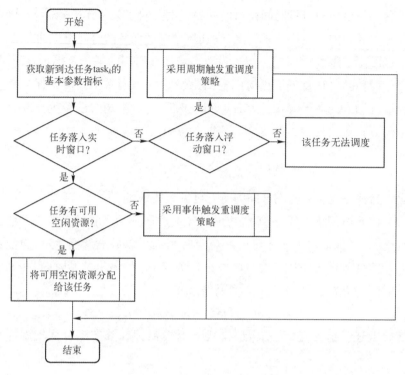

图 4-30 滚动三窗口模式下任务处理流程图

根据调度流程图,给出滚动三窗口模式下测控数传任务处理流程的基本步骤。

Step1:获取新到达任务 $task_k$ 的基本参数指标。

Step2:判断任务 $task_k$ 是否落入实时窗口,若是,转 Step3;否则,转 Step6。

Step3:判断任务 $task_k$ 是否有可用空闲资源,若是,转 Step4;否则,转 Step5。

Step4:将空闲资源分配给 $task_k$,调度结束。

Step5:采用事件触发重调度策略,为 $task_k$ 分配可用资源,调度结束。

Step6:判断任务 $task_k$ 是否落入浮动窗口,若是,转 Step7,若否,转 Step8。

Step7:采用周期触发重调度策略,为 $task_k$ 分配可用资源,调度结束。

Step8:该任务无法完成资源分配,调度失败。

Step5 中事件触发重调度策略下资源选择子流程如下。

Step5-1:计算任务 $task_k$ 执行时间区间内所有可见资源上所有已规划任务的最大后移时间(当任务最晚结束时间大于下一个任务开始时间时,最大后移时间为任务结束时间与下一个任务开始时间的差值;当任务最晚结束时间小于下一个任务开始时间时,最大后移时间为任务最晚开始时间与任务实际开始时间的差值)。

Step5-2:判断任务 $task_k$ 能否通过滑动操作进行插入(实际需要滑动时间小于最大后移时间),若是,转 Step5-3;否则,转 Step5-5。

Step5-3:判断 $task_k$ 是否可以通过直接插入操作进行加入,若否,转入 Step5-4;否则,插入任务。

Step5-4:将其对应冲突任务开始时间向后滑动到其实际需要滑动的时间,并将 $task_k$ 插入。

Step5-5:判断 $task_k$ 是否能够替换当前已规划任务(任务优先级大于冲突任务优先级),若是,转入 Step5-6;否则,调度失败,该任务无法完成资源分配。

Step5-6:删除冲突任务并将 $task_k$ 插入。

根据流程描述绘制流程图,如图 4-31 所示。

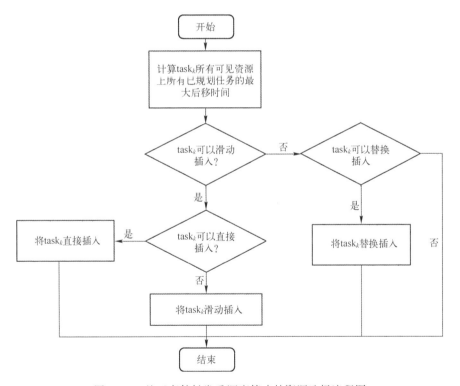

图 4-31 基于事件触发重调度策略的资源选择流程图

另外,Step7 中的子流程与定周期模式下任务处理流程类似,具体步骤如下。

Step7-1:将落入浮动窗口中的任务加入待调度任务集。

Step7-2:输入前一个调度周期结束时刻 T_e,当前时刻为 $T_i=T_e+t_L+t_R$,进行周期驱动重调度。

Step7-3:对待调度任务集中的任务按照综合优先度从小到大的顺序进行排序。

Step7-4:按优先级顺序依次对任务进行资源分配。

Step7-5:获得调度方案,并获取本次周期调度结束时刻。

根据步骤描述绘制流程图,如图4-32所示。

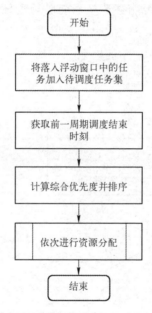

图4-32 基于周期触发重调度策略的资源选择流程图

4.5.3 应用实践

1. 场景设计

测控数传服务场景主要包括卫星系统、地面站资源和中继卫星资源。测控数传服务场景设计的内容主要为卫星、地面站、中继卫星数量及天线资源的数量,规定各卫星及中继卫星的轨道根数及各地面站的分布情况。根据场景设计的复杂程度,分别设计10颗卫星3座地面站1颗中继星、20颗卫星5座地面站2颗中继星、30颗卫星5座地面站3颗中继星、40颗卫星7座地面站4颗中继星等四种规模的数传服务场景,可简述为"10-3-1""20-5-2""30-5-3""40-7-4"。在每个场景中,每颗卫星只有一根天线,每座地面站有 5 套测控设备和 1 套数传设备,所有卫星、地面站及中继星天线同频段。通过 STK 软件建立的"10-3-1"场景中,卫星的轨道根数主要为远地点高度、近地点高度、轨道倾角、近地点幅角、升交点赤经,以及真近地点。考虑实际情况里低轨卫星数量多于中高轨卫星,本书假定了 40 颗卫星的轨道根数。其中,低轨卫星 30 颗,中高轨卫星 10 颗。同时,中继星为地球同步轨道卫星,本书也假定 4 颗中继星的轨道根数。

地面站的选取主要考虑国内现有的固定地面站,路上机动站及远洋测量船不进行考虑。为了接近实际地面站的配置情况,设置地面站测控数传资源需具有整体分散性和纬度上的分散性,且每座地面站具有相同配置。

卫星测控服务需求是测控任务调度的基础,测控需求由遥测需求、遥控需求以及测定轨需求组成,下面给出卫星测控需求的生成规则。

(1) 每天随机选择若干卫星提出测控服务需求,一天内有 1 个遥测需求、1 个遥控需求和 1 个测定轨需求。

(2) 随机产生每个测控需求的优先级,其范围在 1~10 之间,测控任务优先级与其对应测控需求相同。

(3) 每个测控任务在分配天基或地基调度资源时,应选择其有效测控时间区间内开始时间最早的时间窗口,且是该窗口的最早可能开始时间来执行测控任务。

在生成卫星测控需求后,需要确定卫星遥测需求、遥控需求及测定轨需求,三类需求的具体参数如表 4-21 所列。

表 4-21 测控需求具体参数设计

测控事件	需求名称	具体参数(括号内为单位)
遥测	每天最少遥测次数/次	4
	最短遥测持续时间/s	360
	最短遥测间隔时间/h	2
	最长遥测间隔时间/h	6
遥控	每天最少遥控次数/次	3
	最短遥控持续时间/s	360
	最短遥控间隔时间/h	2
	最长遥控间隔时间/h	6
测定轨	地面站最少数量要求/座	3
	最短测定轨持续时间/s	600
	每天升降轨跟踪圈次/次	3

1) 卫星数传需求的生成

卫星数传需求是对卫星数传调度问题的描述,在确定卫星数传需求的前提下,实拍实传与存储转发数传需求才有意义,下面给出卫星数传需求的生成规则。

(1) 每天随机选择若干卫星提出数传服务需求,一天内需执行 1 个实拍实传任务及 1 个存储转发任务,且这些任务的有效数传时间范围互不影响。

(2) 随机产生每个数传任务的需求优先级,其范围为 1~10。

(3) 每个数传任务在分配天基或地基调度资源时,应选择其有效数传时间区间内开始时间最早的时间窗口,且是该窗口的最早可能开始时间来执行数传任务。

在生成卫星数传需求后,需要确定实拍实传需求及存储转发需求,两类数传需求的具体参数假设如表 4-22 所列。

表 4-22 数传需求具体参数设计

数传方式	需求名称	具体数值(括号内为单位)
实拍实传	最早数传开始时间	[8:00,17:00]
	有效数传时间区间	[3,5](h)
	最短数传持续时间	180(s)
存储转发	最早数传开始时间	[8:00,17:00]
	有效数传时间区间	[3,5](h)
	最短数传持续时间	180(s)
	数据存储时间约束	6(h)

2) 定周期模式下调度参数设定

假设卫星系统测控数传服务的调度周期为 2017/10/1 12:00:00 至 2017/10/7 12:00:00,按 24h 将调度周期划分为 7 个调度阶段。

通过专家判断法分别给出测控任务、实拍实传数传任务和存储转发数传任务综合优先度计算方法中各指标权重系数。

(1) 测控任务综合优先度指标权重系数,测控任务综合优先度由卫星健康状态、测控资源灵活度、执行时间灵活度、任务时间冲突度和任务数量冲突度等指标构成,各指标权重系数为

$$\omega_1^t = 0.15, \omega_2^t = 0.25, \omega_3^t = 0.2, \omega_4^t = 0.15, \omega_5^t = 0.25 \quad (4-90)$$

(2) 实拍实传数传任务综合优先度指标权重系数,实拍实传数传任务综合

优先度由数传资源灵活度、数传时间灵活度、任务时间冲突度和任务数量冲突度组成,各指标权重系数为

$$\omega_1^r = 0.25, \omega_2^r = 0.3, \omega_3^r = 0.25, \omega_4^r = 0.2 \qquad (4\text{-}91)$$

(3)存储转发数传任务综合优先度指标权重系数,存储转发数传任务综合优先度由数传资源灵活度、数传时间灵活度、任务时间冲突度、任务数量冲突度和存储时长优先级组成,各指标权重系数为

$$\omega_1^s = 0.25, \omega_2^s = 0.2, \omega_3^s = 0.15, \omega_4^s = 0.15, \omega_5^s = 0.25 \qquad (4\text{-}92)$$

3) 滚动三窗口模式下调度参数设定

为便于对两种调度模式实验结果进行比较分析,同样假设调度开始时刻和结束时刻为 2017-10-1 12:00:00 和 2017-10-7 12:00:00。分别假设三个滚动窗口的窗口时长为:锁定窗口-30min,实时窗口-2h30min,浮动窗口-21h。通过专家判断法给出实时窗口任务综合优先度计算式中各指标权重系数为

$$\omega_1^w = 0.15, \omega_2^w = 0.3, \omega_3^w = 0.3, \omega_4^w = 0.25 \qquad (4\text{-}93)$$

考虑到实时窗口采用事件驱动重调度策略,在分配资源时应尽量降低对已调度任务产生的影响,故为时间窗口冲突度和任务数量冲突度设定了较大的权重次数。同时,截止时间优先级作为实时窗口任务紧急程度的重要判定标准,同样设定了较高的权重系数。

2. 实验结果分析

本节通过 STK 软件对"10-3-1""20-5-2""30-5-3""40-7-4"4 个调度场景进行仿真,利用 C#软件建立了调度场景各要素描述模型,并通过 Matlab 软件结合约束满足模型计算四种调度场景下两种调度模式的评价结果。按照设定要求随机生成 30 次各场景需求,分别运行调度算法进行调度结果计算并取其平均值。下面分别比较分析两种调度模式下测控资源调度结果和数传资源调度结果。

1) 测控资源调度结果分析

针对天地资源调度效能评估指标体系中的资源加权平均利用率、卫星加权任务满足度、资源使用均衡度和资源总体使用效能四个指标,采用基于任务综合优先度的调度算法,分别计算"10-3-1""20-5-2""30-5-3""40-7-4"4 种场景下四个指标测控调度结果,最后给出资源测控服务的综合评价结果。

(1)测控资源加权平均利用率,测控资源加权平均利用率可以反映整个管控系统的测控资源利用情况,该指标值越高,说明测控资源利用情况越好,根据测控资源优先级的不同赋予不同的权重,具体结果如表 4-23 所列。

表 4-23 测控资源加权平均利用率计算结果

调度策略 \ 调度场景	10-3-1	20-5-2	30-5-3	40-7-4
定周期调度策略	0.7229	0.8194	0.9021	0.9114
滚动三窗口调度策略	0.7352	0.8054	0.9333	0.9403

根据表 4-23 的数据可知,随着卫星数量增多,相应的测控任务需求数量增加,两种调度模式下测控资源加权平均利用率上升。在场景规模相对较小时,定周期模式与滚动三窗口模式下的测控资源利用率相差不大。随着场景规模逐渐扩大,滚动三窗口调度模式下测控资源的利用情况表现出更好的结果。考虑其原因为:滚动三窗口调度模式结合了事件触发重调度策略,该策略下的资源选择策略会优先选择空闲资源进行资源分配,故滚动三窗口调度模式下的资源利用率相对较高,四种场景下两种调度模式的比较结果如图 4-33 所示。

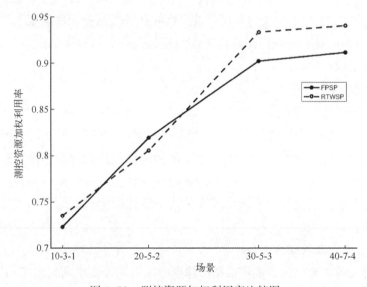

图 4-33 测控资源加权利用率比较图

(2) 测控资源使用均衡度,测控资源使用均衡度表示为各地面站设备利用率与平均利用率之间偏离程度的平均值。当资源使用均衡度趋近于 0 时,测控资源的使用越均衡,具体计算结果如表 4-24 所列。

表 4-24　测控资源使用均衡度计算结果

调度策略 \ 调度场景	10-3-1	20-5-2	30-5-3	40-7-4
定周期调度策略	0.0392	0.0274	0.0187	0.0144
滚动三窗口调度策略	0.0384	0.0252	0.0169	0.0112

通过观察表 4-24 的数据可知,场景规模越大,相应的测控资源使用均衡度值逐渐减小,即资源使用越均衡。同时,相比于定周期调度模式,滚动三窗口调度模式下的任务响应流程得到的调度结果资源使用更加均衡。考虑其可能原因:定周期调度模式本质上是将一个较大的周期长度均分为若干小周期并逐个采取周期调度策略,且周期调度策略下的资源分配方式为择优优选,这会导致资源优先度较低的资源存在大量空闲时间。而滚动三窗口调度模式结合了事件触发重调度策略,该策略下会优先选择空闲资源进行分配,故滚动三窗口调度模式下的资源使用均衡度值较低,资源使用更为均衡,四种场景下两种调度模式的比较结果如图 4-34 所示。

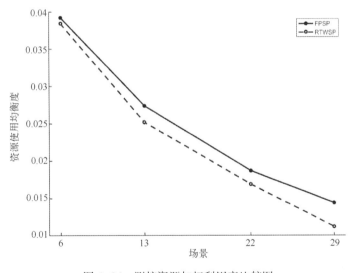

图 4-34　测控资源加权利用率比较图

(3) 卫星加权测控任务满足度,卫星拥有方提出一系列测控需求,各需求进行预处理后形成任务集合,集合中的任务具有多个不同优先级和不同测控事件,因此需要对各卫星提出的所有测控任务进行综合考虑,确定该卫星任务完成情况。卫星加权任务满足度指标同样为航天测控网管理方所关注,可以从整体上反映调度方法的有效性和正确性,具体计算结果如表 4-25 所列。

表 4-25 卫星加权测控任务满足度计算结果

调度策略 \ 调度场景	10-3-1	20-5-2	30-5-3	40-7-4
定周期调度策略	0.9976	0.9769	0.9423	0.9165
滚动三窗口调度策略	0.9952	0.9802	0.9594	0.9086

随着场景规模不断扩大,卫星数量的增多必然导致测控任务需求的增加,任务满足度有所下降。但两种调度模式下卫星加权任务满足度差距不大,且结果均较为理想,证明两者皆具有有效性和正确性,具体表现如图 4-35 所示。

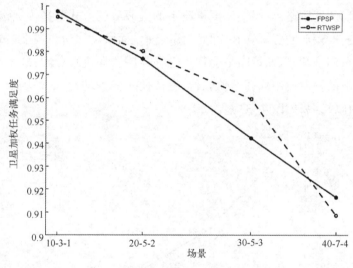

图 4-35 卫星加权任务满足度比较图

(4)测控资源总体使用效能,测控资源的总体使用效能主要反映资源的整体卫星遥测、卫星遥控、测定轨遥测数据接收等应用效能,具体包括地基测控网和中继卫星系统的整体卫星测控能力,指标值越高表示资源利用效能越高,具体计算结果如表 4-26 所列。

表 4-26 测控资源总体使用效能计算结果

调度策略 \ 调度场景	10-3-1	20-5-2	30-5-3	40-7-4
定周期调度策略	0.7212	0.8005	0.8500	0.8353
滚动三窗口调度策略	0.7317	0.7895	0.8954	0.8544

从表 4-26 中可以看出,在场景规模较小时,两种调度模式下的测控资源使用效能无太大差距。随着场景规模不断扩大,滚动三窗口调度模式下的实验结果表现更优,即滚动三窗口模式下的测控资源分配方案能够更好地发挥资源的总体效能,两者具体表现如图 4-36 所示。

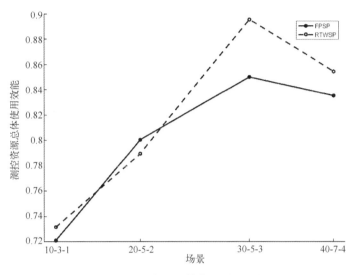

图 4-36 测控资源总体使用效能比较图

根据测控资源调度结果中的资源加权平均利用率、卫星加权任务满足度、资源使用均衡度和资源总体使用效能四个指标的计算及结果分析,验证了两种调度模式下资源调度算法的正确性和有效性。通过比较两种调度模式下四个不同规模调度场景的仿真结果,发现对于规模较大的场景,滚动三窗口调度模式下实验结果普遍较优。

2) 数传资源调度结果分析

同样考虑天地资源调度效能评估指标体系中的资源加权平均利用率、卫星加权任务满足度、资源使用均衡度和资源总体使用效能四个指标,应用基于任务综合优先度的任务响应机制,分别计算"10-3-1""20-5-2""30-5-3""40-7-4"四种场景下四个指标数传调度结果,最后给出资源数传服务的综合评价结果。

(1) 数传资源加权平均利用率。数传资源加权平均利用率反映了整个管控系统的数传资源利用情况。该指标值越高,说明数传资源利用情况越好,根据数传资源优先级高低分别赋予各类资源利用率不同的权重,具体结果如

表 4-27 所列。

表 4-27 数传资源加权平均利用率计算结果

调度策略 \ 调度场景	10-3-1	20-5-2	30-5-3	40-7-4
定周期调度策略	0.4629	0.5294	0.6641	0.6914
滚动三窗口调度策略	0.4452	0.4954	0.6733	0.7003

根据表 4-27 的数据可知,随着卫星数量增多,相应的数传任务需求数量增加,两种调度模式下数传资源加权平均利用率上升。在场景规模相对较小时,定周期调度模式下数传资源的利用情况表现出更好的结果。随着场景规模逐渐扩大,定周期模式与滚动三窗口模式下的数传资源利用率相差不大。考虑其原因为:数传资源相对稀缺,且实拍实传数传任务对地面资源所在经纬度位置要求较为苛刻,故中继卫星在数传服务中发挥更大的作用。但中继卫星资源的资源优先度较低,其所被赋予的权重也较低,故两种调度模式下的实验结果均低于测控资源加权平均利用率,四种场景下两种调度模式的比较结果如图 4-37 所示。

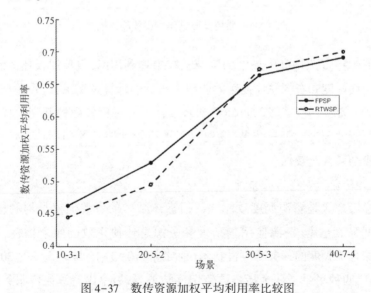

图 4-37 数传资源加权平均利用率比较图

(2) 数传资源使用均衡度,数传资源使用均衡度表示为各地面站设备利用率与平均利用率之间偏离程度的平均值。当数传资源使用均衡度趋近于 0 时,数传资源的使用越均衡,具体计算结果如表 4-28 所列。

表4-28　数传资源使用均衡度计算结果

调度策略 \ 调度场景	10-3-1	20-5-2	30-5-3	40-7-4
定周期调度策略	0.0992	0.0874	0.0687	0.0644
滚动三窗口调度策略	0.0961	0.0952	0.0739	0.0601

通过观察表4-28的数据可知,场景规模越大,相应的数传资源使用均衡度值逐渐减小,即资源使用越均衡。同时,在不同场景规模下两种调度模式没有明显优劣。但相较于测控资源的使用均衡度情况,数传资源使用均衡度值较低。考虑原因为:数传资源相对稀缺,在资源调度时对成功分配资源的需求远大于对资源分配均衡的需求,具体比较如图4-38所示。

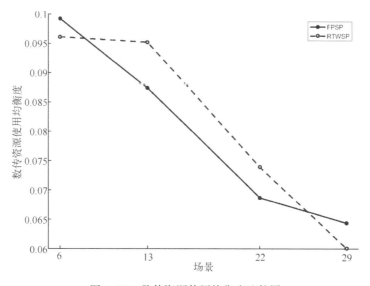

图4-38　数传资源使用均衡度比较图

(3) 卫星加权数传任务满足度,卫星拥有方提出的一系列数传需求,分为具有不同优先级的实拍实传数传需求和存储转发数传需求,需对各卫星提出的数传需求综合考虑,确定该卫星任务完成情况。卫星加权数传任务满足度指标同样为航天资源管理方所关注,可以从整体上反映调度方法的有效性和正确性,具体计算结果如表4-29所列。

表 4-29　卫星加权数传任务满足度计算结果

调度策略＼调度场景	10-3-1	20-5-2	30-5-3	40-7-4
定周期调度策略	0.9976	0.9769	0.9432	0.9146
滚动三窗口调度策略	0.9961	0.9811	0.9549	0.9068

随着场景规模不断扩大,卫星数量的增多必然导致数传任务需求的增加,任务满足度有所下降。但两种调度模式下卫星加权任务满足度差距不大,且结果均较为理想,证明两者皆具有有效性和正确性,具体表现如图 4-39 所示。

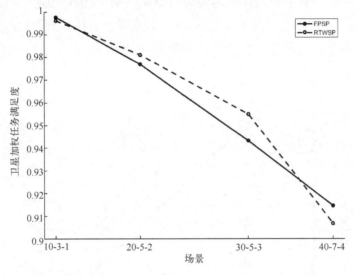

图 4-39　卫星加权数传任务满足度比较图

(4) 数传资源总体使用效能,数传资源总体使用效能主要反映资源对整体卫星成像数据接收效能,具体包括地面数传资源和中继卫星系统的数据接收能力,指标值越高表示资源使用效能越高,具体计算结果如表 4-30 所列。

表 4-30　数传资源总体使用效能计算结果

调度策略＼调度场景	10-3-1	20-5-2	30-5-3	40-7-4
定周期调度策略	0.4618	0.5172	0.6264	0.6324
滚动三窗口调度策略	0.4435	0.4860	0.6429	0.6350

从表 4-30 中可以看出,在场景规模较小时,定周期调度模式下的实验结果表现更优。但在场景规模较大时,滚动三窗口调度模式下的资源总体使用效能

更高,即滚动三窗口模式下的数传资源分配方案能够更好地发挥资源的总体效能,两者具体表现如图 4-40 所示。

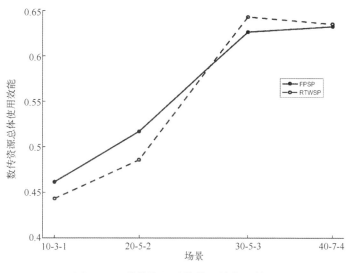

图 4-40　数传资源总体使用效能比较图

以上关于数传资源调度结果中的资源加权平均利用率、卫星加权任务满足度、资源使用均衡度和资源总体使用效能四个指标的计算结果分析表明,由于受数传资源数量制约,与测控资源调度结果相比,无法完全发挥调度算法的整体效果,但同样可以验证两种调度模式下资源调度算法的正确性和有效性。通过比较两种调度模式下四个不同规模调度场景的仿真结果,发现不同场景规模下两种调度策略的资源分配结果相差不大。

4.6　小结

本章以高分辨率多星对地观测资源协同任务规划问题为背景,重点研究了多星一体任务规划的控制流程和不同类型的协同机制。建立了多星一体任务规划问题的数学模型,设计了多星一体任务规划分层求解规划的求解框架及求解算法,提出了多星任务分配与可调度性预测的方法,分析了基于知识型学习算法的双层任务规划模型求解方法,研究了测控数传一体资源调度的模型和求解算法。

第 5 章

面向不同任务的高分辨率卫星任务规划技术

由于高分辨率卫星的任务需求不同,针对不同任务类型下卫星任务规划问题的特性,本章梳理了面向不同任务类型的高分辨率卫星任务规划技术,包括面向区域目标的任务规划技术、面向点目标敏捷观测的任务规划技术,以及面向高轨凝视任务的任务规划技术。针对不同任务类型分别建立任务规划的数学模型,详细定义了模型的输入、输出、约束和目标函数,并制定了不同的任务规划框架,对问题进行分解与简化。采用合适的启发式规则、精确求解算法、智能优化方法对问题进行求解,分别设计了不同任务类型下卫星成像规划结果的评价机制,结合具体情景算例对算法性能进行了评估,证明了算法的性能。

5.1 面向区域目标的任务规划技术

本节旨在阐述面向区域目标成像任务的任务规划问题,将依次从任务规划问题特性分析、任务规划问题建模与求解等两个方面展开,并将针对区域目标成像任务规划问题特性设计相应的应用场景,验证本节构建、设计的模型和求解算法。

5.1.1 面向区域目标的任务规划问题特性分析

1. 问题输入

1) 成像任务

用户提交的成像任务需求经过统一的规范化处理后首先转化为若干成像任务。从应用的角度而言,一个成像任务可以由如下一些基本属性来描述。

(1) 任务目标地理位置。区域目标考虑各种多边形形状,其地理位置通常由各顶点的经纬度坐标序列表示,目标的海拔高度相对卫星和地面的距离而言通常可以忽略。任务目标的地理位置决定了其与卫星的可见时间窗口。

(2) 图像类型。图像类型与星载遥感器直接相关,主要包括可见光图像、雷达图像、多光谱图像、红外图像等。对于具体的成像任务,必须指明图像类型要求。

(3) 地面像元分辨率。地面像元分辨率表示遥感器的对地观测精度,指在像元的可分辨极限条件下,像元所对应的地面空间尺度。这个值越小,地面分辨能力就越高,反之则分辨能力低。所以最大地面像元分辨率代表了用户根据识别地物目标能力的需要对成像精度的最低要求。在定义一个观测需求时,如果对图像的地面像元分辨率有一定要求,必须设置图像所允许的最大地面像元分辨率。

(4) 采集时间范围。采集时间范围是对相关数据采集或数据下传活动的最早最晚执行时间的限制,因为卫星图像数据是有时效性的,特别是辅助决策和应急任务的卫星图像数据,采集过早或过晚都可能导致数据失去应用价值。

(5) 任务优先级。任务优先级是对成像任务重要性的评价,可理解为相应图像数据的价值,优先级越高说明成像任务越重要。任务优先级的确定必须要遵循统一的标准,可通过定性定量方法进行评价。

(6) 立体成像。立体成像是卫星的主要任务。立体成像分为同轨立体成像与异轨立体成像。同轨立体成像要考虑卫星载荷为单线阵和多线阵相机两种情形。如果是单线阵相机,要实现立体成像,卫星或相机需要具有快速的姿态俯仰能力以实现对同一目标的前视、正视和后视。如果是多线阵相机,则不再要求卫星具有俯仰能力,获取立体图像就如同获取普通图像一样方便。异轨立体成像则要求卫星具有快速的姿态侧摆能力,以实现对同一区域的异轨观测。

(7) 图像压缩比。卫星在成像的时候,会对成像数据进行压缩处理,以方便数据下传。图像压缩比越大,丢失信息越多,后期图像处理效果越差,但提高了数据传输的效率。反之,图像处理效果更逼真,但数据传输时间更长,而无损压缩信息保留的最完整,后期图像效果最好,但数据量也最大。

(8) 携带辅助数据。卫星在成像的同时,还记录了大量的辅助数据,如GPS数据、星敏元器件的工作数据等,这些数据对后期图像处理和分析卫星工作状态是非常重要的。

2) 卫星及有效载荷

（1）卫星轨道参数。卫星运行轨道可通过6个参数来描述：升交点赤经、轨道倾角、近地点角、轨道长半轴、轨道偏心率和卫星飞过近地点的时刻。卫星轨道参数决定了其在轨运动过程中与地球之间的相互几何关系，是计算卫星与给定地面目标的可见时间窗口的直接依据。

（2）卫星姿态机动能力。卫星可以同时具有多种形式的姿态机动能力，包括滚动、俯仰、偏航等。因此卫星的姿态机动可以描述为三维指向坐标，每一维存在一个指向范围，代表卫星在该纬度上的机动能力。

（3）星载遥感器的类型和最佳地面分辨率。星载遥感器的类型主要包括可见光成像、多光谱成像、红外成像和微波雷达成像等。星载遥感器的实际地面分辨率可能会受到遥感器侧摆的影响，但对实际目标识别能力影响不大，可认为只要最佳分辨率达到了用户的要求，就可用于执行相应的成像任务。

（4）星载遥感器视场角。视场角指的是遥感器成像时沿与卫星轨道垂直方向所张成的角度。遥感器视场角与卫星轨道高度共同决定了卫星成像区域的宽度。

（5）可接受的云层覆盖率和太阳角这两点主要说明了光学成像设备正常工作时对太阳光照强度和气象条件的要求。可见光及多光谱成像的清晰度会受到云层覆盖率和太阳照射角的较大影响；红外成像虽然不受太阳光照的影响，但也不能穿透云层；只有微波成像可进行全天候的工作。

（6）星载数据存储器的工作参数。星载数据存储器主要由其有效存储容量来描述。星上数据存储设备一般采用的是高速大容量的固态存储器，在能够确保快速实时记录的前提下，存储设备的容量构成了最大的资源能力限制。

（7）卫星执行连续观测活动的最小间隔时间。卫星携带的成像设备在执行连续的观测活动时，通常需要进行重新的调整和校准，并耗费一定的转换时间。由于这个时间具体决定于先后执行的观测活动，因此事先很难准确表示，在处理时可以根据卫星的具体特点设置为一个概略的固定值。

（8）数传天线参数。数传天线的参数主要包括数传天线类型和数传速率。数传天线类型分为广波束天线和点波束天线等，广波束天线支持一对多的传输，凡是处于天线辐射范围内的所有地面接收设备，均可接收成像数据。点波束天线支持一对一（或称点对点）的传输，只有处于天线指向方向的地面接收设备才能接收成像数据。数传速率指星地数据传输的码速率，一般点波束的传输速率大于广波束天线。

3) 地面站

（1）地面站地理坐标。地面站可以视为一个点目标，由所处地理位置的纬度、经度、海拔高度来描述。

（2）地面站最小接收仰角。地面站的接收仰角指的是星地传输数据时星地连线与地面站所处地平面的夹角。最小接收仰角指的是运行星地传输数据的临界仰角。

地面站地理位置和最小接收仰角共同决定了地面站的数据接收范围。

4）其他输入条件

（1）周期性任务。周期性任务是指要求按照某种规律执行的任务。在卫星任务规划问题中，周期性任务包括基于时间的周期性任务（其执行周期是由固定的时间规律给定的）和基于事件的周期性任务（其执行周期则由给定事件的发生来规定）。在给定的任务规划时间范围，周期性任务可经过预处理转化为若干个一般任务来处理。

（2）具有前后关系限制的成组任务。有些成像任务需求可能不是针对单一地面目标的，而是要求按照一定的先后顺序，完成对一系列地面目标的观测活动。对这种成组任务，可把每个目标作为一个子任务，并添加各子任务之间明确的先后关系约束。

（3）气象条件。气象条件是在实施成像的实际过程中必须考虑的因素。首先，光学成像设备对云层覆盖条件有着严格的要求。如果云层覆盖较厚，那么所采集的数据价值将大大降低，甚至没有价值。其次，即使是能够穿透云层的微波成像设备，在雨天信号的衰减也会增大，因此有必要在任务规划的过程中就把天气因素考虑在内。但是成像计划通常是预先制定的，在制定计划时并不确知实际的天气情况，所以只能根据天气预报来考虑相关的约束。现在短期的天气预报已可做到较高的准确度，基本上可作为任务规划的依据。在具体处理时，气象条件的限制可反映为对可见时间窗口的影响。如果在计算好的卫星与某成像任务的可见时间窗口内，预报的气象条件不满足卫星正常工作的要求，则可以将该时间窗口删除。

2. 约束条件

卫星在执行任务的时候受到许多种限制。有些是卫星与地面站资源特性造成的，有些则是出于对卫星姿态控制和稳定性的考虑，还有的是卫星任务的特点决定的。

（1）存储容量。一般每个星载遥感器都有各自独立的存储器，具有一定的存储容量限制。卫星主要对区域目标进行观测,采集时间长,精度高,成像数据会占用很大的存储空间。一旦存储器满载,就不能继续存储数据。否则,将出现数据覆盖或丢失,必须将这些数据回传下来后才能继续使用。

(2) 数据完整性。卫星成像数据包含大量与目标定位相关的辅助信息,如果丢失将不利于后期的图像处理,所以必须保证这些辅助信息同成像数据同时回传到地面。

(3) 活动间隔时间。卫星执行成像或回传活动的开机关机操作都要消耗一部分时间,调度的时候必须把这部分时间预留出来,保证相邻活动之间不受干扰。

(4) 侧摆角范围。由于卫星侧摆能力的限制,同时也出于卫星运行安全性的考虑,星载遥感器的侧摆角度不能超出一定的范围。

(5) 图像分辨率的要求。卫星的主要功能是测图,对图像分辨率的要求较高。随着卫星侧摆角度的增加,图像分辨率会降低。

3. 优化目标

卫星任务规划问题的优化目标可以有不同的形式,具体决定于卫星使用部门的偏好。本书考虑的优化目标是最大化所完成任务的优先级总和。

4. 问题输出

卫星任务规划问题的输出包括采集模式(是否立体成像、图像压缩比等)、采集开始时间和结束时间、侧摆角度、回传模式(是否携带辅助数据等)、回传开始时间以及结束时间。根据输出结果即可生成卫星上注指令,控制卫星执行相关任务。

5. 基本假设及问题简化

本书根据任务规划问题的性质做了一些基本假设和简化。

(1) 考虑单星任务规划。卫星的主要任务是对大面积的区域目标进行成像,时效性要求相对较低,图像质量要求相对较高,所以只考虑单颗卫星的任务调度是合理的。

(2) 星载遥感器的处理。事实上,卫星可能搭载多个遥感器。为了简化处理,本书假设每个卫星只携带一个遥感器。如果某颗卫星携带多个遥感器,当这些遥感器光学性质、视场大小等性质类似的时候,依然可以简化为一个遥感器。

(3) 数据回放的处理。在实际应用中,考虑到记录数据的时效性和完整性,假设一次记录活动的数据不会被拆分成多次回传、一次回传活动可以传输多次记录活动的数据。

(4) 立体图像的处理。如果卫星携带的是多线阵相机,获取立体图像就如同获取普通图像一样方便。为了简化问题处理的难度,本书假定卫星通过多线阵相机获取立体成像数据。

(5) 气象预报结果作为确定条件处理。在卫星任务规划时,需要输入观测目标区域的气象预报信息。事实上,天气预报只是一个概率事件。考虑到目前短期天气预报已可做到较高的可信度,为了简化问题的处理,本书将天气预报结果作为一个确定性条件来处理,即只要预报的观测目标区域气象条件不符合卫星的成像要求,就认为不能在该条件下执行成像任务。

6. 卫星任务规划问题的特点和难点

1) 成像任务的复杂性

首先,成像任务纷繁复杂,在空间上分为全球基础成像任务、重点区域详查任务、目标区域精确成像任务和特情区域应急成像任务。在时间上分为常规成像、周期性成像、应急成像任务。显而易见,成像任务的采集区域大小不一,采集时间长短不一,这构成了成像任务多样性的鲜明特征。对于采集区域小、时间短的成像任务,卫星单次过境即可确定任务是否可以完成。然而对于采集区域大、时间长的成像任务,卫星通常每次只能完成部分任务,需要较长的时间才能完成。

其次,这些成像任务之间既存在冲突性,又存在兼容性。冲突性体现在一些任务与任务之间相互竞争采集机会,由于采集资源的稀缺性,通常不能保证所有任务都能完成,结果一些采集任务将只能部分完成甚至完全没有执行。兼容性体现在一些任务与任务之间在采集区域、采集时间方面存在公共部分。当卫星对公共区域在公共时间内进行采集时,实际上满足了多个任务的需求。因此,如何处理成像任务的多样性、冲突性和兼容性问题是卫星任务规划面临的一大挑战。

2) 规划问题的不确定性

卫星任务规划问题面临三大不确定因素:成像任务到达的不确定性、轨道预报的不确定性以及天气预报的不确定性。

(1) 成像任务到达的不确定性。什么用户在什么时间提交任务需求,要求在什么时间对什么区域进行什么样的观测,对于卫星管控部门来说都是未知数。造成成像任务到达不确定性的原因主要有两个。一是潜在用户众多,对于某一特定用户,通常需求比较明确。例如,农业部门主要在农作物生长季节存在任务需求,矿业部门主要对矿区存在任务需求等。不可能将所有用户的任务需求挖掘出来。二是成像起因事件的不确定性,一些任务需求的发生是由于偶然事件引发的。例如,2008年汶川地震的发生,2010年舟曲特大泥石流灾害的发生等,事先无法预料事件的发生。

(2)轨道预报的不确定性。卫星任务规划的一个基础工作是根据卫星轨道参数预测卫星未来一段时间的飞行轨迹。由于卫星在轨运行受到各种摄动力的影响会产生轨道漂移,导致预报轨道与真实轨道存在误差,而且这种误差会随着预报时间的增加而扩大。因此,卫星任务规划无法做到对卫星轨道的长期准确预报,仅能够做到短期预报,从而将误差控制在合理的范围内。

(3)天气预报的不确定性。天气条件,特别是云量多少对卫星成像质量影响很大,所以卫星任务规划必须依赖于天气预报,根据天气预报信息确定采集区域,避免对天气条件恶劣的区域进行采集,从而增强任务规划的合理性,改善成像质量。但是天气情况瞬息万变,很难做到准确预报,如同轨道预报一样,时间越长,预报准确性越低。通常短期天气预报信息的置信度比较高,参考价值较大,可以应用于任务规划过程中。

上述三种不确定性将对卫星任务规划的方法和结果产生重大的影响,如何处理这三种不确定性是卫星任务规划问题面临的第二个问题。

3)约束条件的复杂性

卫星任务规划问题涉及的约束条件分为活动本身的约束条件以及活动之间的约束条件。

(1)活动本身的约束条件。首先,成像必须满足一系列条件,包括图像分辨率、太阳高度角、平均云量要求等。其次,如果卫星需要通过姿态机动才能观测到目标,通常要求卫星在成像前就要把姿态调整到位,在成像过程中卫星不再调整姿态,只有等到成像结束后,卫星才将姿态回调。再次,对于记录成像活动需要满足星载存储容量的要求,如果超出存储容量阈值,记录成像将无法继续。最后,对于边成像边数据下传或者独立的数据下传活动,由于必须由地面站数据接收配合进行,所以必须在地面站的可见时间窗口方可进行。

(2)活动之间的约束条件。首先,卫星在执行相关活动之前,通常需要进行许多辅助操作,这些操作不是可有可无的,而是卫星正常执行活动的必备操作,这些操作需要占用一部分时间。同样的,卫星在执行活动之后,也需要花费时间进行一些辅助操作,所以活动与活动之间必须要预留足够的时间以保证相关辅助操作的完成。其次,卫星的记录成像活动与数据下传活动存在先后顺序和一一对应关系,卫星必须先进行记录成像,并将数据存储在星载固态存储器中,待到卫星进入与地面站的可见范围,再将固态存储器中的数据下传,从而释放固存资源。通常要求卫星记录多少数据,就要下传多少数据。如果有数据滞留固存,不能回放,就不算完成成像任务,而且影响后续成像活动的执行。

这两种类型的约束条件是卫星任务规划面临的第三大问题。

5.1.2 面向区域目标的任务规划问题建模与求解

面向区域目标的成像任务可按照任务目标分为四类,分别是全球基础成像任务、重点地区域详查成像任务、目标区域精确成像任务、特情区域应急成像任务。四项任务在重要程度、紧急程度上层层递进。如何将四种类型的任务纳入统一的框架,是解决任务规划问题的关键所在。结合该问题的特点,本书提出长中短期相结合的滚动任务规划方法。该方法基于全球参考系统的创建,具体由三部分组成,即长期规划、中期规划、短期规划。三者不是相互独立的关系,而是包含和从属的关系,这种关系通过全球参考系统的基本元素——网格的优先级动态调整来实现。

1. 全球参考系统

全球参考系统(Worldwide Reference System,WRS)是一种区域划分方法,基本原理是将全球按照一定规则、一定的粒度划分为一个个相邻的小区域(网格),并对网格(Grid)进行规范化表示。构建全球参考系统,建立地面观测目标与网格的映射关系,建立观测条带与网格的映射关系,从而为卫星任务规划问题提供一种统一的地面区域标识方法。同时,也为卫星成像数据存储和检索带来了方便,所以在 LANDSAT 和 SPOT 系列卫星观测系统中得到了成功应用。

LANDSAT 卫星采用的全球参考系统以 Path/Row 坐标系表示,SPOT 卫星采用的全球参考系统(也称网格参考系统)以 K/J 坐标系表示。两者虽然表示方法不同,但都是基于具体的卫星特性划定网格,即网格的形状和大小是根据卫星的轨道参数和星载遥感器的幅宽确定的。这种划分网格的方法在实际应用过程中能够更精确地描述观测区域,减小误差,但是扩展性较差。本书的研究不涉及具体卫星,试图从一般性的角度对全球参考系统进行描述,目的不仅在于增强适用性,而且在多星任务规划中也有理论价值。

1) 网格划分方式

网格划分方式主要依据卫星观测条带与经纬线的关系,并且还需要方便后续的网格映射计算。卫星轨道通常与子午圈有一定夹角。卫星观测条带边缘与经线不平行,相对于经线方向是倾斜的,这是由于卫星偏移倾斜线并不完全平行。因此,比较实用可行的方式是按照等经纬度对区域进行划分。

2) 网格划分粒度

区域中的网格是卫星观测条带的覆盖基本单元。网格划分粒度不宜过大或过小。网格划分粒度大,则网格经纬线方向的距离大,单个网格不可能被卫星一次覆盖。网格与地面目标、观测条带的映射关系复杂,不便于覆盖搜索,进而难以确定观测行动。同时,网格划分不能过小。否则,将导致计算开销较大,规划中决策困难。确定合适的网格粒度主要来自两方面的考虑:①单个网格的差异不会影响基础数据的积累;②足够精度量化对区域的覆盖。网格划分粒度将作为参数,在试验中不断优化。

图 5-1 给出了三种划分粒度的效果,上面三幅图是对地面目标区域的划分效果,下面三幅图是对观测条带的划分效果。图 5-1(a)和图 5-1(d)划分粒度最小,最精细,但表示太复杂,不便于后期处理。图 5-1(c)和图 5-1(f)划分粒度最大,最粗糙,处理过程中会丢失很多信息。图 5-1(b)和图 5-1(e)划分粒度相对较为适中,在准确程度和计算复杂度方面做了权衡。

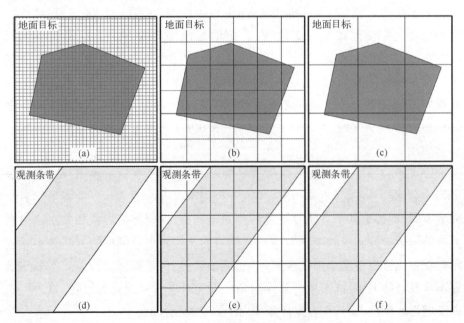

图 5-1 区域与网格划分粒度

(a) 地面目标;(b) 地面目标;(c) 地面目标;(d) 观测条带;(e) 观测条带;(f) 观测条带。

3) 网格表示方法

将全球以一定粒度按照等经纬度的方法划分成网格,则每个网格处于全球参考系统的某一行、某一列。为了表示方便,可以对行和列分别进行标识。在每个维度上,只要标示符号具有唯一性都是可以的,比如采用数字符号或者字母符号,也可以混合使用。对于网格 grid,假设其处于第 h 行、第 v 列,则有

$$\text{grid} = \text{grid}(h,v) \tag{5-1}$$

网格的形状类似于平面矩形,其地理信息可以由纬经度四点坐标表示。假设网格 $\text{grid}(h,v)$ 的左下、左上、右上、右下位置的纬经度坐标分别为 $(\text{lat}_1, \text{lon}_1)$、$(\text{lat}_2, \text{lon}_2)$、$(\text{lat}_3, \text{lon}_3)$、$(\text{lat}_4, \text{lon}_4)$,则有

$$\begin{aligned}
&\text{lat}_1 = \text{lat}_4 = \text{lat}_d, \\
&\text{lat}_2 = \text{lat}_3 = \text{lat}_u, \\
&\text{lon}_1 = \text{lon}_2 = \text{lon}_l, \\
&\text{lon}_3 = \text{lon}_4 = \text{lon}_r
\end{aligned} \tag{5-2}$$

因此,网格 $\text{grid}(h,v)$ 可以表示为 $\text{grid}(h,v) = \{\text{lat}_d, \text{lat}_u, \text{lon}_l, \text{lon}_r\}$。

4) 网格映射算法

构建全球参考系统的一个重要工作是建立地面观测目标、卫星观测条带与网格的映射关系,为卫星任务规划问题提供一种统一的地面区域标识方法。但地面观测目标通常是不规则的多边形,与网格的覆盖情况也是千差万别。对于卫星观测条带,除了极轨卫星,卫星轨道面通常不与赤道面垂直,由此卫星观测条带两侧边缘线往往不与经度线平行,如图 5-2 所示。因此,确定地面观测目标、卫星观测条带与网格的映射观测,需要确定网格对应区域是否能够被覆盖。

为了表示方便,将地面目标或观测条带定义为区域 Ψ。网格是区域划分的基本单元,由于区域形状不规则,边缘可能不能完整覆盖单个网格。在此规定,如果网格 50% 以上被区域覆盖,则认为该网格与区域存在映射关系。否则,不存在映射关系。基于以上定义给出区域的网格映射算法(Grid Mapping Algorithm, GMA)。

Step1:求出区域 Ψ 的纬度最小值 $\text{lat}_{\min}$、纬度最大值 $\text{lat}_{\max}$、经度最小值 $\text{lon}_{\min}$、经度最大值 $\text{lon}_{\max}$,进入下一步。

Step2:求出 $\text{lat}_{\min}$ 所在的行 $h_{\min}$,$\text{lat}_{\max}$ 所在的行 $h_{\max}$,$\text{lon}_{\min}$ 所在的列 $v_{\min}$,$\text{lon}_{\max}$ 所在的列 $v_{\max}$,确定行集合 $H = [h_{\min}, h_{\max}]$,列集合 $V = [v_{\min}, v_{\max}]$,进入下一步。

Step3:令网格集合 $\text{Grid}_{\Psi} = \varnothing$,行指针 $h = h_{\min}$,进入下一步。

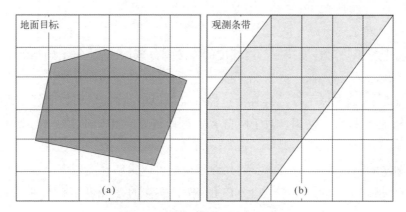

图 5-2 区域与网格的覆盖情况

(a) 地面目标；(b) 观测条带。

Step4：令列指针 $v=v_{\min}$，然后进入下一步。

Step5：计算网格与区域 Ψ 的交集 $\text{Inter} = \text{grid}(h,v) \cap \Psi$，比较面积 S_{Inter} 和 $S_{\text{grid}(h,v)}$。如果 $S_{\text{Inter}} \geq \dfrac{1}{2} \cdot S_{\text{grid}(h,v)}$，$\text{Grid}_\Psi = \text{Grid}_\Psi \cup \{\text{grid}(h,v)\}$，进入下一步。

Step6：令 $v=\text{next}(v)$，如果 $v \in V$，转到 Step5。否则，进入下一步。

Step7：令 $h=\text{next}(h)$，如果 $h \in H$，转到 Step4。否则，输出 Grid_Ψ。

这里需要注意的是：函数 $y=\text{next}(x)$ 表示定义域中元素 x 的下一个元素。

2. 网格采集优先级

1) 优先级确定原则

同任务优先级一样，网格采集优先级是对网格目标重要性的评价。如何确定网格目标的优先级呢？一个直观的想法是继承任务优先级。这种方法容易实现，但是存在下列问题。

(1) 用户所提需求多是目标区域精确成像任务以及特情区域应急成像任务，划定的观测区域比较明确，例如小区域目标，而对于全球基础成像任务和重点区域详细成像任务，通常并没有特定用户需求，而是作为卫星的基础任务一直存在。由于这类任务没有明确的用户需求，也就没有任务优先级。

(2) 观测任务都是有有效采集时间的，但是由于卫星资源有限，每次只能采集部分任务，所以总有一些观测任务没有被安排采集。在下一次任务规划过程中，如果该任务依然保持原有的竞争状态（优先级），没有显示更强的竞争优势，那么还可能丧失观测机会，从而错过有效采集时间。

(3) 当一个网格任务采集之后，将不再拥有任务优先级。但这个网格任务依然是全球基础成像任务或重点区域详查任务中的子任务,后期如何安排采集,难以明确把握。

综合以上分析,仅仅继承任务优先级的做法是有很大缺陷的,必须另选办法。定性来讲,一个观测任务如果很重要,应该设置高的优先级,因为在以优先级之和最大为优化目标的问题中,高的优先级显然更具有竞争优势。但是高优先级任务是否一定要马上采集呢？又或者低优先级任务是否一定要延迟采集或者放弃采集呢？如果答案为是,将会出现的结果就是一些具有明确用户需求的区域完成采集甚至多次采集,而其他大部分区域由于没有明确观测需求很少采集甚至没有采集机会。长期来看,全球基础成像任务和重点区域详细成像任务可能永远无法完成,所以有必要对这种方法加以改进,以避免上述问题。如果一个观测任务优先级很高,同时有效观测时间很短,要增大其采集机会；如果其有效观测时间很长,并不着急观测,也许可以暂缓采集。而对于一个优先级较低的任务,如果有效观测时间很短,似乎也可以为其安排采集机会。反之,如果有效观测时间很长,就的确没有任何竞争优势了。

通过定性分析,已经找到了更合理分配观测资源的办法,那么如何对这种定性方法进行定量描述呢？其实,在时间管理理论中有事件重要程度和事件紧急程度的概念,代表事件的两个维度,两者构成平面坐标系,通过将各类事件在平面坐标系中确定坐标并进行评估,对事件进行规划安排,如表 5-1 所列。

表 5-1　重要程度-紧急程度模型

重要程度\紧急程度	紧急(U)	不紧急(NU)
重要(I)	I-U	I-NU
不重要(NI)	NI-U	NI-NU

本书借鉴此方法对上述问题进行分析,发现任务优先级反映的是事件重要程度,而任务有效观测时间反映的是事件紧急程度。为了更好地发挥该方法的优点,结合成像任务的特点,本书对任务优先级进行改造,提出了四种优先级的概念,将在后续小节里做详细分析。

2) 重要程度优先级

目标区域精确成像任务和特情区域应急成像任务通常是用户提出的任务需求,由于其有效观测时间相对全球基础成像任务和重点区域详细任务需求而言较短,而相比卫星的日常规划时段而言稍长,故称此类需求为中期采集需求(Medium-Term Requirements,MTR)。通常其对应的观测目标区域不大,在任务规划阶段,需要统一映射为全球参考系统中的网格集合。这类任务需求的优先级(Origial Priority,OP)反映了任务的重要程度,在映射的过程中,关键的问题是如何将任务的重要程度合理地传递给对应网格呢? 为了便于描述这种对应关系,本书对网格的重要程度进行定义,提出了网格重要程度优先级(Importance Priority,IP)的概念。

网格的重要程度优先级由具有明确需求的成像任务优先级决定。一般情况下,针对某一特定网格会存在多个采集需求,这些需求优先级各不相同。假设网格 grid(h,v) 涉及 n 个成像任务,定义第 j 个成像任务的优先级为 $op_{ij}(t)$,则 $op_{ij}(t)$ 可表示为时间 t 的阶梯函数:

$$op_{ij}(t)=A_j \cdot u(t-t_j^{start})-A_j \cdot u(t-t_j^{end}) \qquad (5-3)$$

式中:A_j 为成像任务 j 的优先级幅值;$u(t)$ 为单位阶跃函数;t_j^{start} 和 t_j^{end} 分别为成像任务 j 的起始时间和结束时间。

参考基点 rb_i 的重要程度优先级 $ip_i(t)$ 定义为

$$ip_i(t)=\max(op_{ij}(t)) \qquad (5-4)$$

式中:$ip_i(t)$ 为时间 t 的阶梯函数。

3) 系统优先级

全球基础成像任务面向全球,重点区域详查任务面向国家或地区。这些任务的特点是观测范围比较广,观测周期比较长,本书称此类需求为长期采集需求(Long-term Requirements)。此类需求可视为卫星的一项基础任务,一般并不会像目标区域、特情区域成像任务一样由用户提出需求并定义目标观测区域。卫星对这样大的区域实施观测主要面向未来的未知需求。例如,城市规划、研究农作物的历史生长状况等。卫星在这样大的区域上实施对地观测,由于缺乏确切的目标,将会变得"无所适从"。回顾卫星任务规划问题的优化目标,使用户的采集需求获得最大化满足,数学语言表述为观测任务的优先级加权和最大。此时,一个直观的方法就是预估用户未来的采集需求,为网格设置优先级,本书将之称为系统优先级(Systematic Priority,SP)。

网格的系统优先级不同于重要程度优先级,因为它无法从原始的成像任务继承优先级属性,但其中一点是相同的,即两者最终反映的都是用户需求的重要程度。用户需求的重要程度是一个定性的概念,最终要采用定量的方法处理。系统优先级的设定方法可以有很多种,主要归结为三类。

(1) 从定性到定量的方法。此方法(方法 A)同用户提交采集任务时确定优先级的方法(方法 B)类似。不同点在于方法 B 的决策方是确定的,通常就一个,而方法 A 的决策方是不确定的,可能会有很多个决策方。这些决策方是目标区域图像采集的潜在需求者,通过一些群决策方法可最终确定参考基点的系统优先级。

(2) 依据图像需求的历史数据预测的方法。通过分析网格区域图像的订购历史数据,能够得到图像订购的频次时间序列。定义网格 $grid(h,v)$ 在 t_j 时段的订购频次为 $fr_i(t_j)$,则 $grid(h,v)$ 从起始时段 t_0 到某一时段 t_n 的频次序列 $F_i(t_n)$ 可以表示为

$$F_i(t_n) = \{fr_i(t_0), fr_i(t_1), fr_i(t_2), \cdots, fr_i(t_i), \cdots, fr_i(t_n)\} \tag{5-5}$$

依据 $F_i(t_n)$,可以预测网格 $grid(h,v)$ 在下一时段 t_{n+1} 的系统优先级 $sp_i(t_{n+1})$,可将 $sp_i(t_{n+1})$ 表示为 $F_i(t_n)$ 的函数:

$$F_i(t_n) \xrightarrow{f} sp_i(t_{n+1}) \tag{5-6}$$

(3) 依据系统优先级的历史数据预测的方法。参考基点的系统优先级历史数据同样构成时间序列。定义网格 $grid(h,v)$ 在 t_j 时段的系统优先级为 $sp_i(t_j)$,则 rb_i 从起始时段 t_0 到某一时段 t_n 的系统优先级序列 $SP_i(t_n)$ 可以表示为

$$SP_i(t_n) = \{sp_i(t_0), sp_i(t_1), sp_i(t_2), \cdots, sp_i(t_i), \cdots, sp_i(t_n)\} \tag{5-7}$$

rb_i 在下一时段 t_{n+1} 的系统优先级 $sp_i(t_{n+1})$ 可以表示为

$$SP_i(t_n) \xrightarrow{f} sp_i(t_{n+1}) \tag{5-8}$$

可将 $sp_i(t_{n+1})$ 表示为历史数据的均值:

$$sp_i(t_{n+1}) = \mathrm{mean}(SP_i(t_n)) \tag{5-9}$$

方法(1)可以在网格历史信息量不足的情况下采用,方法(2)和(3)可以在积累了足够的历史信息的情况下采用,当然也可以多种方法结合使用。从系统优先级的设定机制来说,系统优先级反映的是所有潜在用户历史的和未来的平均意义上的图像需求程度,在一个较长的时间段内能够保持相对稳定。系统优先级的作用在于将大区域或特大区域成像任务转化成一个个独立的小区域目标成像任务,从而能够像目标区域精确成像任务和特情区域应急成像任务一样易于处理。

不仅如此,在以优先级加权和为优化目标的情况下,系统优先级能够合理分配观测机会。

(1) 大区域成像任务和小区域成像任务之间观测机会分配。在没有系统优先级的情况下,成像机会几乎全部集中于具有明确用户需求的采集任务,主要是目标区域精确成像和特情区域应急成像等小区域成像任务,结果容易造成

全球部分区域观测活动频繁,地图更新周期短,而其他大部分区域具有很少甚至没有观测机会,从而造成卫星资源浪费,也没为未来需求或战时保障留有余地。通过设置系统优先级,大区域成像任务也具有了用户需求,从而能够同其他成像任务竞争观测机会。

(2) 大区域成像任务内部观测机会分配。事实上,大区域内部各个小区域之间的图像价值是不同的。例如,陆地的图像价值可能要高于海洋地区,城市地区的图像价值可能要高于城镇地区,大城市地区的图像价值可能要高于小城市地区,平原地区的图像价值可能要高于沙漠地区等。如果像小区域成像任务一样为该区域设定统一的优先级,就不能将观测机会更多的集中于潜在图像价值高的区域。特别地,对于光学卫星来说,高纬地区和海洋区域几乎没有图像需求。对于全球基础成像任务来说,这种差异需要在系统优先级中反映出来,从而避免无效观测。

4) 紧急程度优先级

本书在上文提到,任务的有效观测时间反映的是事件紧急程度。对于网格而言,也存在网格任务的有效观测时间,如何对网格目标采集的紧急程度进行度量呢?当一个网格刚刚被采集过,其被采集的紧急程度就降低了,应该减小其采集机会;如果其长时间没有被采集,其被采集的紧急程度就升高,应该增大其采集机会。为了定量描述这种关系,本书提出了紧急程度优先级(Urgency Priority,UP)的概念。

设在 t 时刻,网格 $\mathrm{grid}(h,v)$ 图像最近一次的采集时间为 t_{last},采集任务的结束时间为 t_{end},则网格 $\mathrm{grid}(h,v)$ 在时刻 t 的紧急程度优先级 $\mathrm{up}_i(t)$ 定义为

$$\mathrm{up}_i(t) = C_{\mathrm{up}} \cdot (t - t_{\mathrm{last}}) / (t_{\mathrm{end}} - t) \tag{5-10}$$

式中:$C_{\mathrm{up}} > 0$ 称为紧急程度优先级系数。

由式(5-10)可知,图像最近一次的采集时间 t_{last} 越早,分子值越大,紧急程度优先级 $\mathrm{up}_i(t)$ 越高,反之越低;采集任务结束时间 t_{end} 越早,分母值越小,紧急程度优先级 $\mathrm{up}_i(t)$ 越高,反之越低。

网格的采集需求可以分为中期采集需求和长期采集需求。中期采集需求是用户明确提出的面向当前的采集需求,有效观测时间不长,本书将此类任务需求的紧急程度优先级定义为中期需求紧急程度优先级(Medium-Term Requirement Urgency Priority,MUP)。长期采集需求是卫星的基础需求,是由全球基础成像任务或重点区域详细成像任务产生的面向未来的采集需求,有效观测时间相对较长,此类任务需求的紧急程度优先级被定义为长期需求紧急程度优

先级(Long-Term Requirement Urgency Priority,LUP)。对于当前采集需求的紧急程度,由图像最近一次的采集时间 t_{last} 和中期采集任务的结束时间 t_{mend} 决定,网格 grid(h,v) 在时刻 t 的中期需求紧急程度优先级 $mup_i(t)$ 表示为

$$mup_i(t) = C_{mup} \cdot (t-t_{last})/(t_{mend}-t) \quad (5-11)$$

同理,对于未来采集需求的紧急程度,由图像最近一次的采集时间 t_{last} 和长期采集任务的结束时间 t_{lend} 决定,网格 grid(h,v) 在时刻 t 的长期需求紧急程度优先级 $sup_i(t)$ 表示为

$$lup_i(t) = C_{lup} \cdot (t-t_{last})/(t_{lend}-t) \quad (5-12)$$

5) 紧要程度优先级

上文共提出了四类网格采集优先级的概念,即两类重要程度优先级以及两类紧急程度优先级。其中,重要程度优先级对中期采集需求的重要程度进行度量,系统优先级对长期采集需求的重要程度进行度量,中期需求紧急程度优先级对中期采集需求的紧急程度进行度量,而长期需求紧急程度优先级对长期采集需求的紧急程度进行度量。有了这四类优先级尚不能对各类采集需求进行统一评价和定量描述,还需要一个综合指标,这就是紧要程度优先级(Crucial Priority,CP)的概念。

首先,考察时间管理理论的重要程度-紧急程度模型。假设三个事件 A、B、C,其重要程度次序为 $i_A < i_B < i_C$,紧急程度次序为 $u_A > u_B > u_C$,但综合评价起来,这三个事件具有同等的地位,没有差异。假设存在一系列事件的综合评价指标相同,如果在重要程度、紧急程度构成的二维坐标系中标识出这些事件的坐标,可绘制出一条曲线,称为无差异曲线(Indifference Curve,IC),如图 5-3 所示。用数学表示事件 A、B、C 的关系有 $f(i_A,u_A) = f(i_B,u_B) = f(i_C,u_C) = a_1$。其中,$a_1$ 代表了综合评价水平。

假设存在事件 D、E、F。其中,事件 D 比事件 B 重要,而紧急程度相同,显然 D 的综合指标要高于 B,即如果 $i_B < i_D, u_B = u_D$,则 $f(i_B,u_B) < f(i_D,u_D)$。事件 F 与事件 B 重要程度相同,而 F 比 B 紧急,则 F 的综合指标高于 B。也就是说,如果 $i_B = i_F, u_B < u_F$,则 $f(i_B,u_B) < f(i_F,u_F)$。事件 E 既比事件 B 重要,又比 B 紧急,则 E 的综合指标也要高于 B。也就是说,如果 $i_B < i_E, u_B < u_E$,则 $f(i_B,u_B) < f(i_E,u_E)$。如果事件 D、E、F 的综合评价指标恰好也相同,即 $f(i_D,u_D) = f(i_E,u_E) = f(i_F,u_F) = a_2$,则三个事件是无差异的。若比事件 B 的综合评价指标要高,则它们必处于另一条无差异曲线 $f(i,u) = a_2$ 上,并且 $a_1 < a_2$,如图 5-4 所示。

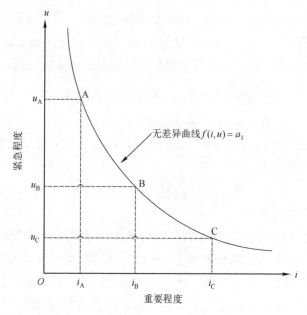

图 5-3 重要程度与紧急程度的无差异曲线

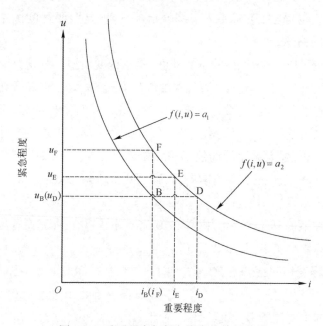

图 5-4 重要程度与紧急程度的特征关系

一般情况下,无法确切找到重要程度与紧急程度的函数关系,但可以用函数近似描述重要程度与紧急程度的特征关系。根据上述两者特征关系的分析,本书采用单支双切线函数 $f(i,u)=i \cdot u(i>0,u>0)$ 模拟重要程度 i 与紧急程度 u 的关系。

紧要程度优先级是综合评价网格采集重要程度和紧急程度的定量指标,根据上述分析,可将网格采集紧要程度优先级 cp 定义为网格采集重要程度 ip 与网格采集紧急程度 up 的双切线函数:

$$cp = f(up, ip) = up \cdot ip \tag{5-13}$$

因为网格采集需求分为中期采集需求和长期采集需求,两者构成网格采集需求的整体内容。对于中期采集需求紧要程度优先级有

$$mcp = mup \cdot ip \tag{5-14}$$

对于长期采集需求紧要程度优先级有

$$lcp = lup \cdot sp \tag{5-15}$$

采用线性函数描述中期采集需求和长期采集需求的关系有

$$\begin{aligned} cp &= mcp + lcp \\ &= mup \cdot ip + lup \cdot sp \end{aligned} \tag{5-16}$$

由于网格采集紧要程度优先级是时变函数,当把时间因素考虑进去得到网格采集紧要程度优先级的完整定义如下:

$$\begin{aligned} cp_i(t) &= mcp_i(t) + lcp_i(t) \\ &= mup_i(t) \cdot ip_i(t) + lup_i(t) \cdot sp_i(t) \\ &= C_{mup} \cdot (t-t_{last})/(t_{mend}-t) \cdot ip_i(t) + \\ & \quad C_{lup} \cdot (t-t_{last})/(t_{lend}-t) \cdot sp_i(t) \end{aligned} \tag{5-17}$$

式中:阶梯函数 $ip_i(t)$ 和 $sp_i(t)$ 的函数特性如图 5-5 所示。由于重要程度优先级 $ip_i(t)$ 反映的是中期需求,变化比较剧烈;而系统优先级 $sp_i(t)$ 反映的是长期需求,相对比较平稳。

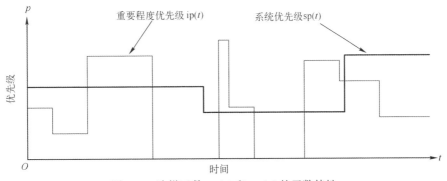

图 5-5 阶梯函数 $ip_i(t)$ 和 $sp_i(t)$ 的函数特性

对于一个特定网格,如果没有用户需求或者用户需求已经满足,即没有中期需求,只有长期需求,网格采集紧要程度优先级变形为

$$\begin{aligned}
\mathrm{cp}_i(t) &= \mathrm{mcp}_i(t) + \mathrm{lcp}_i(t) \\
&= 0 + \mathrm{lup}_i(t) \cdot \mathrm{sp}_i(t) \\
&= C_{\mathrm{lup}} \cdot (t - t_{\mathrm{last}})/(t_{\mathrm{lend}} - t) \cdot \mathrm{sp}_i(t)
\end{aligned} \tag{5-18}$$

3. 任务规划流程

1) 滚动任务规划方法

构建全球参考系统将全球基础成像任务、重点区域详查任务、目标区域精确成像任务以及特情区域应急成像任务四类成像任务映射为网格任务,纳入到一个统一的框架中;定义网格采集优先级又对网格目标的采集机会在时间和空间上进行了合理分配;在此基础上,提出卫星任务规划体系架构——长中短期相结合的滚动任务规划方法。滚动任务规划方法具体由三部分组成:长期规划、中期规划、短期规划。短期规划的时间周期很短,主要工作可以概括为卫星轨道预报、优化资源配置和消解活动冲突;中期规划由一个个短期规划组成,主要工作是更新中期任务采集信息,包括将中期采集任务映射为网格任务,更新网格的重要程度优先级、中期需求紧急程度优先级信息以及图像分辨率要求、太阳高度角要求、云量要求等任务属性,同时还要更新天气预报信息;长期规划由一个个中期规划组成,主要工作是更新长期任务采集信息,包括网格的系统优先级和长期需求紧急程度优先级的调整。

长、中、短期规划三者之间不是相互独立的关系,而是包含和从属的关系,如图 5-6 所示。

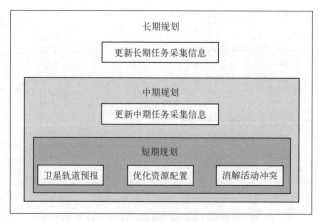

图 5-6 长中短期任务规划的功能关系

如果将这种关系在时间轴上描述出来,如图 5-7 所示。但是中期规划不是短期规划的简单重复,长期规划也不是中期规划的简单重复,相互之间通过网格采集优先级有机地统一起来。考查网格采集的四类优先级会发现,其具有天然的动态调节机制,这种动态调节机制保证了长中短期规划目标的协调一致,本书将在接下来的小节中做详细分析。

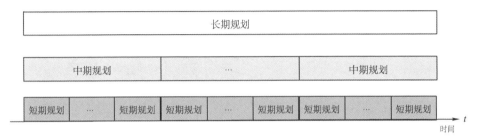

图 5-7 长中短期的时间关系

2) 长期规划

卫星的一个重要任务是实施全球基础成像任务和重点区域详查任务,然而由于卫星轨道特性、星载资源的限制,短期内无法完成,往往需要若干个回归周期甚至更长的时间。为了对这种大区域、长周期的观测任务进行规范化描述,本书建立了全球参考系统,将这种大区域或超大区域目标划分为网格目标,并定义了系统优先级和长期需求紧急程度优先级对该类网格目标的重要程度和紧急程度进行描述。上文提到过,对于一个特定网格,只有长期需求,网格采集紧要程度优先级为

$$\begin{aligned} \mathrm{cp}_i(t) &= \mathrm{mcp}_i(t) + \mathrm{lcp}_i(t) \\ &= 0 + \mathrm{lup}_i(t) \cdot \mathrm{sp}_i(t) \\ &= C_{\mathrm{lup}} \cdot (t - t_{\mathrm{last}})/(t_{\mathrm{lend}} - t) \cdot \mathrm{sp}_i(t) \end{aligned} \quad (5\text{-}19)$$

由于没有中期需求,$\mathrm{mcp}_i(t) = 0$,$\mathrm{cp}_i(t)$ 的值减小,使得该网格在竞争采集机会的过程中缺乏优势,很可能长期无法获得采集机会。但是全球基础成像任务和重点区域详查任务的目标就是保证在大区域范围内采集机会公平,所以如何使这类网格获得采集机会是长期规划的关键所在。考查上述公式发现,C_{lup} 是常数,而系统优先级 $\mathrm{sp}_i(t)$ 长期保持稳定,而 $f(t) = (t - t_{\mathrm{last}})/(t_{\mathrm{lend}} - t)$ 却是单调递增的时间函数,如图 5-8 所示。

因此,$\mathrm{cp}_i(t)$ 也是单调递增函数。随着时间的推进,$\mathrm{cp}_i(t)$ 增长,网格采集机会增加,在竞争中更具有优势,从而保证长期目标的完成。

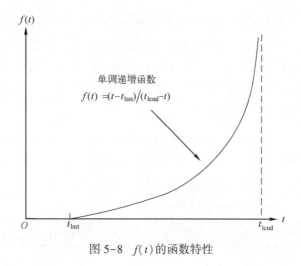

图 5-8　$f(t)$ 的函数特性

3) 中期规划

除了全球基础成像任务和重点区域详细成像任务,卫星面临的主要任务还有目标区域精确成像任务和特情区域应急成像任务。这两类任务是卫星的中期需求,因此是中期规划的主要处理对象。中期规划要监控中期需求的到达,并将其映射为网格任务,更新网格的采集优先级、有效采集时间、图像分辨率要求、太阳高度角要求、云量要求等任务属性信息。针对这两类任务的特点,本书定义了网格采集的重要程度优先级和中期需求的紧急程度优先级对这类网格中期需求的重要程度和紧急程度进行描述。对于这类网格,由于既有中期需求,又有长期需求,故网格的紧要程度优先级为

$$
\begin{aligned}
\mathrm{cp}_i(t) &= \mathrm{mcp}_i(t) + \mathrm{lcp}_i(t) \\
&= \mathrm{mup}_i(t) \cdot \mathrm{ip}_i(t) + \mathrm{lup}_i(t) \cdot \mathrm{sp}_i(t) \\
&= C_{\mathrm{mup}} \cdot (t-t_{\mathrm{last}})/(t_{\mathrm{mend}}-t) \cdot \mathrm{ip}_i(t) + \\
&\quad C_{\mathrm{lup}} \cdot (t-t_{\mathrm{last}})/(t_{\mathrm{lend}}-t) \cdot \mathrm{sp}_i(t)
\end{aligned}
\tag{5-20}
$$

由于长期需求的结束时间 t_{lend} 比较迟,导致 $\mathrm{lcp}_i(t)$ 比较小,公式中主要起作用的是 $\mathrm{mcp}_i(t)$。同 $\mathrm{lcp}_i(t)$ 类似,$\mathrm{mcp}_i(t)$ 也具有单调递增的特性,随着中期采集需求的结束时间 t_{mend} 临近而增大,从而增大采集概率。

此外,中期规划还有一项重要工作就是更新天气预报信息,特别是云量预报。因为云量对成像质量具有重要影响,但是"天有不测风云",短期预报准确度要高一些,时间越长,预报越不准确。为了在短期规划时,能够提供较为准确的天气参考信息,要经常对天气预报信息进行更新。

4）短期规划

短期规划是卫星任务管控的日常工作。由于短期规划时间短,用户需求、轨道预报信息和天气预报信息相对比较充分,生成的规划方案具有可靠性和可执行性。短期规划在有限时间范围内,综合考虑网格采集需求和卫星及遥感器参数和约束条件,合理安排有限资源(星载存储器容量、遥感器的开关机时间、地面站接收时间等),使满足采集要求的尽可能多、尽可能重要、尽可能紧急的网格目标被采集,提高卫星综合使用效率。

5）滚动任务规划方法的系统学解释

滚动任务规划方法分为长期规划、中期规划和短期规划三个层次。前面提到,中期规划不是短期规划的简单重复,长期规划也不是中期规划的简单重复,相互之间通过网格采集优先级有机地统一起来。考查网格采集的四类优先级会发现,其具有天然的动态调节机制,这种动态调节机制保证了长中短期规划目标的协调一致。

全球参考系统具有一个系统概念,其基本元素为网格,这些网格不是机械地存在于系统中,而是无时无刻不在竞争采集机会。一个网格能否获得采集机会,很大程度上取决于紧要程度优先级的大小。一些网格的紧要程度优先级大,其在竞争中处于支配地位;而另一些网格的紧要程度优先级相对较小,在竞争中处于从属地位。如果网格的紧要程度优先级的状态长期保持稳定,根据支配原理,系统演变的结果就是那些处于支配地位的网格经常被采集,而处于从属地位的网格很难获得采集机会,这样系统的长期目标将无法实现。

同时,网格的紧要程度优先级具有天然的动态调节机制。当优先级值相对较小时,其有增大的趋势,增强竞争优势,而一旦竞争成功获得采集机会,其优先级值会随即衰弱,丧失竞争优势。所以对于一个特定网格,不总是处于支配地位,也不总是处于从属地位,而是循环往复,这在宏观上表现为采集区域的不断扩大,从而实现全球基础成像任务和重点区域详查任务等长期目标。

上述过程在系统学中称为自组织,自组织具有以下三个重要特征。

(1) 内因驱使。自组织的显著特点,表现在行动(运动)是在没有外部命令的情况下产生的。卫星在某个时段采集哪些网格任务,不是系统外部(如操作员)指定的,而是网格之间相互竞争采集机会的结果。

(2) 动态平衡。即使没有明显的外力干涉,系统仍然能够展示出某种稳定结构。网格采集的优先级根据时间动态调整,所以网格在系统中的地位也随之动态变化,不是永远处于支配地位,也不是永远处于从属地位,保证了采集机会在时间维和空间维上的均衡分布。

（3）高度有序。自组织是系统微观层面的现象，上升到宏观层面，会表现为一种高度有序，称为涌现。在滚动规划机制下，卫星采集的区域在全球的分布会逐渐增加，直到覆盖全球，然后周而复始。

4. 短期规划建模与求解

如前所述，由于观测需求到达的不确定性、轨道预报精确度和天气预报可靠性的原因，短期规划的规划周期比较短，只有几天，一般不会超过一周。在短期规划周期中，卫星待观测的地面目标是星下点附件区域所有能够观测到的网格集合，短期规划的目标就是从网格集合中选出能够最大化网格紧要程度优先级之和的网格子集作为成像方案并相应地确定地面站数据接收方案，两者合称为短期规划方案。鉴于以上的分析，本书将卫星短期任务规划过程分为四个阶段。

（1）第一阶段。根据卫星轨道参数、星载遥感器幅宽、卫星侧视能力等信息，采用网格搜索算法搜索出卫星能够覆盖到的所有网格，然后根据网格任务属性和气象预报信息筛选出符合采集要求的网格，同时还要确定地面站数据接收窗口等信息，这些采集信息和数据接收信息构成了待规划的元任务集合。

（2）第二阶段。根据第一阶段确定的元任务集合，基于星载固态存储器容量约束，建立卫星短期任务规划的0-1整数规划模型。

（3）第三阶段。基于ILOG CPLEX对0-1整数规划模型进行求解，生成短期任务规划初始方案。

（4）第四阶段。考虑更复杂的卫星使用约束，对短期任务规划方案进行修正，生成短期任务规划最终的可执行方案。

1）网格任务预处理

设卫星短期任务规划时间段为 $I=[\text{StartTime},\text{EndTime}]$，将 I 平均分为 n 个时段 $[s_i,e_i]$ $(i=1,2,3,\cdots,n)$，持续时间为 d，则有

$$d=(\text{EndTime}-\text{StartTime})/n=e_i-s_i,\ i=1,2,3,\cdots,n \qquad (5-21)$$

时段持续时间 d 不是一个固定的值，应当根据如下原则确定。

（1）d 不宜过小。设卫星经过一个网格的平均时间为 $\text{mean}(t_g)$，则应有 $d \geqslant \text{mean}(t_g)$。否则，表明卫星需要经过多个时段才能采集一个网格的数据，即同一个任务单元重复处理，便失去了建立全球参考系统的优势。另外一个原因，如果 d 取值过小，n 值将会增多，而 n 值决定了问题的规模，结果将耗费较长的模型求解时间。

(2) d 不宜过大。如果 d 值过大,表明卫星单个时段能够采集多个网格的数据,便无法有效反映网格之间的差别,同样失去了建立全球参考系统的优势。此外,d 值过大无法保证问题求解的时间精度要求。

基于上述对时段的定义,网格任务预处理的目标可以表述为确定每个时段的紧要程度优先级、卫星侧视角度等信息,网格任务预处理的详细步骤如下。

Step1:通过轨道预报计算得到规划时段 $I=[\text{StartTime},\text{EndTime}]$ 内的星历信息。将 I 转换为时段表示 $I=\{1,2,3,\cdots,n\}$,初始化参数时段指针 $i=1$,进入下一步。

Step2:根据时段 $[s_i,e_i]$ 的星历信息、星载遥感器视场和卫星侧视能力计算卫星可观测范围 Area_i(以经纬度表示的四点坐标),调用网格映射算法得到 Area_i 的网格集合 $\text{Grid}_i=\{\text{grid}^j(h,v)|j=1,2,3,\cdots,\text{SetSize}_i\}$。其中,$\text{SetSize}_i$ 为 Grid_i 的元素数量,进入下一步。

Step3:初始化参数网格指针 $j=1$,时段综合优先级 $\text{cp}_i=0$,卫星侧视角度 $\text{slewAngle}_i=0$,进入下一步。

Step4:采用网格映射算法在 Area_i 中搜索出网格 $\text{grid}(h,v)$,计算网格紧要程度优先级 $\text{cp}_{\text{grid}(h,v)}$、卫星侧视角度 $\text{slewAngle}_{\text{grid}(h,v)}$、图像分辨率 $\text{resolution}_{\text{grid}(h,v)}$、太阳高度角 $\text{solar}_{\text{grid}(h,v)}$,读取云量预报数据 $\text{cloudCoverage}_{\text{grid}(h,v)}$,进入下一步。

Step5:判断图像分辨率 $\text{resolution}_{\text{grid}(h,v)}$ 是否满足 $\text{grid}(h,v)$ 采集任务要求。如果满足,进入下一步。否则,跳到 Step8。

Step6:判断太阳高度角 $\text{solar}_{\text{grid}(h,v)}$ 是否满足 $\text{grid}(h,v)$ 采集任务要求。如果满足,进入下一步。否则,跳到 Step8。

Step7:判断云量预报数据 $\text{cloudCoverage}_{\text{grid}(h,v)}$ 是否满足 $\text{grid}(h,v)$ 采集任务要求。如果满足,令 $\text{cp}_i=\max\{\text{cp}_i,\text{cp}_{\text{grid}(h,v)}\}$,$\text{slewAngle}_i=\text{slewAngle}_{\text{grid}(h,v)}$,进入下一步。

Step8:令 $j=j+1$,判断 $j\leqslant\text{SetSize}_i$。如果是,转到 Step4。否则,进入下一步。

Step9:令 $i=i+1$,判断 $i\leqslant n$,如果是,转到 Step2,否则,输出结果。时段紧要程度优先级集合 CP 和时段卫星侧视角度集合 SlewAngle 为

$$\text{CP}=\{\text{cp}_i|i=1,2,3,\cdots,n\}$$
$$\text{SlewAngle}=\{\text{slewAngle}_i|i=1,2,3,\cdots,n\}$$

(5-22)

此外,还需要确定地面站数据接收窗口,计算方法比较简单直观,步骤如下所示。

Step1:通过测站预报计算得到规划时段 $I=[\text{StartTime},\text{EndTime}]$ 内的地面站接收窗口,假设计算得到 m 个接收窗口,其中接收窗口 j 表示为 $[w_j^s,w_j^e]$ ($j=1,2,3,\cdots,m$)。

Step2:将地面站数据接收窗口转换为时段表示。一般来说,对于接收窗口 $[w_j^s,w_j^e]$,其对应的时段表示为

$$[dw_j^s,dw_j^e],1\leqslant dw_j^s<dw_j^e\leqslant n;1\leqslant j\leqslant m \tag{5-23}$$

$$dw_j^s=\text{floor}((w_j^s-\text{StartTime})/d)$$

$$dw_j^e=\text{ceiling}((w_j^e-\text{StartTime})/d)$$

Step3:输出地面站数据接收窗口集合 DownWindow 为

$$\text{DownWindow}=\cup[dw_j^s,dw_j^e],j=1,2,\cdots,m \tag{5-24}$$

这里需要注意的是:函数 $y=\text{floor}(x)$ 表示区间 $[x,+\infty)$ 上的最小整数,函数 $y=\text{ceiling}(x)$ 表示区间 $(-\infty,x]$ 上的最大整数。

2) 0-1 整数规划模型

经过网格任务预处理后,卫星短期任务规划问题可以描述为:卫星在一个参考时间范围(即短期任务规划的起止时间)内完成一组持续时间相同但紧要程度优先级不同的观测任务。有些观测任务需要卫星侧视才能完成。每个观测任务的完成包含数据采集和数据下传两个活动。卫星任务需要满足以下约束:卫星数据采集活动不能超出星载存储器容量,采集数据只有在地面站数据接收窗口才能下传。卫星短期任务规划问题的目标是最大化完成观测任务的紧要程度优先级总和。

考察上述问题不难发现,每个活动(无论是数据采集活动还是数据下传活动)只存在两种状态:执行与不执行。因此,可以通过 0-1 整数规划(0-1Integer Programming)模型对卫星短期任务规划问题进行数学描述。

(1) 不考虑实传的情况。在实际应用中,卫星执行的典型活动具体分为成像记录活动、成像同时数据下传(简称实传)活动以及数据下传活动。其中,前两种活动统称为数据采集活动,区别在于成像记录活动需要将成像数据存储在星载固态存储器中,而实传活动因为是成像的同时进行数据下传,故采集的成像数据不占用固存,但必须在地面站数据接收窗口执行。

由于实传活动执行的时间空间条件比较苛刻,限制了它的使用范围,特别对于成像需求区域遍布全球而地面接收资源极其有限的卫星,这种局限性更加明显。所以本书暂且不考虑实传的情况,即假设在整个规划时段内,卫星只执行成像记录和数据下传两种独立的典型活动。

将短期规划时段 $I=[\text{StartTime},\text{EndTime}]$ 平均分为 n 个时段 $[s_i,e_i]$ ($i=1,2,3,\cdots,n$)。因此,可将规划时段 I 重新描述为 $I=\{1,2,3,\cdots,n\}$。此时,引入 0—1 变量 x_i,并定义为

$$x_i = \begin{cases} 1, & \text{卫星在 } i \text{ 时段执行活动}, \\ 0, & \text{卫星在 } i \text{ 时段不执行活动}, \end{cases} i=1,2,3,\cdots,n$$

需要指出,这里定义的活动包括成像记录活动和数据下传活动。同时,定义第 i 个时段的紧要程度优先级为 cp_i,卫星记录速率为 r,数据下传速率为 p,星载固态存储器容量为 M,地面站接收窗口为 $W=\cup[dw_k^s,dw_k^e]$ ($k=1,2,\cdots,m$),卫星成像窗口可表示为 $A=I-W$,则卫星短期任务规划问题的 0—1 整数规划模型可以描述为

$$\max \quad z = \sum_{i=1}^{n} x_i \cdot \text{cp}_i$$

$$\text{s.t.} \begin{cases} r \cdot \sum_{i=1}^{dw_1^s-1} x_i \leq M \\ r \cdot \sum_{i=1}^{dw_j^s-1} x_i - (r+p) \cdot \sum_{k=1}^{j-1} \sum_{i=dw_k^s}^{dw_k^e} x_i \leq M, \forall j=2,3,\cdots,m \\ r \cdot \sum_{i=1}^{dw_j^e} x_i - (r+p) \cdot \sum_{k=1}^{j} \sum_{i=dw_k^s}^{dw_k^e} x_i \geq 0, \forall j=1,2,\cdots,m-1 \\ r \cdot \sum_{i=1}^{dw_m^e} x_i - (r+p) \cdot \sum_{k=1}^{m} \sum_{i=dw_k^s}^{dw_k^e} x_i = 0 \\ x_i = 0 \text{ 或 } 1 \end{cases}$$

(5-25)

在上述列出的四个约束条件中,不等式左边的意思是指固态存储器在某一特定时段的状态值。例如,在地面站数据接收窗口 j 之前的状态值,即 (dw_j^s-1) 时段的状态值 $\text{Ssr}(dw_j^s-1)$ 可以表示为

$$\mathrm{Ssr}(dw_j^s - 1) = \left(r \cdot \sum_{i \in A \text{ and } i < dw_j^s} x_i\right) - \left(p \cdot \sum_{i \in W \text{ and } i < dw_j^s} x_i\right)$$

$$= r \cdot \left(\sum_{i \in I \text{ and } i < dw_j^s} x_i - \sum_{i \in W \text{ and } i < dw_j^s} x_i\right) - \left(p \cdot \sum_{i \in W \text{ and } i < dw_j^s} x_i\right)$$

$$= r \cdot \sum_{i \in I \text{ and } i < dw_j^s} x_i - (r+p) \cdot \sum_{i \in W \text{ and } i < dw_j^s} x_i$$

$$= r \cdot \sum_{i=1}^{dw_j^s - 1} x_i - (r+p) \cdot \sum_{k=1}^{j-1} \sum_{i=dw_k^s}^{dw_k^e} x_i \tag{5-26}$$

同理,在地面站数据接收窗口 j 之后的状态值,即 dw_j^e 时段的状态值 $\mathrm{Ssr}(dw_j^e)$ 可以表示为

$$\mathrm{Ssr}(dw_j^e) = \left(r \cdot \sum_{i \in A \text{ and } i \leqslant dw_j^e} x_i\right) - \left(p \cdot \sum_{i \in W \text{ and } i \leqslant dw_j^e} x_i\right)$$

$$= r \cdot \sum_{i=1}^{dw_j^e} x_i - (r+p) \cdot \sum_{k=1}^{j} \sum_{i=dw_k^s}^{dw_k^e} x_i \tag{5-27}$$

约束条件一和约束条件二表明卫星在进入地面站接收区域时固态存储器中存储数据量不会超过容量阈值,即当固态存储器满载之后将不再继续成像;约束条件三表明卫星在离开地面站接收区域时固态存储器中存储数据量不会低于0,即当固态存储器释放所有空间后不可能再继续下传数据;约束条件四表明卫星在整个规划时段内记录和下传的数据量相等。

需要特别指出的是,该0-1整数规划模型隐含着几个假设条件。

① 规划开始和结束时,卫星固态存储器均为空。所以在规划时段内,如果到某一时刻之后不再存在地面站数据接收窗口,则卫星将不再记录数据。

② 卫星在地面站数据接收窗口中不会执行记录活动,只可能执行数据下传活动。

③ 在地面站数据接收窗口内,时段 i 的紧要程度优先级为 $cp_i = 0$, $\forall i \in W$。此规定意在说明数据下传活动不是成像任务,因此对优化目标没有贡献。

④ 不考虑活动间隔时间,卫星执行相邻活动(记录与记录、记录与下传、下传与记录、下传与下传等)的间隔时间设为0。

假设条件①、②和③是合理的,而假设条件④显然是不合理的。实际上,卫星执行活动前后都需要足够的时间支持卫星完成相关辅助操作,这些操作不是可有可无的,而是保证活动顺利执行和卫星使用安全性的必要措施,所以由上

述模型求解出来的结果并不能直接作为卫星执行活动的规划方案。

（2）考虑实传的情况。上一节提出的0-1整数规划模型是在不考虑实传活动仅考虑成像记录和数据下传两种活动的前提下建立的。如果将实传活动考虑进去,模型将如何建立呢？尽管实传活动不是卫星的典型活动,但将其纳入模型无疑将使模型更加准确。根据实传活动的特点,卫星可在地面站数据接收窗口一边成像一边下传数据,这种情况下卫星成像不需要在固态存储器中存储数据,但并非在任何一个地面站数据接收窗口都可以进行实传活动,这跟星载遥感器的类型密切相关。携带 SAR、红外或多光谱遥感器的卫星可以在任何一个可用的地面站数据接收窗口进行实传活动（情况一）,而携带可见光遥感器的卫星则只能在处于光照区的地面站数据接收窗口进行实传活动（情况二）。下面针对情况一进行分析,而情况二可以视为情况一的特例处理。

在考虑实传的情况下,为了处理方便,需要对0-1变量 x_i 重新定义：

$$x_i = \begin{cases} 1, & \text{卫星在 } i \text{ 时段执行成像活动,} \\ 0, & \text{卫星在 } i \text{ 时段不执行成像活动,} \end{cases} \quad i=1,2,3,\cdots,n$$

此时,定义中的成像活动指成像记录活动或实传活动,其他变量和参数的定义同上节,问题重新描述为

$$\max \quad z = \sum_{i=1}^{n} x_i \cdot \mathrm{cp}_i$$

$$\text{s.t.} \begin{cases} r \cdot \sum_{i=1}^{dw_1^s-1} x_i \leq M \\ r \cdot \sum_{i=1}^{dw_j^s-1} x_i - \sum_{k=1}^{j-1} \sum_{i=dw_k^s}^{dw_k^e} ((r-p) \cdot x_i + p) \leq M, \quad \forall j=2,3,\cdots,m \\ r \cdot \sum_{i=1}^{dw_j^e} x_i - \sum_{k=1}^{j} \sum_{i=dw_k^s}^{dw_k^e} ((r-p) \cdot x_i + p) \geq 0, \quad \forall j=1,2,3,\cdots,m-1 \\ r \cdot \sum_{i=1}^{dw_m^e} x_i - \sum_{k=1}^{m} \sum_{i=dw_k^s}^{dw_k^e} ((r-p) \cdot x_i + p) = 0 \\ x_i = 0 \text{ 或 } 1 \end{cases}$$

(5-28)

在地面站数据接收窗口 j 之前的状态值,即 (dw_j^s-1) 时段的状态值 $\mathrm{Ssr}(dw_j^s-1)$

可以表示为

$$\mathrm{Ssr}(dw_j^s - 1) = \left(r \cdot \sum_{i \in A \text{ and } i < dw_j^s} x_i\right) - \left(p \cdot \sum_{i \in W \text{ and } i < dw_j^s} (1 - x_i)\right)$$

$$= r \cdot \left(\sum_{i \in I \text{ and } i < dw_j^s} x_i - \sum_{i \in W \text{ and } i < dw_j^s} x_i\right) -$$

$$\left(p \cdot \sum_{i \in W \text{ and } i < dw_j^s} (1 - x_i)\right)$$

$$= r \cdot \sum_{i \in I \text{ and } i < dw_j^s} x_i - r \cdot \sum_{i \in W \text{ and } i < dw_j^s} x_i -$$

$$p \cdot \sum_{i \in W \text{ and } i < dw_j^s} 1 + p \cdot \sum_{i \in W \text{ and } i < dw_j^s} x_i$$

$$= r \cdot \sum_{i=1}^{dw_j^s - 1} x_i - \sum_{k=1}^{j-1} \sum_{i=dw_k^s}^{dw_k^e} ((r-p) \cdot x_i + p) \tag{5-29}$$

同理,在地面站数据接收窗口 j 之后的状态值,即 dw_j^e 时段的状态值 $\mathrm{Ssr}(dw_j^e)$ 可以表示为

$$\mathrm{Ssr}(dw_j^e) = \left(r \cdot \sum_{i \in A \text{ and } i \leq dw_j^e} x_i\right) - \left(p \cdot \sum_{i \in W \text{ and } i \leq dw_j^e} (1 - x_i)\right)$$

$$= r \cdot \sum_{i=1}^{dw_j^e} x_i - \sum_{k=1}^{j} \sum_{i=dw_k^s}^{dw_k^e} ((r-p) \cdot x_i + p) \tag{5-30}$$

此模型中约束条件的含义同上文完全相同,所以两个模型所基于的假设条件也有很多相似之处。本节所提出的 0-1 整数规划模型隐含的假设条件可以归结为如下三条。

① 规划开始和结束时,卫星固态存储器均为空。

② 卫星在地面站数据接收窗口中,既可能执行数据下传活动,也可能执行实传活动,但不会执行成像记录活动。

③ 不考虑活动间隔时间,卫星执行相邻活动(记录与记录、记录与下传、记录与实传、下传与实传、下传与记录、实传与记录等)的间隔时间设为 0。

通过比较可以发现,假设条件①和③在前一个模型中都能找到类似假设,几乎没有差别;假设条件②是与前一个模型最大的差别,这其实是考虑实传的直接结果。此外,本节模型中不再有关于地面站数据接收窗口中适当紧要程度优先级的特殊处理,原因在于本节对决策变量 x_i 赋予了不同的定义。

如前所述,此模型也没有对活动间隔时间给予应有的重视,导致规划结果

无法直接应用,这是两个模型的共同缺陷。但需要指出的是,两个模型的优点就在于结构简单,求解方便,充分体现了 0-1 整数规划模型的特点,避免了将很多复杂约束纳入模型,导致求解困难甚至无法求解的窘境。至于缺陷和不足之处,本书将在后面的研究中通过其他方法加以弥补。

3) 基于 ILOG CPLEX 的模型求解

0-1 整数规划模型具有成熟的求解方法,如分支定界法(Branch and Bound Method)。由于分支定界法灵活且便于计算机实现,所以广泛被求解线性规划的软件所采用,如 ILOG CPLEX 便集成了该方法。本书即使用 ILOG CPLEX 对卫星短期任务规划问题的 0-1 整数规划模型进行求解,来生成初始任务规划方案。

4) 规划方案修正

前文提出了求解卫星短期任务规划问题的 0-1 整数规划模型,由于模型没有兼顾活动间隔时间等实际约束,导致生成的初始任务规划方案不能直接应用。如果将活动间隔时间等实际约束加入模型,将导致求解困难;如果不考虑这些实际约束,又无法更准确地描述卫星任务规划问题。针对这一矛盾,本书试图取长补短,由简到繁,将一步分成两步。首先,保持 0-1 整数规划模型结构简单、求解容易的优势;而后利用活动间隔时间等实际约束对初始任务规划方案进行修正。

基于 ILOG CPLEX 求解上述 0-1 整数规划模型,能够得到问题求解的上限,因为这是在不考虑活动间隔时间的前提下得到的最优解,定义为 $Solution_0$。所以当把活动间隔时间约束考虑进去,问题的解可能会发生变化,但肯定不会优于上述模型求得的解。本书拟采用贪婪规则通过修正 $Solution_0$ 求取满足动作间隔时间约束的解,步骤如下所示。

Step1:将卫星记录成像窗口 $A=I-W$ 表示为时段有 $A=\cup [rw_k^s, rw_k^e]$($k=1, 2, 3, \cdots, m$),对应的紧要程度优先级序列表示为 $P=\cup \{cp_k^t | t \in [rw_k^s, rw_k^e]\}$($k=1, 2, 3, \cdots, m$),对应的成像情况表示为 $X=\cup \{x_k^t | t \in [rw_k^s, rw_k^e]\}$($x_k^t = 0\, or\, 1$, $k=1, 2, 3, \cdots, m$),初始化动作时间间隔 break$=\Delta$,成像窗口指针 $k=1$,转到下一步。

Step2:令 $P_k = \{cp_k^t | t \in [rw_k^s, rw_k^e]\}$,初始化队列 $Queue_k = \varnothing$,栈 $Stack_k = \varnothing$,转到下一步。

Step3:求 P_k 的元素最大值 cp_{max}^t,其对应时段 t 入队 $t \xrightarrow{\text{Enqueue}} Queue_k$,转到下一步。

Step4：$P_k = P_k - \{cp_{max}^t\}$，判断 $P_k = \varnothing$。如果否，转到 Step3。否则，转到下一步。

Step5：判断 $Stack_k$ 元素数量是否小于 $\sum_{t=rw_k^s}^{rw_k^e} x_k^t$。如果否，转到 Step7。否则，转到下一步。

Step6：取出 $Queue_k$ 的首元素 t_0^q，遍历 $Stack_k$ 中元素，找到 t_0^q 的左邻居 t_{left}^s 和右邻居 t_{right}^s，判断两个约束条件：

$$\begin{cases} t_0^q - t_{left}^s = 1 \text{ 或 } t_0^q - t_{left}^s \geq \Delta \\ t_{right}^s - t_0^q = 1 \text{ 或 } t_{right}^s - t_0^q \geq \Delta \end{cases} \quad (5\text{-}31)$$

如果满足，元素 t_0^q 出队 $Queue_k \xrightarrow{Dequeue} t_0^q$，入栈 $t_0^q \xrightarrow{Push} Stack_k$。否则，执行出栈 $Stack_k \xrightarrow{Pop} t_0^s$，入队 $t_0^s \xrightarrow{Enqueue} Queue_k$，转到 Step5。

Step7：判断 $k < m$。如果是，转到 Step2。否则，输出结果 $Stack_k$（$k = 1, 2, 3, \cdots, m$）。

5.1.3 任务规划应用实践

在前文研究的基础之上，本章主要设计了一个应用实例，针对任务规划系统完成成像任务规划的过程，从系统输入（包括卫星系统资源设计、全球参考系统设计以及用户任务需求实例设计）到系统输出（包括任务规划结果、仿真推演与效能评估）两个不同阶段，进行卫星任务规划系统的应用研究。

1. 任务规划问题设计

1）资源三号卫星基本信息

资源三号卫星于 2012 年 1 月 9 日发射入轨，重约 2650kg，设计寿命约 5 年。该卫星的主要任务是长期、连续、稳定、快速地获取覆盖全国的高分辨率立体影像和多光谱影像，为国土资源调查与监测、防灾减灾、农林水利、生态环境、城市规划与建设、交通、国家重大工程等领域的应用提供服务。

资源三号卫星是我国首颗民用高分辨率光学传输型立体测图卫星，卫星集成像和资源调查功能于一体。资源三号上搭载的前、后、正视相机可以获取同一地区三个不同观测角度立体像对，能够提供丰富的三维几何信息，填补了我国立体测图这一领域的空白，具有里程碑意义。该卫星采用太阳同步轨道，具有测摆功能，可对地球南北纬 84°以内的地区实现无缝影像覆盖，每 59 天实现对我国领土和全球范围的一次影像覆盖，在特殊情况下，能够在 5 天之内对同一地点进行重访拍摄。

2）卫星系统资源设计

资源三号系统资源包括卫星资源、载荷资源、地面站资源,三类资源信息均来自互联网。资源三号卫星轨道参数如表5-2所列。

表5-2　资源三号卫星轨道参数

项　　目	参　　数
轨道高度/km	505.984
轨道倾角/(°)	97.421
降交点地方时	10:30 AM
交点周期/min	97.716
近地点幅角/(°)	90
偏心率	0
回归周期/天	59
相邻轨迹间距/km	44.68

资源三号有效载荷技术指标如表5-3所列。

表5-3　资源三号有效载荷技术指标

有效载荷	波段号	光谱范围/μm	空间分辨率/m	幅宽/km	侧摆能力/(°)	重访周期/天
前视相机	—	0.50~0.80	3.5	52	±32	3~5
后视相机	—	0.50~0.80	3.5	52	±32	3~5
正视相机	—	0.50~0.80	2.1	51	±32	3~5
多光谱相机	1	0.45~0.52	6	51	±32	5
	2	0.52~0.59				
	3	0.63~0.69				
	4	0.577~0.89				

资源三号载荷资源除了遥感器之外,还包括星载固态存储器、数传天线等。由于这些载荷的信息无法直接获取,故不妨做一些合理假设,因为资源三号为高分辨率卫星,成像数据量很大,所以成像速率很高。同时,资源三号采用的是点波束天线,支持点对点的数据传输,保证了数据回传的高速率。假设星载固态存储器记录速率与数传天线数据下传速率相等,均为300Mb/s,存储器容量为600GB。此外,还要对卫星相邻活动间的间隔时间做出假设。

（1）成像活动间隔$interval_{m-m} \geqslant 180s$。

(2) 成像与回传活动间隔 $interval_{m-p} \geqslant 120s$。

(3) 回传与回传活动间隔 $interval_{p-p} \geqslant 120s$。

值得说明的是,成像活动包括记录与实传活动;活动间隔没有先后次序,比如先成像后回传的间隔时间大于 120s,而先回传后成像的间隔时间也是大于 120s;第三项关于回传间的时间间隔约束是考虑到地面站相距较近时,存在连续下传数据的情况。

地面站资源负责接收资源三号成像数据的地面站有三个:MYN、SAY、KAS。地面站资源的主要参数信息包括地面站的地理位置(用纬度、经度、海拔高度描述),如表 5-4 所列,最小接收仰角(假设为 5°)。根据卫星轨道参数,可以计算出每个地面站的覆盖范围。

表 5-4 地面站参数

编　号	地面站名称	所 在 位 置	经度/(°)	纬度/(°)	海拔/km
01	MYN	北京	116.858803	40.451248	0.216
02	SAY	三亚	109.301	18.3013	0.022
03	KAS	喀什	75.9296	39.5053	1.307

3) 全球参考系统设计

资源三号遥感器的视场大约为 50km,能够在 ±32°的范围内侧摆,根据网格粒度划分的原则,可以将网格粒度确定为 $\frac{1}{2} \times 50 = 25km$,因此可以将全球划分为 25km×25km 的网格。划分方法如下。

(1) 以赤道为基准线,分别向北、向南划等纬度线直到两级,相邻纬度线间隔 25km,相邻纬度线之间的环形区域称为行(Row)。

(2) 对行进行编号,自赤道始向北依次为 0,1,2,3,…,向南依次为 -1,-2,-3,…。

(3) 以本初子午线为基准线沿赤道向东划等经度线直到再次回到本初子午线,相邻纬度线在赤道处间隔 25km,相邻经度线之间的区域称为列(Column)。

(4) 对列进行编号,自本初子午线始向东依次为 0,1,2,3,…。

经过划分,行与列交叉形成网格,每个网格由所处的行与列编号唯一标示。确定网格划分方法后,建立全球参考系统网格数据库。

其后的主要工作就是确定每个网格的系统优先级 SysPri 和长期采集任务结束时间 LongEnd 的值:

(1) 系统优先级 SysPri。在实际应用过程中,应该和具有潜在需求的用户进行协商,挖掘任务需求,采用定性到定量的方法确定系统优先级的值。但本书不具备这个条件,仅能根据感性的原则确定。

① 南北纬84°以外的区域不满足光照条件,没有需求。

② 海洋区域(岛礁除外)没有光学任务需求。

③ 重点区域系统优先级更高一些(中国及周边区域)。

④ 城市比乡村重要。

⑤ 大城市比小城市重要。

⑥ 平原、山地、高原、沙漠的重要程度依次降低。

当然还有一些细节性的原则,在此不再详细描述。

(2) 长期采集任务结束时间LongEnd。资源三号的回归周期为59天,考虑到卫星的资源能力和中期需求的影响,其不可能在单个回归周期对全球形成覆盖,通常要经过3~5个回归周期才能完成全球基础成像任务。此处假设卫星经过4个回归周期完成全球基础成像任务和重点区域详查任务等长期采集任务,即长期采集任务的结束时间为起始时间之后59×4≈240天。当然随着规划的进行和数据的积累,可对长期采集任务结束时间进行调整,使之更符合实际情况。

4) 用户任务需求实例设计

用户任务需求信息是系统要处理的中期采集任务,既有点目标,又有区域目标;既有常规任务、周期性任务,又有应急任务。用户需求的一个显著特性就是到达的随机性。在该实例研究中,系统无法做到真实接收用户采集需求,只能通过随机生成模拟用户任务需求的到达过程。模拟的原则如下。

(1) 采集区域在全球均匀分布。

(2) 主要生成区域目标任务,区域不能过大;生成少量的点目标任务。

(3) 采集周期在长期规划的起止时间内。

(4) 主要生成常规任务,常规任务的采集周期不宜过长,一般在一个回归周期范围内;适量生成周期性任务和应急任务,周期性任务的周期不宜过短,一般大于短期规划周期,应急任务的采集时间一般为1~2个短期规划周期。

(5) 应急任务的优先级是最高的。

(6) 用户任务需求的图像分辨率要求一般要高于基础成像和详细成像的图像分辨率要求。

关于模拟的详细过程不是本书讨论的重点,仅使用模拟的结果,本书共模拟生成了300个成像任务。其中,区域目标231个、点目标69个、常规任务254个、周期性任务21个、应急任务25个。限于篇幅,本书列出部分任务如表5-5所列,并进行如下说明。

表 5-5 用户采集任务（部分）

任务单编号	优先级	经纬度序列 /(°)	起止时间	周期 /天	分辨率 /m	太阳高度角 /(°)	云量 /%	备注
001	5	16.53,18.08,23.72,29.05,31.13,24.6,20.09; −28.67,−34.83,−34.39,−32.13,−29.38,−28.33,−28.36	2012-02-03 00:00:00; 2012-02-15 00:00:00	—	4	40	30	常规
002	6	43.09,43.53,40.63,47.57,51.1,45.99; 11.22,6.05,−1.07,3.78,11.1,10.97	2012-02-05 00:00:00; 2012-02-20 00:00:00	—	3.5	40	40	常规
003	6	44.19,46.71,56.42,62.48,62.85,61.59,58.94,49.74; 39.88,30.97,25.88,26.11,29.7,34.67,38.84,37.91	2012-03-01 00:00:00; 2012-04-01 00:00:00	—	4	50	25	常规
004	8	2.41,−4.52,−1.34,3.45,6.82,7.3,7.05,8.31,5.03; 50.88,48.61,43.4,42.08,43.33,45.18,47.3,48.94,49.86	2012-03-10 00:00:00; 2012-03-20 00:00:00	—	2.5	60	10	常规
005	6	−92.23,−68.02,−75.59,−86.43,−95.64; 47.72,44.7,38.26,36.55,44.8	2012-03-15 00:00:00; 2012-04-15 00:00:00	—	4	40	30	常规
006	9	119.98,120.01,120.99,121.04; 23.98,23.05,23.02,23.95	2012-04-12 08:00:00; 2012-04-14 00:00:00	—	10	20	50	应急
007	6	−66.48,−40.63,−49.14,−57.72,−65.97; −10.73,−15.21,−21.69,−26.23,−18.11	2012-04-12 00:00:00; 2012-04-25 00:00:00	—	5	30	40	常规
008	3	136.77,152.03,153.6,147.05,141.06,139.17; −34.11,−32.01,−36.99,−38.49,−38.31,−36.33	2012-04-22 00:00:00; 2012-05-06 00:00:00	—	4	30	30	常规

（续）

任务单编号	优先级	经纬度序列/(°)	起止时间	周期/天	分辨率/m	太阳高度角/(°)	云量/%	备注
009	6	−116.31,−96.27,−94.88,−111.77,−118.96; 55.6,53.5,48.83,49.14,51.86	2012-05-08 00:00:00; 2012-05-24 00:00:00	—	3	40	20	常规
010	9	105.13,106.00,106.22,105.17; 29.76,29.97,29.22,29.05	2012-05-20 00:00:00; 2012-06-10 00:00:00	10	5	30	30	周期
011	7	−7.47,−1.42,2.24,−0.28,−6.15,−10.75,−10.06; 58.58,58.32,51.91,50.41,50.38,52.44,54.99	2012-06-01 00:00:00; 2012-06-30 00:00:00	—	3	50	15	常规
012	3	75.49,89.99,89.99,81.36,74.8; 29.99,27.25,23.47,24.02,26.45	2012-07-12 00:00:00; 2012-07-30 00:00:00	—	5	30	30	常规
013	8	112.4,147.08,150.36,128.54,111.9,108.24; 6.94,−2.31,−11.31,−5.93,−3.93,1.19	2012-07-12 00:00:00; 2012-07-24 00:00:00	—	2.5	60	20	常规
014	9	−79.11,39.10	2012-08-08 00:00:00; 2012-08-12 00:00:00	—	10	20	40	应急
015	5	16.53,18.08,23.72,29.05,31.13,24.6,20.09, −28.67,−34.83,−34.39,−32.13,−29.38,−28.33, −28.36	2012-09-05 00:00:00; 2012-09-20 00:00:00	—	5	30	40	常规

注：字段"优先级"范围为[0,9]；字段"经纬度序列"中经度序列与纬度序列由分号隔开；字段"起止时间"中开始时间与结束时间由分号隔开；字段"备注"中"常规"表示常规性任务，"应急"表示应急性任务，"周期"表示周期性任务；字段"周期"只针对周期性任务有效。

(1) 006 和 014 号任务为应急任务,优先级比较高都为 9;而且采集起止时间比较短,006 号任务是从 2012-04-12 08:00:00(北京时间,下同)到 2012-04-14 00:00:00,014 号任务是从 2012-08-08 00:00:00 到 2012-08-12 00:00:00;应急任务既可以是一个区域目标(如 006 号任务),也可以是一个点目标任务(如 014 号任务);因为应急任务无论是重要程度还是紧急程度都比较高,如果设置严格的观测条件,很可能难以完成成像任务,所以对于应急任务,通常对图像分辨率、太阳高度角和云量要求比较低。

(2) 010 号任务为周期性任务,周期性任务的观测目标通常比较小,可以是点目标,也可以是区域目标(如 010 号任务);010 号任务的采集时间从 2012-05-20 00:00:00 到 2012-06-10 00:00:00,约 20 天,设定的观测周期为 10 天,说明资源三号卫星要对 010 号观测目标完成两次覆盖,当把 010 号任务输入系统后,系统会进行规划化处理,将其拆分为两个标准 XML 格式的常规性子任务采集单,第一个子任务采集时间从 2012-05-20 00:00:00 到 2012-05-31 00:00:00,另一个子任务采集时间从 2012-05-31 00:00:00 到 2012-06-10 00:00:00。

(3) 在用户采集任务示例中,除了 006、010 和 014 号任务,其他任务均为常规性任务,常规性任务是用户采集需求的主要形式;常规性任务的采集时间通常较应急性任务要长。

(4) 通常在一个时间段内会到达多个任务,所以资源三号的任务是过度订阅的(Over-Subscribed)。例如,在示例中 001 与 002 号任务,采集重叠时间从 2012-02-05 00:00:00 到 2012-02-20 00:00:00。在 300 例的成像任务中,以及在实际的卫星管控过程中,存在很多时间重叠或者区域重叠的情况,增加了系统规划的难度;解此这类问题的方法就是将这些采集任务统一映射为网格任务,并对网格属性进行相应调整。

(5) 在用户采集任务单中,对图像分辨率、太阳高度角、云量的要求均为最低要求。

5) 实例设计的其他内容

(1) 设置资源三号卫星长期任务规划的开始时间为 2012-02-01 00:00:00,由于初始假设长期采集任务结束时间为开始时间之后 240 天,则长期任务规划的结束时间为 2012-09-29 00:00:00。

(2) 考虑到卫星轨道预报精确性与天气预报准确度的问题,设置短期任务规划的周期为 2 天。

(3) 系统尚无法获取真实天气预报信息,但可以采用随机生成的方法模拟全球云量信息。假设全球气象条件在空间分布和时间分布上都是无差异的,每个网格区域的平均云量均服从[0,99]的均匀分布。

(4)系统尚无法接收成像信息归档系统反馈回来的影像采集信息,不妨假设卫星采集情况与任务规划方案完全相符,并且采集的影像均满足成像任务要求。

2. 任务规划结果分析

1) 任务规划结果

在该实例中,设置长期规划时间为 4 个回归周期,约 240 天。期间资源三号卫星要计划完成 275 个目标区域精确成像任务和 25 个应急任务,这 300 个成像任务不是实际的用户需求,而是模拟生成的。同时,卫星还要完成全球基础成像任务和中国及周边区域的详细成像任务。本书基于自主开发的卫星任务规划系统(MSMPS)对该实例进行规划仿真验证,MSMPS 执行周期为 2 天的短期规划,这是 MSMPS 的日常活动,通过短期规划的滚动执行和全球参考系统中网格中期采集任务紧要程度优先级以及长期采集任务紧要程度优先级的动态调整,保证中期目标和长期目标的实现。

本书列出了[2012-02-01 00:00:00,2012-02-03 00:00:00](时段 A)、[2012-02-03 00:00:00,2012-02-05 00:00:00](时段 B)以及[2012-02-05 00:00:00,2012-02-07 00:00:00](时段 C)三个连续短期规划时段的规划方案,分别如表 5-6~表 5-8 所列。

表 5-6 时段 A 的规划方案

活动	活动开始时间	活动结束时间	侧摆角度/(°)	轨道号	地面站
记录	2012-02-01 00:45:15	2012-02-01 00:50:49	4	344	—
记录	2012-02-01 02:16:53	2012-02-01 02:25:33	0	345	
实传	2012-02-01 10:12:37	2012-02-01 10:17:55	0	350	密云
实传	2012-02-01 11:46:18	2012-02-01 11:54:16	0	351	密云
实传	2012-02-01 13:21:39	2012-02-01 13:30:33	-4	352	喀什
回放	2012-02-01 20:51:57	2012-02-01 21:00:37	—	357	密云
记录	2012-02-01 21:32:41	2012-02-01 21:39:10	-2	358	—
回放	2012-02-01 23:59:36	2012-02-02 00:05:10	—	359	喀什
回放	2012-02-02 01:32:46	2012-02-02 01:39:15	—	360	喀什
实传	2012-02-02 09:54:13	2012-02-02 10:00:00	0	365	密云
实传	2012-02-02 11:32:58	2012-02-02 11:41:45	0	366	三亚

(续)

活动	活动开始时间	活动结束时间	侧摆角度/(°)	轨道号	地面站
实传	2012-02-02 13:02:53	2012-02-02 13:11:10	0	367	喀什
实传	2012-02-02 14:36:53	2012-02-02 14:44:22	0	368	喀什
记录	2012-02-02 22:44:08	2012-02-02 22:52:09	1	373	—
回放	2012-02-02 23:33:20	2012-02-02 23:41:21	—	374	三亚

表 5-7 时段 B 的规划方案

活动	活动开始时间	活动结束时间	侧摆角度/(°)	轨道号	地面站
记录	2012-02-03 00:06:52	2012-02-03 00:13:07	0	374	—
记录	2012-02-03 01:38:29	2012-02-03 01:47:25	0	375	—
实传	2012-02-03 11:07:53	2012-02-03 11:16:58	0	381	密云
实传	2012-02-03 12:44:23	2012-02-03 12:51:26	0	382	喀什
实传	2012-02-03 14:17:31	2012-02-03 14:25:59	0	383	喀什
回放	2012-02-03 21:45:31	2012-02-03 21:54:27	—	388	密云
回放	2012-02-04 00:54:15	2012-02-04 01:00:30	—	390	喀什
记录	2012-02-04 01:19:16	2012-02-04 01:28:28	0	390	—
记录	2012-02-04 02:53:57	2012-02-04 03:00:40	5	391	—
实传	2012-02-04 10:48:52	2012-02-04 10:57:57	0	396	密云
实传	2012-02-04 12:24:15	2012-02-04 12:29:01	0	397	密云
实传	2012-02-04 13:58:18	2012-02-04 14:07:17	0	398	喀什
回放	2012-02-04 21:26:55	2012-02-04 21:33:38	—	403	密云
回放	2012-02-04 22:54:42	2012-02-04 23:03:54	—	404	三亚

表 5-8 时段 C 的规划方案

活动	活动开始时间	活动结束时间	侧摆角度/(°)	轨道号	地面站
记录	2012-02-05 01:01:21	2012-02-05 01:08:44	−4	405	—
记录	2012-02-05 02:34:46	2012-02-05 02:43:26	0	406	—
实传	2012-02-05 10:30:00	2012-02-05 10:38:41	0	411	密云
实传	2012-02-05 12:04:25	2012-02-05 12:11:14	0	412	密云
实传	2012-02-05 13:39:15	2012-02-05 13:48:21	−3	413	喀什
记录	2012-02-05 18:24:04	2012-02-05 18:33:00	0	416	—
回放	2012-02-05 22:35:52	2012-02-05 22:44:48	—	419	三亚
回放	2012-02-06 00:16:42	2012-02-06 00:25:22	—	420	喀什

(续)

活动	活动开始时间	活动结束时间	侧摆角度/(°)	轨道号	地面站
记录	2012-02-06 00:43:53	2012-02-06 00:49:09	5	420	—
回放	2012-02-06 01:51:05	2012-02-06 01:58:28	—	421	喀什
实传	2012-02-06 10:11:18	2012-02-06 10:16:30	0	426	密云
实传	2012-02-06 11:44:55	2012-02-06 11:52:57	0	427	密云
实传	2012-02-06 13:20:18	2012-02-06 13:29:10	-4	428	喀什
记录	2012-02-06 18:04:49	2012-02-06 18:13:57	0	431	—
回放	2012-02-06 20:50:42	2012-02-06 20:55:58	—	433	密云
记录	2012-02-06 21:32:35	2012-02-06 21:38:45	-4	434	—
回放	2012-02-06 22:22:01	2012-02-06 22:31:09	—	434	密云
回放	2012-02-06 23:51:54	2012-02-06 23:58:04	—	435	三亚

在时段 A 的规划方案中,资源三号进行了 11 次成像活动。其中,包括 7 次实传(总时长 52min30sec)、4 次记录(总时长 28min44sec),共成像 81min14sec,平均成像时长为 7min23sec,成像数据量 1427.93GB。另外,还有四次回放活动(总时长 28min44sec),对应于四次记录活动。卫星在成像时共进行了四次侧摆,平均侧摆角度 2.75°。时段 B 和时段 C 的规划方案与时段 A 类似,不再赘述。

2) 仿真推演

系统每次进行短期规划之后,仿真推演模块对规划方案进行仿真推演,模拟资源三号卫星执行的各类活动,分别如图 5-9~图 5-11 所示。请注意界面下

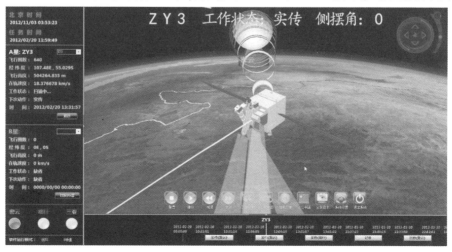

图 5-9 实传活动仿真(见彩图)

方显示的卫星活动甘特图,其实正是短期规划方案信息。此外,模块还能展示卫星的成像情况,决策者可以据此清晰地掌握卫星的采集区域等信息。

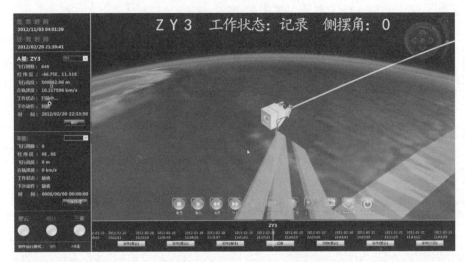

图 5-10　记录活动仿真(见彩图)

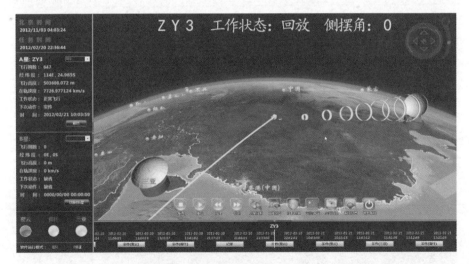

图 5-11　回放活动仿真(见彩图)

3) 效能评估

(1) 全球基础成像任务完成情况。在长期规划过程中,随时可以统计全球基础成像任务的完成情况,图 5-12 给出了长期任务规划结束之后的统计结果。在 240 天的总时长中,系统进行了 120 次的短期规划,每次短期规划执行之后,都会有新的未采集的网格区域被采集。可以看到尽管任务完成情况在逐次增加,但幅度在逐次减小,到任务结束时,任务完成情况为 95.25%。前文提到,长期任务规划时长是预先设定的,可能存在不合理之处,主要表现为:如果太短,任务不可能完成;反之,任务完成情况达到某个阈值(不一定是 100%)后不再增加。无论是哪一种情况,都可以在任务完成情况统计图中找到原因,从而调整长期任务规划结束时间,修正长期规划结果。例如,若发现任务完成情况保持在 95.25% 一段时间不再增加,说明长期任务规划时长太长,导致网格长期采集任务紧急程度优先级变小,不具备竞争优势,这时即可将长期任务规划结束时间调前一段时间。因此,通过统计全球基础成像任务完成情况可以发现任务的真实执行周期,为后续的任务规划积累经验。

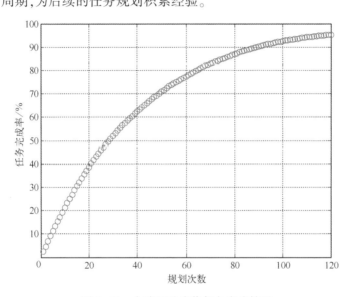

图 5-12　全球基础成像任务完成情况

（2）重点区域详细成像任务完成情况。本实例设置的重点区域是中国及其周边区域,同全球基础成像任务一样,系统可以随时统计重点区域详细成像任务的完成情况,图 5-13 给出了长期任务规划结束之后的统计结果。从图 5-13 可以看到,系统共完成了大约三次重点区域覆盖:第一次经过了 30 多次短期规划,耗时大约一个回归周期;第二次与第一次类似,但耗时更短;第三次则耗时很长,大约两个回归周期,但还没有完成覆盖,最后覆盖情况为 96.3%,而且可以发现任务完成率在 100 左右时即已趋于稳定,计划不再增长,其原因是全球基础成像任务的影响,由于接近长期规划末期,而很多任务尚未完成,长期采集任务紧急程度优先级急剧增长,采集机会增加,所以系统优先保证了全球基础成像任务的完成。

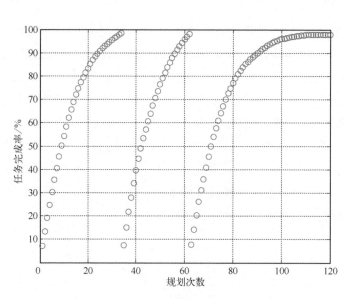

图 5-13 重点区域详细成像任务完成情况

(3) 用户需求成像任务完成情况。用户需求成像任务包括目标区域精确成像任务和特情区域详细成像任务,在本实例中都是通过程序模拟生成的。用户需求成像任务完成情况不是指系统完成了多少个用户需求成像任务,而是指针对每一个用户需求成像任务,系统的完成覆盖情况(以完成比率表示),应用这样的统计方法包含更多的完成情况信息。

表 5-9 展示了 5.1.3 节所列 15 个成像任务的完成情况。其中,9 个任务的完成比率达到了 90% 以上,5 个任务的完成比率为 100%。在这 9 个任务中既有常规任务,又有应急任务、周期性任务,而且并非都是高优先级任务。例如,001 号和 007 号任务。在剩余的 6 个任务中,5 个属于常规性任务,完成率介于 60%~90% 之间,属于部分完成,还有 1 个 006 号任务属于应急性任务,完全没有执行。

表 5-9 用户需求成像任务完成情况(部分)

任务单编号	优先级	起止时间	分辨率/m	太阳高度角/(°)	云量/%	完成率/%	备注
001	5	2012-02-03 00:00:00; 2012-02-15 00:00:00	4	40	30	100.0000	常规
002	6	2012-02-05 00:00:00; 2012-02-20 00:00:00	3.5	40	40	92.4731	常规
003	6	2012-03-01 00:00:00; 2012-04-01 00:00:00	4	50	25	62.2222	常规

(续)

任务单编号	优先级	起止时间	分辨率/m	太阳高度角/(°)	云量/%	完成率/%	备注
004	8	2012-03-10 00:00:00; 2012-03-20 00:00:00	2.5	60	10	100.0000	常规
005	6	2012-03-15 00:00:00; 2012-04-15 00:00:00	4	40	30	67.6703	常规
006	9	2012-04-12 08:00:00; 2012-04-14 00:00:00	10	20	50	0	应急
007	6	2012-04-12 00:00:00; 2012-04-25 00:00:00	5	30	40	100.0000	常规
008	3	2012-04-22 00:00:00; 2012-05-06 00:00:00	4	30	30	93.0876	常规
009	6	2012-05-08 00:00:00; 2012-05-24 00:00:00	3	40	20	90.8602	常规
010	9	2012-05-20 00:00:00; 2012-06-10 00:00:00	5	30	30	100.0000*	周期
011	7	2012-06-01 00:00:00; 2012-06-30 00:00:00	3	50	15	71.2750	常规
012	3	2012-07-12 00:00:00; 2012-07-30 00:00:00	5	30	30	90.5914	常规
013	8	2012-07-12 00:00:00; 2012-07-24 00:00:00	2.5	60	20	87.3118	常规
014	9	2012-08-08 00:00:00; 2012-08-12 00:00:00	10	20	40	100.0000	应急
015	5	2012-09-05 00:00:00; 2012-09-20 00:00:00	5	30	40	89.7081	常规

在以优先级之和为优化目标的系统中，为什么完成率和优先级不成正向关系呢？还有重要程度和紧急程度都很高的应急任务006号为什么没有执行呢？原因是多方面的，主要归结为两类。

① 缺乏成像时间窗口。一些任务，特别是应急任务要求的采集时间比较短，在该时间段内，资源三号卫星无法与目标可见。

② 不满足任务成像条件。成像条件主要包括图像分辨率、太阳高度角以及云量要求，只有满足要求的采集影像才是有效的，对任务完成情况有贡献，否则不会采集。

此外，系统可以查看针对任何一个成像任务在任何时段的完成情况，图5-14所示是前述15个成像任务在长期规划结束后的任务完成情况。特别注意到010号任务,该任务是周期性任务,分两个周期执行。第一个周期任务完成率为100%,但在第二个周期任务仅有部分完成,任务完成率为59.25%。

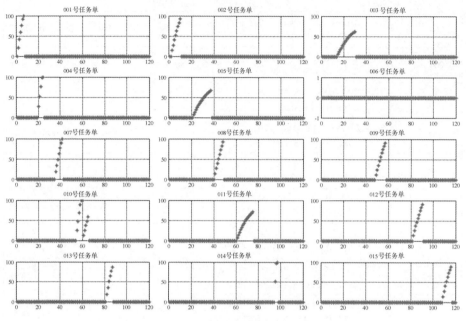

图 5-14　用户需求成像任务完成情况(部分)

(4) 各类影像比率。系统可以统计任何时刻基础成像、详细成像、精确成像影像的数量以及在全部影像中所占比重。针对资源三号卫星的载荷能力,系统对前述基础成像、详细成像和精确成像的地面像元分辨率指标进行了修正,将基础成像的地面像元分辨率定义为≥5m,详细成像为 3～5m,精确成像为≤3m。系统采用饼图或柱状图等方式展示各类影像比率。图 5-15 展示了长期

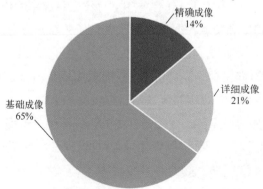

图 5-15　各类成像影像比率

规划结束后,三类成像影像所占比重,基础成像所占比重最大为65%,因为其所对应的任务区域最大;精确成像所占比重最小为14%,主要是用户采集任务的目标区域;而详细成像占比居中,为21%,对应的是重点区域(中国及周边地区)。图5-16展示了四个回归周期结束时各类影像的数量。可以看到三类影像的数量都是不断增长的,但是三类影像的相对关系没有变化,总是基础成像最多、详细成像次之、精确成像最少。

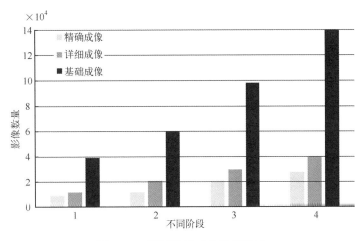

图5-16　不同阶段成像影像数量

(5)其他指标。除了上述评估指标外,系统的其他的评估指标如表5-10所列。需要说明的是,成像影像平均云量和不合格率这两个指标是根据成像信息归档系统反馈的影像信息进行评估的。由于技术原因,本书无法实现上述工程,因此尚无法对其进行评估。

表5-10　其他评估指标项

指　标　项	指　标　分　项	数　　值
任务完成指标	成像影像平均云量/%	—
	成像影像不合格率/%	—
卫星资源使用指标	卫星成像总时长/h	132.6942
	卫星平均成像时长/min	6.6730
	卫星总侧摆次数/次	268
	卫星平均侧摆角度/(°)	3.6667
	存储资源平均利用率/%	53

(续)

指标项	指标分项	数	值
地面站资源使用指标	地面站负载率/%	MYN	47
		SAY	21
		KAS	32
	地面站利用率/%	MYN	89
		SAY	72
		KAS	85

5.2 面向点目标敏捷观测的任务规划技术

本节旨在阐述面向点目标敏捷观测的任务规划问题，依据该任务规划问题面向动作序列的问题特性，将依次从面向点目标敏捷观测的任务规划问题建模与求解等两个方面展开，并将针对敏捷观测任务规划问题特性设计相应的应用场景，验证本节构建、设计的模型和求解算法。

5.2.1 面向动作序列的敏捷卫星任务规划数学模型

制定卫星调度计划时一般分为四个步骤，分别为任务调度、回传调度、动作安排、指令生成。考虑动作序列的调度能够一次性生成卫星的可执行动作序列，将卫星调度计划生成的步骤由四步变为两步，使得卫星观测计划制定从需求接收到指令生成的过程大为缩短，提高了计划制定的时效性。对于应急任务调度等时间要求较为紧迫的需求，如战争、火灾、洪水等特殊情况，时间往往意味着生命，因此面向动作序列的调度具有重要的实用价值。此外，面向动作序列的调度可以充分发挥其敏捷能力，优化管理利用星上资源，减少不必要的动作开销，同时能够提高卫星平台的可靠性和寿命。

1. 模型中考虑的卫星动作及其描述方式

为了生成卫星的动作序列，考虑了9种卫星动作：观测动作、数据回传动作、直拍直传动作、固存擦除动作、姿态机动动作、对日定向动作、对地定向动作、相机开关机动作、天线开关机动作。下面就每个动作的描述方式给出说明。

（1）观测动作：卫星观测目标条带的动作，以观测的开始和结束时间、观测条带以及卫星姿态进行描述。

(2) 数据回传动作:卫星向地面站回传图像数据的动作,以数据回传的开始和结束时间、回传图像列表、回传地面站、卫星姿态以及回传时天线角度进行描述。

(3) 直拍直传动作:卫星对目标和地面站同时可见,观测任务的同时将数据回传到地面站,以观测的开始和结束时间、观测条带、卫星姿态、回传地面站、回传天线角度进行描述。

(4) 固存擦除动作:擦除固存中已经回传的图像数据,以擦除开始和结束时间、擦除图像列表进行描述。

(5) 姿态机动动作:卫星从一种姿态转换到另外一种姿态的动作,以姿态机动的开始和结束时间、开始和结束的卫星姿态角进行描述。

(6) 对日定向动作:当卫星处在阳照区,卫星的太阳能帆板保持正对太阳以达到最大的充电速度,以开始和结束时间描述。

(7) 对地定向动作:当卫星处在地影区,三轴稳定对地定向,以开始和结束时间描述。

(8) 相机开关机动作:卫星观测任务之前需要先开相机预热,完成观测任务之后需要将相机关闭,以时间点进行描述。

(9) 天线开关机动作:卫星回传图像数据之前需要打开天线进行预热,完成任务之后需要将天线关闭,以时间点进行描述。

一般而言,这些动作必须依次执行,不能并行执行。两种情况例外:固存擦除动作可以和姿态机动动作、对日定向动作、对地定向动作等动作之一并行执行;数据回传动作可以和对地定向动作并行执行。

2. 面向动作序列的敏捷卫星任务调度模型

面向动作序列的敏捷卫星任务调度模型描述如下。

(1) $T=\{t_1,t_2,\cdots,t_{N_T}\}$ 表示观测目标集合。N_T 为目标数量,包含点目标和区域目标两类任务。

(2) w_i 表示观测目标 t_i 的收益(优先级)。

(3) $SceS$、$SceE$ 分别表示场景的开始时间、场景结束时间。

(4) o_{ikv} 表示卫星 S 对目标 t_i 的第 k 个时间窗口内构造的第 v 个条带。

(5) ws_{ikv}、we_{ikv}、d_{ikv}、$roll_{ikv}$、$pitch_{ikv}$ 分别表示任务条带 o_{ikv} 的最早观测开始时间、最迟观测开始时间、观测持续时间、观测侧摆角度、观测俯仰角度;d_{ikv} 表示任务条带 o_{ikv} 的观测持续时间。

(6) wrs_{ikv}、wre_{ikv} 分别表示任务条带 o_{ikv} 实际观测开始时间、实际观测结束时间。

(7) $u_i \in \{0,1\}$,$u_i = 1$ 代表条带 o_{ikv} 可以直拍直传,$[ds_i, de_i]$ 表示条带 o_{ikv} 的直传时间窗口。

(8) $sd_i \in \{0,1\}$,$sd_i = 1$ 代表条带 o_{ikv} 要求立体成像。

(9) $O_i = \bigcup_{k=1}^{N_i} \bigcup_{v=1}^{N_{ik}} o_{ikv}$ 为目标 t_i 分解的元任务集合。N_i 为卫星 S 对目标 t_i 的时间窗口数量,N_{ik} 为在 k 时间窗口内生成的元任务数量。

(10) WS_i、WE_i 分别为任务 t_i 的观测开始时间(t_i 第一个条带观测开始时间)、任务 t_i 的观测结束时间(t_i 最后一个条带观测结束时间)。

(11) DWS_i、DWE_i 分别为任务 t_i 的回传开始时间(t_i 第一个条带回传开始时间)、任务 t_i 的回传结束时间(t_i 最后一个条带回传结束时间)。

(12) M 为卫星的存储的最大容量。

(13) E 为可以消耗的卫星能量阈值。

(14) $M_t, t \in [SceS, SceE]$ 表示时间 t 时刻卫星上的存储容量使用数值。

(15) E_t 为时间 t 时刻卫星上的电量数值。

(16) ts_{uv},$u \neq v$ 表示卫星观测条带 o_{iku} 和条带 o_{ikv} 之间的姿态转换时间。

(17) TS_{ij},$i \neq j$ 表示卫星观测目标 t_i 和目标 t_j 之间的姿态转换时间。

(18) $f_{uv} \in \{0,1\}$,$u,v \in o_i$,$f_{uv} = 1$ 表示观测条带 o_{iku} 和条带 o_{ikv} 连续观测。

(19) $F_{ij} = \{0,1\}$,$i,j \in T$,$F_{ij} = 1$ 表示任务 t_i 和任务 t_j 被卫星 S 连续观测。

需要说明的是,观测目标 t_i 的所有条带观测收益相同。当 o_{ikv} 为立体成像任务条带时,$pitch_{ikv}$ 为固定值,并且此时 $ws_{ikv} = we_{ikv}$,即立体成像任务的观测开始时间是固定的。

决策变量定义如下。

(1) $x_{ik} = 1$ 表示目标 i 在卫星 S 的第 k 个时间窗口观测,$x_{ik} = 0$,表示任务 i 没有被选择观测。

(2) $x_{ikv} = 1$ 表示目标 i 的任务条带 v 在卫星 S 的第 k 个时间窗口观测,$x_{ikv} = 0$,表示任务条带 v 没有被选择观测。

目标函数定义如下。

$$Profit = \max \sum_{i=1}^{N_T} \sum_{k=1}^{N_i} (x_{ik} \cdot w_i) \quad (5-32)$$

约束条件分别如下所述。

(1) 观测时间窗口约束,即任务及其条带的观测时间不得超出其时间窗口：

$$\forall v \in o_i:(x_{ikv}=1) \Rightarrow (ws_{ikv} \leqslant wrs_{ikv} \leqslant wre_{ikv} \leqslant we_{ikv}) \quad (5-33)$$

(2) 任务之间的姿态机动时间约束，即两个连续观测任务中，前一个任务的观测结束时间加上机动时间不得超过后一个任务的观测开始时间：

$$\forall t_i, t_j \in T:(F_{ij}=1) \Rightarrow WE_i + TS_{ij} \leqslant WE_j \quad (5-34)$$

(3) 连续观测条带之间的姿态机动时间约束，即两个连续观测条带中，前一个条带的观测结束时间加上机动时间不得超过后一个条带的观测开始时间：

$$\forall u,v \in o_i:(f_{uv}=1) \Rightarrow wrs_{iku} + d_{iku} + ts_{uv} \leqslant wrs_{ikv} \quad (5-35)$$

(4) 任务观测规则约束，即一个任务的所有条带在其一次观测机会中必须全部观测或者全部不观测：

$$\forall t_i \in T:(x_{ikv}=1) \Rightarrow x_{ik}=1, \sum_{v=1}^{N_{ik}} x_{ikv} = N_{ik} \quad (5-36)$$

(5) 任务观测唯一性约束，即在一个调度周期中，每个任务及其条带只能被观测一次：

$$\forall t_i \in T: \sum_{i=1}^{N_T} \sum_{k=1}^{N_i} x_{ik} \leqslant 1 \quad (5-37)$$

(6) 直拍直传任务约束，即直拍直传任务的观测时间与回传时间必须在同一时间段：

$$\forall t_i \in T, \forall i \in O_i:(u_i=1) \Rightarrow (ds_i <= wrs_i < wrs_i + d_i <= de_i) \quad (5-38)$$

(7) 立体成像约束，即立体成像任务条带的最早可见时间与最晚可见时间固定不变：

$$\forall t_i \in T:(sd_i=1) \Rightarrow (ws_{ikv} = we_{ikv}) \quad (5-39)$$

(8) 任务回传约束，即对于存储回放任务，每个任务的回传时间必须在其观测时间之后：

$$\forall t_i \in T, \forall i \in O_i:(u_i=0) \Rightarrow (wrs_i < wrs_i + d_i <= ds_i) \quad (5-40)$$

(9) 卫星存储约束，即任意时刻卫星上观测任务所占用的存储容量不能超出其存储器的容量：

$$\forall t=[SceS, SceE]: M_t \leqslant M \quad (5-41)$$

(10) 卫星能量约束，即任意时刻卫星上能量存量不能低于卫星可消耗的能量阈值：

$$\forall t=[SceS, SceE]: E_t \geqslant E \quad (5-42)$$

3. 模型求解分析

为了确保研究成果的实用性，模型建立的合理性非常关键。本书建立的面向动作序列的敏捷卫星任务调度模型有以下特点。

(1) 考虑了多种类型的任务需求。卫星的成像任务有多种类型，从成像类型来分，可以分为存储转发和直拍直传两类。由于敏捷卫星能力的提升，对于直拍直传任务而言，也会有更多的直拍直传机会。此外，还有敏捷卫星特有的同轨立体成像目标类型。制订卫星观测计划时，必须对多种类型目标综合考虑。在以往研究中，往往只考虑一种目标类型，不能对多种目标类型综合处理。

(2) 考虑了卫星的实际动作。在卫星实际的成像过程中，除了成像动作之外，还有很多与之相关的动作。例如，卫星的姿态机动动作、能量补充的对日定向动作等。多数学者在研究卫星任务调度问题时，仅仅考虑调度问题，而没有将动作规划和任务调度一起考虑，这样在制定卫星调度方案时，还需要根据任务调度方案，重新制定卫星动作规划方案，这样首先会对调度方案的效率产生影响，其次有可能产生不可行任务，任务规划的效果也会受到影响。

(3) 考虑了数据回传。敏捷卫星的任务观测一般包括对地观测和数据回传两个环节。鉴于成像调度和数传调度各自具有较高的复杂性，大量关于卫星任务调度的文献中都没有考虑数据回传环节。而要得到相对优化并且适用于实际情况的优化结果，必须考虑数据回传。

由于对敏捷卫星任务调度进行了深入分析，考虑了多种任务需求和实际应用需求，所以建立的模型是合理并且实用的。

为了求解面向动作序列的敏捷卫星调度模型，需要解决以下三个关键问题：敏捷卫星物理及操作约束如何处理、观测任务如何安排、卫星动作序列如何安排。对于第一个问题，第3章已经做了详细介绍，这里不再赘述。对于后面两个问题，由于敏捷卫星的观测任务具有不固定的时间窗口，任务规划问题本身就是一个高度复杂的组合优化问题，而在考虑了复杂任务需求（立体成像、直拍直传、条带拼接）、复杂约束条件（存储及数据回传、与任务时间相关的卫星姿态转换时间、能量的补充与释放），特别是在任务规划的同时还要考虑动作规划的问题（例如，如果之前不安排对日定向动作，那么后续的观测及回传活动就可能会由于电量不足无法观测或者回传。如果之前不安排擦除动作，那么后续的观测活动可能会由于存储容量不足而无法观测），使得问题变得异常复杂。解决卫星任务调度问题的方法一般可分为精确算法和近似算法。精确算法一般只适用于小规模问题,并且在短时间内很难获得问题的最优解。以启发式算法为代表的近似算法能够在短时间内获得问题的满意解。考虑到生成方案的时效性,以及卫星动作的连续性,避免在方案中插入任务产生复杂的约束传播过程,设计了基于时序的动态前瞻启发式算法(Dynamic Look-Ahead Heuristic Algorithm,DLAHA),按照场景的开始时间到结束时间的顺序推演来安排任务,算法中采用基于专家知识的启发式规则来决定当前任务的选择及卫星动作序列的安排。

5.2.2 敏捷卫星任务规划的前瞻启发式调度算法

1. DLAHA 算法主要思想及框架

DLAHA 算法首先将候选观测目标的时间窗口和回传时间窗口按照其最早开始时间排序,形成候选任务队列,然后依次从候选任务队列中选择观测目标或者回传时间窗口作为当前任务进行安排。在考虑安排当前观测目标时,每次前瞻若干数量的目标,在前瞻步长之内决定当前目标是否安排,确定当前观测目标安排之后再安排卫星的相关动作序列;当前任务为回传时间窗口时,无须前瞻。在不同的步骤中采用不同的启发式规则,任务规划和卫星动作规划同时进行,最终生成卫星任务规划方案和实际可执行的卫星动作序列。算法的框架如图 5-17 所示,算法的关键在于如何决定当前任务是否加入观测方案,以及卫星动作序列的生成方式。

2. DLAHA 算法任务观测的安排过程

1) DLAHA 算法的任务前瞻步长

任务前瞻是指安排当前任务时算法根据前瞻步长向前看几个任务,检测当前任务与前瞻步长之内的任务是否冲突以决定当前任务是否安排。例如,前瞻步长的值为 1 时,前瞻一个任务;前瞻步长的值为 10 时,前瞻 10 个任务。前瞻任务过少,可能导致检测不到当前任务与其他任务的冲突,不能得到较好的优化效果;前瞻任务过多,则可能因为检测了过多的与当前任务不冲突的任务,导致算法效率受到影响。本书对前瞻步长的取值并不是一成不变的,而是根据实际情况动态变化的,所以称为动态前瞻。首先根据调度场景设置一个最大的前瞻步长,根据本书的实验结果,最大前瞻步长设为 10 比较合适。如图 5-18 所示,根据以下三种情况决定前瞻步长是否变化。

(1) 前瞻时遇到直拍直传任务,停止前瞻,依次安排前瞻任务组中的所有任务,然后安排直拍直传任务。

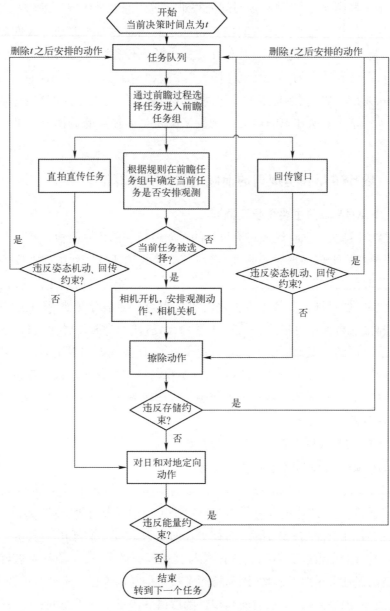

图 5-17 DLAHA 算法框架

（2）前瞻时遇到回传时间窗口，停止前瞻，依次安排前瞻任务组中的所有任务，然后根据回传时间窗口情况安排任务回传。

（3）超出了最大前瞻步长限制，停止前瞻，依次安排前瞻任务组中的所有任务。

第 5 章　面向不同任务的高分辨率卫星任务规划技术

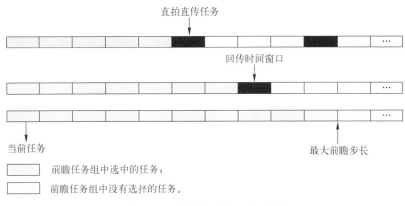

图 5-18　前瞻步长的变化原则

2）DLAHA 算法确定当前任务安排的方法

一般情况下,在前瞻任务组中,当前任务根据以下两个条件确定是否安排观测。

(1) 当前任务与已安排的任务或者卫星动作不冲突,当前任务的所有条带都可以被安排观测。

(2) 当前任务和前瞻任务组之内任务两两比较,如果发生冲突则按照下文设计的冲突取舍规则,采用优先级、剩余观测机会、观测时间、观测角度的顺序决定当前任务的取舍。

当任务连续冲突优先级依次上升的时候,就会发生"割草现象",即只有连续冲突任务的最后一个被安排,前面的任务全部被舍弃,如图 5-19 所示。采用的修正手段就是当前瞻任务数量大于等于 3 时,由二元检测变为三元检测。任务 1 和 2 冲突且任务 1 的优先级小于等于任务 2,任务 2 和任务 3 冲突且任务 2 的优先级小于等于任务 3 优先级。同时,任务 1 和任务 3 不冲突,那么本来应该被舍弃的任务 1"复活"。修正之后的效果如图 5-20 所示,当任务 1、2、3 连续冲突且 1、3 不冲突时,安排任务 1 和 3;当任务 1、2、3、4、5 连续冲突且间隔不冲突时,安排任务 1、3、5。

3）DLAHA 算法任务冲突检测的方法与取舍规则

任务冲突对于非敏捷卫星来说是由于其观测目标的时间窗口冲突从而导致目标的观测无法兼顾。对于敏捷卫星而言,由于其具有俯仰能力,观测目标具有一个大的时间窗口,其观测开始时间可以在这个大的时间窗口内任意选择,这样就导致任务可以在时间窗口之内滑动,那么敏捷卫星的任务冲突检测就相对复杂。本书冲突检测的规则是值在前瞻步长之内,由于当前任务的安排

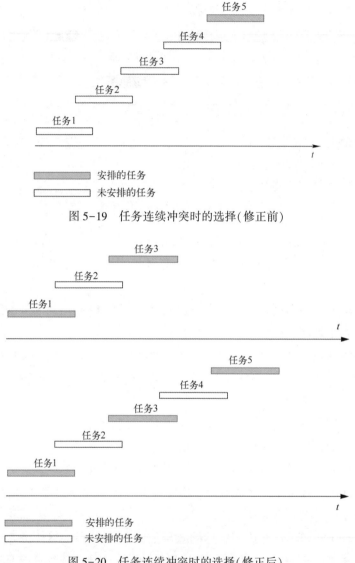

图 5-19 任务连续冲突时的选择(修正前)

图 5-20 任务连续冲突时的选择(修正后)

从而导致前瞻任务组中无法规划其他后续任务。

前瞻任务与当前任务存在冲突时选择任务的规则:优先级>剩余观测机会>观测时间窗口的长短>侧摆角的大小>俯仰角的大小。下面对各个规则进行简要描述。

(1) 优先级。由仿真管控给出的任务重要程度的度量,数值为1~10,值越大重要程度越高,需要优先完成。

(2) 剩余观测机会。在当前时间窗口之后任务还存在的可观测时间窗口数量称为该任务的剩余观测机会。如果两个任务在执行时间上严格冲突,一般而言,有剩余观测机会的任务可以考虑延后安排观测。

(3) 观测时间窗口的长短。在优先级相同的情况下,观测时间短的任务优先安排,这是因为时间窗口越短可能引起冲突的概率就越小,能够安排更多的任务。

(4) 侧摆角的大小。侧摆角越大则拍摄图像的质量越差,因此当任务冲突时,尽量选择侧摆角较小的任务安排观测。

(5) 俯仰角的大小。俯仰角越大则拍摄图像的质量越差,因此当任务冲突时,尽量选择俯仰角较小的任务安排观测。

另外,当冲突任务的观测时间窗口的长短、侧摆角的大小、俯仰角的大小等三种情况下差别在10%以内时,认为其差别在可以接受的范围内,然后进行下一个判断标准的比较。当两个任务五个判断标准都通过时,则安排观测时间点靠前的任务,舍弃另一个任务。

4) DLAHA 算法中任务观测开始时间点的确定方法

在确定每个任务的观测开始时间点的时候,已安排任务观测时间保持不变,采用基于规则的方式确定当前任务的观测开始时间点。由于本章采用的是基于时序推移的前瞻启发式算法,基于本算法的特征,用户可以有以下几种策略选择观测开始时间点。

(1) 任务数量优先策略。任务数量优先策略的目标是安排更多的任务。由于敏捷卫星的观测时间窗口很长,那么在选择每个任务的观测时间点的时候,如果任务观测安排在最大时间窗口的最前点(俯仰角最大),那么这样对后续任务观测时间窗口的影响最小,可以安排更多的任务。但是同时会带来问题,那就是由于在拍摄时间点离任务较远,拍摄图像的成像质量虽然能够满足用户要求,但是拍摄效果较差。

(2) 成像质量优先策略。成像质量优先策略是指任务观测安排在成像最佳观测时间点,以期望完成任务的平均成像质量最高。但是如果任务较为密集,这样选择会对后续任务时间影响较大,导致有些任务由于时间窗口被占用太多而无法观测。

(3) 综合效益优先策略。综合效益优先策略目标是在成像质量与任务数量之间寻找一个平衡点,即争取完成更多的任务同时成像质量也有所提高。在前瞻任务组中,如果当前任务的观测开始时间安排在最佳成像时间点,且完成时间与后续任务的最佳成像时间点不冲突,则当前任务观测安排在最佳成像时间点;如果当前任务的完成时间与后续任务的最佳成像时间点存在交错,则当前任务安排在其最早成像时间点,保证后续任务安排在其最佳成像时间点。

5) DLAHA 算法中直拍直传任务的安排方法

由于直拍直传任务一般来说是比较紧急的任务,因此 DLAHA 算法在前瞻过程中遇到直拍直传任务时,停止前瞻,不判断直拍直传任务与其他任务的冲突,直接优先安排此任务。同时,对该任务所占用的回传时间窗口进行裁剪,利用剩余的回传时间回传其他任务。直拍直传任务安排过程如图 5-21 所示。

6) DLAHA 算法中任务条带的安排顺序

DLAHA 算法中任务条带的观测顺序为自西向东依次观测。

3. DLAHA 算法中卫星动作序列的安排规则

在 DLAHA 算法中,敏捷卫星动作序列的安排与任务的安排同时进行,安排当前任务之后,立刻补充从前一个任务到当前任务的卫星动作序列。经过与卫星研制方与使用方的充分调研,本书设计了以下规则安排卫星的动作序列。

(1) 观测动作与相机开关机动作的安排规则。卫星观测动作的起止时刻等同于观测任务安排的起止时刻,相机开机动作在每一个任务观测开始时间前,提前一定的时间预热,相机在一个任务完成观测之后执行关机动作。

(2) 卫星姿态机动动作的安排规则。对于任务之间的卫星姿态机动动作,采用前文所述的方法计算姿态机动时间,在前一个任务观测完毕相机关机之后,执行卫星姿态机动动作,将卫星姿态调整到下一个任务的观测姿态。对于卫星其他动作之间的卫星机动动作,设为固定时间 3min。

(3) 回传动作、天线开关机动作及存储擦除动作的安排规则。对已观测未回传任务列表按照优先级和任务要求的最晚回传时间排序,当遇到回传窗口时,依次回传任务并计算每个任务的回传时间,直到该回传时间窗口时间被用尽或没有任务需要回传。由于频繁的擦除存储器会对其寿命产生影响,因此当存储器容量达到一定数值时(如 80%)并且有可以擦除的任务的时候,安排一次擦除动作,将存储器中所有已回传的任务擦除。在所有任务及回传窗口处理完成之后,安排一次擦除动作,将存储器中所有已回传的任务擦除。数据天线开机动作在每一个回传窗口开始时间前,提前一定的时间预热,数据天线在回传窗口回传完毕之后执行关机动作。

第 5 章 面向不同任务的高分辨率卫星任务规划技术

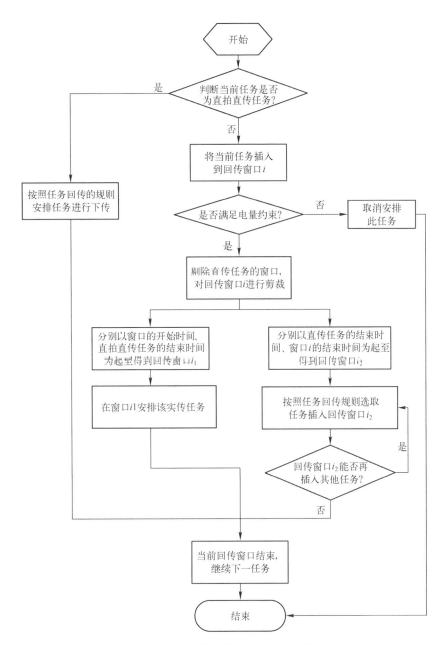

图 5-21 直拍直传任务的处理过程

（4）对日定向动作的安排规则。对日定向的时间阈值为 10min，在卫星进地影区之前如果有 10min 空闲时间（不包含整星机动时间），则安排对日定向；在卫星出地影区之后，如果有 10min 空闲时间，则安排对日定向；同轨任务（包括观测任务和回传任务)之间即使时间超过 10min 也不安排对日定向。对日定向的 10min 时间阈值可修改。

(5) 对地定向动作的安排规则。卫星处在地影区,安排对地定向动作,整星机动动作在地影区完成。对地定向没有时间阈值限制,根据地影预报数据进行添加。

(6) 回传窗口与地影区有重叠的情况下,对地定向及机动的添加规则。当回传时间窗口在地影区时,优先保证回传,回传动作安排完毕之后再添加对地定向动作及相应的整星机动动作,当回传窗口与地影区有重叠时,对地定向及机动的添加规则如图 5-22 所示。

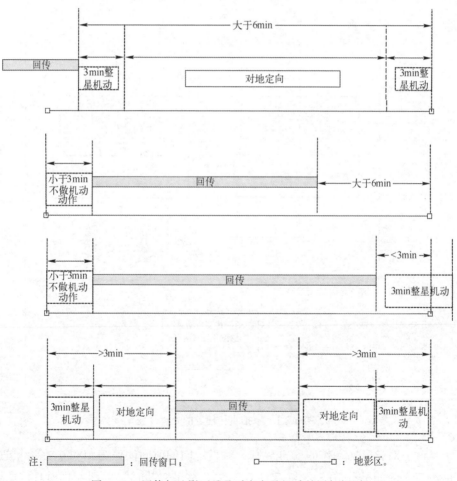

图 5-22　回传与地影区重叠时定向及机动的添加规则

(7) 电量不足的处理规则。电量不足是说当任务规划安排一个任务时,发现如果安排该任务则卫星电量就会低于预置的卫星最大放电深度阈值。安排任务时,首先检测当前任务和之前的卫星动作之间能否安排对日定向进行电量补充,如果不能安排对日定向动作,并且电量不足则放弃该任务。如果安排了对日定向动作之后,电量满足要求则安排该任务,不满足要求则放弃该任务,取消从卫星上一个动作到该任务的对日定向动作。

4. DLAHA 算法描述

Step1:获取预处理之后的任务及时间窗口信息。

Step2:按照开始时间先后顺序排列任务,形成任务列表,设定前瞻的最大步长。

Step3:按顺序选取当前任务 T_i,检查是否任务已经执行完毕。如果是,转则 Step8,判断当前任务其后的前瞻任务是否存在严格冲突,直到找到一个 T_j 与 T_i 无严格冲突或者达到最大步长限制。

Step4:按照规则决定当前任务 T_i 是否安排观测。如果安排,转 Step5。否则,转 Step3。

Step5:检查电量及存储约束,计算姿态转换时间,满足则安排当前任务 T_i,转 Step6。否则,转 Step3。

Step6:把 T_i 放入回传窗口队列,等待下一个回传窗口按照一定规则回传该任务。

Step7:检查 T_i 与之前任务之间能否安排对日定向或者对地定向活动,满足时间要求则安排对日或对地定向;否则,转 Step3。

Step8:输出最终任务调度结果及卫星动作序列。

5.2.3 实验设计及结果分析

1. 实验设计及参数设置

目前,由于敏捷卫星任务规划问题约束众多,各个国家卫星的使用约束与物理约束不尽相同,难以套用经典理论问题的测试问题集。随机生成数据构造的测试场景实例不具有代表性,不能体现敏捷卫星任务调度问题的特征。为了验证本书规划模式、规划方法的适用性和可行性,本书借助 STK(Satellite Tool Kit)生成了测试场景。对于目标的地理分布,构造问题实例时的分布方式,采用均匀分布与聚集分布结合的方式。采用 Net 2005 平台和 C#语言编程实现 DLA-HA 算法,实验计算机配置为 Pentium 4 CPU 3.0GHz,2GB 内存。表 5-11 给出了 6 个实例的实验参数信息。其中,R 代表任务数量,S 代表元任务数量,M 代表立体成像任务数量,N 代表直拍直传任务数量。完成任务的收益值设为 1~10,10 为最高收益,随机分配给任务。每个例子设置了 5 个中国境内的回传地面站。实例 1 的任务分布在卫星的前四个轨道圈次,实例 2 和 3 的任务集中分布在卫星的前两个轨道圈次,后面的三个实例的任务随机分布在卫星的各个轨道圈次。为了更有效地进行对比,本书将规划周期分别设为 24h 和 48h。

表 5-11 问题实例

实例编号	R	S	M	N
1	47	122	3	3
2	46	122	1	6
3	42	112	4	8
4	46	101	5	0
5	200	480	14	1
6	300	734	14	6

2. 实验结果及比较分析

规划周期为 24h 的规划结果如表 5-12 所列,规划周期为 48h 的规划结果如表 5-13 所列。其中,Profit 代表完成任务的收益值之和;Time 代表完成任务的时间;P 代表完成观测的任务总数;UD 代表观测但是没有回传的任务总数;UP 代表没有观测的任务总数;Actions 代表总的动作数目。在 24h 的规划结果中,实例 2 和 3 分别有 17 和 15 个任务没有完成观测是因为任务太密集,卫星的机动能力还不足以完成所有任务。实例 5 和 6 中有许多任务没有回传是因为地面站设在中国境内,后面几轨观测的任务没有回传窗口进行回传。

表 5-12 规划周期为 24h 的规划结果

实例编号	Profit	Time/s	P	UD	UP	Actions
1	261	24	46	0	1	384
2	169	19	29	0	17	249
3	179	19	27	0	15	249
4	297	18	46	5	0	372
5	1009	81	180	58	20	1263
6	1396	126	239	64	61	1633

表 5-13　规划周期为 48h 的规划结果

实例编号	S	Profit	Time/s	P	UD	UP	Actions
1	158	261	28	46	0	1	444
2	185	230	25	44	0	2	406
3	175	235	24	36	0	6	370
4	144	297	23	46	0	0	434
5	644	1018	86	181	0	19	1339
6	986	1467	133	255	7	45	1809

可以看出,本书设计的前瞻算法可以很好地处理复杂的任务需求(多条带区域、直拍直传任务和立体成像任务);本书算法可以处理卫星的所有约束条件并且生成卫星动作序列;算法的时间效率很高,所有的实例都可以在几分钟之内给出结果。此外,本书设计的算法可以实现不同时长的规划周期。

5.3　面向高轨凝视任务的任务规划技术

本节旨在阐述面向高轨凝视任务的任务规划问题,将依次从高轨凝视任务规划问题特性分析、高轨凝视任务规划问题建模与求解等两个方面展开,并将针对高轨凝视任务规划问题特性设计相应的应用场景,验证本节构建、设计的模型和求解算法。

5.3.1　面向高轨凝视任务的任务规划问题特性分析

高轨卫星在未来将会服务大量的用户,当面对非常重要的用户或很紧急的事态时,他们的观测需求可以得到最大限度的满足。但在卫星日常的使用中,运控部门面对的多是提出多样需求的一般用户。由于卫星资源有限,卫星运控部门必须针对这些大量的需求做出均衡的决策。为了服务尽可能多的用户,运控部门有必要限制每个任务需求提交给用户的高轨卫星单景图像的数量。除此之外,通过分析用户和卫星运控部门的需求,发现他们主要考虑三个方面的内容:高轨卫星对点目标成像的总收益、完成观测任务所消耗的时间和卫星所消耗的能量。而卫星在观测众多点目标之间的姿态机动角度与后两个因素紧密相关。因此,本节所解决的问题可以描述为:在限定高轨卫星可以拍摄的单景图像的数量下,结合用户需求和卫星消耗的均衡,考虑两个优化目标,即对地观测收益的最大化和卫星姿态机动角度总和的最小化,这两个目标之间的冲突如图 5-23 所示。

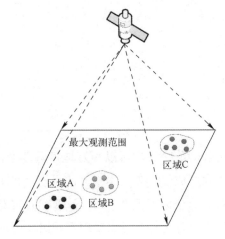

图 5-23　两个目标间的冲突示意图

在图 5-23 中,区域 A 中的点目标收益很高,但区域 B 中的点目标收益较低,虽然区域 C 中的点目标较区域 B 中的点目标收益高一些,但区域 C 距离区域 A 和 B 过远,如果卫星拍摄区域 C 的图像,卫星调整角度将会很大,这将直接影响卫星的能量消耗和所需的时间。因此,当面对这样的冲突时,设计一种合适的规划方法是很有必要的。为了使每次卫星成像时的姿态调整角度总和尽量小,一组单景图像的拍摄序列可以建模成旅行商问题(TSP),目标是寻找最适合的卫星姿态调整角度序列,以保证卫星姿态调整角度的总和最小。

5.3.2　高轨凝视任务规划问题建模与求解

1. 高轨凝视任务规划问题建模

高轨卫星任务规划的数学模型中涉及的主要参数如下。

(1) S_{GEO} 表示用来观测地面目标的高轨卫星,本书仅考虑单颗高轨卫星。

(2) $T=\{t_1,t_2,\cdots,t_m\}$ 为待观测点目标集合。其中,M 是点目标的数量。

(3) (x_{t_m},y_{t_m}) 为每个点目标 t_m 的坐标信息,$m=1,2,\cdots,M$。

(4) p_m 为被观测到的点目标 t_m 的收益。

(5) h 为高轨卫星轨道高度。

(6) r 为高轨卫星单景方块边长。为了简化问题,模型中单景方块为标准正方形。

第5章 面向不同任务的高分辨率卫星任务规划技术

（7）L 为高轨卫星最大可视范围的边长。为了简化问题，模型中的高轨卫星最大可视范围为标准正方形。

（8）α、β 分别为卫星 S_{GEO} 姿态调整在水平方向和垂直方向的调整角度，即卫星侧摆角和俯仰角。

（9）$\alpha_{\max}$、$\beta_{\max}$ 分别为侧摆角和俯仰角的最大调整角度。

（10）N 为需要高轨卫星拍摄的单景图像数目。

（11）(x_{g_n}, y_{g_n}) 为每张单景图像中心点 g_n 的坐标。其中，$n=1,2,\cdots,N$。

（12）ng_n 为每张单景图像所包含的点目标数目。

（13）$y_{\max}$、$y_{\min}$、$x_{\max}$、$x_{\min}$ 为高轨卫星最大可视范围顶点坐标。

本模型中假设卫星投影到地面的横纵坐标分别为 $(x_{\max}+x_{\min})/2$ 和 $(y_{\max}+y_{\min})/2$，并且卫星垂直于地面。本规划问题的决策变量为：每个高轨卫星单景图片的中心点坐标、单景图像的观测序列。

基于问题描述，本节对高轨卫星对地观测任务规划问题考虑两个目标函数：最大化卫星观测地面目标的总收益，最小化卫星在观测过程中姿态调整角度的组合。这是一个多目标优化问题，每个目标函数的计算方法介绍如下。

目标函数 F_1 计算在一次观测任务中，卫星拍摄得到单景图像的总收益。每个点目标的收益是一个随机的整数，数字越大代表收益越大。如图 5-24 所示，某个单景的中心点坐标为 $[x_{g_n}, y_{g_n}]$，根据单景图像的大小，就可以得到每个单景图像的坐标范围，而后通过比对每个点目标的坐标，就可以进一步获得每个单景所包含的点目标的坐标。

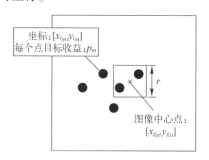

图 5-24 对目标函数 F_1 计算的示意图

从图 5-24 可以得到一个 0—1 函数，这个函数可以表示某个点目标是否包含在某张单景图像中。数字 1 代表包含，数字 0 代表不包含。

$$\mathrm{Obs}(t_m, g_n) = \begin{cases} 1, |x_{t_m}-x_{g_n}| \leq r/2 \cap |y_{t_m}-y_{g_n}| \leq r/2, 1 \leq m \leq M, 1 \leq n \leq N \\ 0, 其他 \end{cases} \quad (5\text{-}43)$$

目标函数 F_2 计算的是卫星姿态机动角度。在计算中,为了简化,本书假设地球表面为平面。如图 5-25 所示,星下点是卫星投影在地球表面的点。角度 $\alpha_{i,i+1}$ 和 $\beta_{i,i+1}$ 分别代表高轨卫星在单景图像 g_i 和 g_{i+1} 之间转换的侧摆角和俯仰角。

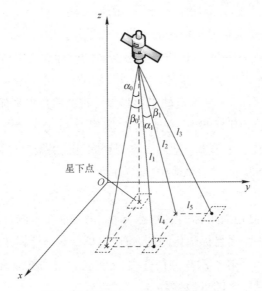

图 5-25　计算目标函数 F_2 的示意图

以图 5-25 为例,结合余弦公式,可以得到姿态转换角度。例如,图中角度 α_1 和 β_1 为

$$\alpha_1 = \cos^{-1}\frac{l_1^2+l_2^2-l_4^2}{2l_1l_2} \tag{5-44}$$

$$\beta_1 = \cos^{-1}\frac{l_2^2+l_3^2-l_5^2}{2l_2l_3} \tag{5-45}$$

综上所述,本规划问题可以建模如下:

$$\text{obj.}:\max F_1 = \sum_{i=0}^{M} Obs(t_m)\cdot p_m \tag{5-46}$$

$$\min F_2 = \sum_{i=0}^{n} \alpha_{i,i+1}+\beta_{i,i+1} \tag{5-47}$$

$$\text{s.t.}: \alpha_{\max}\leq 8.5°, \beta_{\max}\leq 8.5°; \tag{5-48}$$

$$x_{g_i}\neq x_{g_j}\cap y_{g_i}\neq y_{g_j}, \forall i\neq j; \tag{5-49}$$

$$\sum_{n=1}^{N} Obs(t_m,g_n)\leq 1, m=1,2,\cdots,M \tag{5-50}$$

$$x_{\min}\leq x_{t_m}\leq x_{\max} \tag{5-51}$$

$$y_{\min} \leqslant y_{t_m} \leqslant y_{\max} \quad (5-52)$$

$$x_{\min} \leqslant x_{g_m} \leqslant x_{\max} \quad (5-53)$$

$$y_{\min} \leqslant y_{g_m} \leqslant y_{\max} \quad (5-54)$$

解决该多目标优化问题还需满足几项约束,式(5-48)表示高轨卫星姿态调整角度的最大值不能超过 8.5,式(5-49)保证了卫星所拍的任意两张图像不会完全重合覆盖。本书中主要讨论高轨卫星的扫描任务,式(5-50)保证了每个点目标只会被成像一次,式(5-51)~式(5-54)确保了每个点目标以及卫星单景图像都在卫星最大对地可见范围内。

2. 高轨凝视任务规划问题求解算法

由于本书将高轨卫星对地观测问题建模为多目标优化问题,因此作为启发式算法的一种,多目标进化算法(Multi-Objective Evolutionary Algorithm,MOEA)是本书解决该问题的首选算法。对于 MOEAs 更为详细的介绍可以参考 Deb 和 Coello 的文献。本书将基于一种经典的多目标进化算法 NSGA-Ⅱ算法来设计高轨卫星任务规划算法。NSGA-Ⅱ算法是 Deb 等于 2002 年提出的,多目标优化问题所产生的解为 Pareto 解集,在该解集中的解之间是非支配关系,即这些解是一样好的,无法判断哪个更好。NSGA-Ⅱ算法的基本原理可以描述为:父代种群和子代种群会进行结合并排序分组,其目的是产生更好的下一代种群。同时,NSGA-Ⅱ算法对种群中个体的排序基于两个原则,第一个原则是用一种非支配的排序机制(Non-Dominated Machanism,NDM)将组合的种群分成不同组别的非支配解集合。第二,在每个集合内,基于拥挤距离(Crowding Distance,CD)对解进行排序,这样的操作可以确保非支配解的多样性。NSGA-Ⅱ算法主要用于求解连续问题,而本书所提出的规划问题是离散的,因此染色体的结构以及遗传算子都需要进行重新设计。

1) 编码和初始化

编码是遗传算法中的第一步也是关键的一步,编码的方法会影响交叉算子和变异算子,而交叉算子和变异算子又是决定遗传算法性能的关键。最为常用的几种编码的方法有:①二进制编码,与生物染色体结构相似的二进制编码,其中,每个基因是二进制数 0 或 1;②整数编码,每个基因表示为一定范围内的整数;③实数编码,每个基因表示为一个实数。在设计求解本书问题的算法时,考虑到问题本身的特质,本书采取矩阵实数的编码方法。由于本问题包含两个决策变量,因此设计的染色体包括两个部分,如图 5-26 所示。

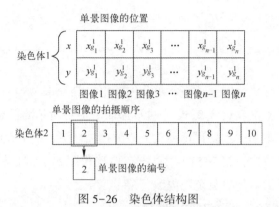

图 5-26 染色体结构图

染色体 1 代表的是高轨卫星所拍摄单景图像的位置,本书将每张单景的中心点坐标编码为实数,所以种群中的每个个体都是一个矩阵:

$$G_k = \begin{bmatrix} x_{g_1}^k \cdots x_{g_n}^k \cdots x_{g_N}^k \\ y_{g_1}^k \cdots y_{g_n}^k \cdots y_{g_N}^k \end{bmatrix}$$

这里的 G_k 表示种群中的第 k^{th} 个个体,$x_{g_n}^k$ 和 $y_{g_n}^k$ 分别是第 n 个单景的横坐标和纵坐标。染色体 2 代表的是卫星拍摄单景图像的顺序。在本书中,单景图像的顺序优化可以看作是一个 TSP 问题。在染色体 2 中,每个数字代表一张单景图像,数字的顺序代表成像的顺序。通过调整成像的顺序,可以得到更小的卫星姿态转换角总和。

为了更好地提升 NSGA-Ⅱ 算法的性能,基于高轨卫星在日常使用时的经验,本书在算法种群初始化这一过程中加入了一个启发式原则,如图 5-27 所示。

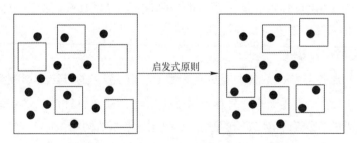

图 5-27 算法种群初始化时的启发式原则

朴素的 NSGA-Ⅱ 算法在产生初始种群时是随机的,一般情况下会产生很多不包含目标点的单景图像。这一点非常影响算法进化的效率,于是本书加入一个启发式原则,即在初始化种群中,每张照片都必须包含至少一个目标点。本书将加入了启发式原则的 NSGA-Ⅱ命名为 HSGA-Ⅱ(Heuristic NSGA-Ⅱ)算法。

2) 交叉和变异算子

本书使用锦标赛选择的方法从父代种群中选择个体。而后产生一个与父代个体染色体长度相同的二进制字符串,在该字符串中 0 代表不交叉,1 代表交叉,数字 1 的数量[1,3]区间内的随机整数。如图 5-28 所示,根据二进制字符串的结构,算法可以交叉两个父代的个体,获得新的子代。

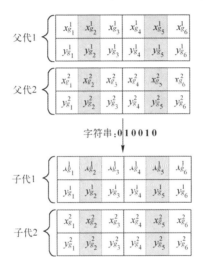

图 5-28 染色体 1 的交叉操作

染色体 2 的交叉方法如图 5-29 所示。两个父代染色体个体为一组,每组重复以下步骤:①随机生成[1,10]区间内的两个整数 r_1 和 r_2,以此来决定染色体上的两个位置,交叉这两个位置中间的部分;②在交叉过后,可能在同一染色体中有重复的数字,算法会通过局部映射对数字之间的冲突进行消解。

基于以上描述,染色体 2 后代的产生过程可以描述如下。

Step1:通过二进制锦标赛的方法选择父代中的两个个体($G_i^{(1,l)}, G_i^{(2,l)}$)。

Step2:产生一个随机数 $r \in [0,1]$,并设定一个交叉概率 p_c。如果 $r < p_c$,则转到 Step3,否则没有交叉操作。

Step3:随机产生一个二进制字符串并用交叉算子产生子代($G_i^{(1,l+1)}, G_i^{(2,l+1)}$)。

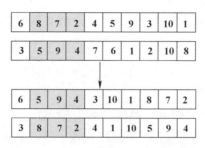

图 5-29 染色体 2 的交叉操作

交叉操作可以从全局角度获得好的个体并且接近最优解。然而,仅有交叉操作可能会让算法有早熟现象。变异算子可以提高遗传算法的邻域搜索能力,从而保持种群的多样性并防止早熟收敛。本书在变异算子中也加入了启发式原则,在染色体 1 中,每个照片的中心点坐标可以小概率地直接变异到某个点目标的坐标而不是随机的改变。在染色体 2 中,变异操作为随机选择两个数字并交换它们的顺序。

3) HNSGA-Ⅱ算法整体流程

基于以上内容,本书所设计的 HNSGA-Ⅱ算法的流程如图 5-30 所示。

对算法流程的描述如下。

Step1:获取所有待观测点目标的坐标,获取单景图像数目的需求。

Step2:设定算法参数,即种群个数,最大迭代代数,交叉和变异的概率。

Step3:产生初始种群 P_0。

Step4:根据约束条件调整初始种群,根据目标函数对个体进行评估,并执行非支配排序(Non-dominated Sort),即将种群中的个体按照每个目标函数的值进行升序排序和分组。而后计算每组中每个个体的拥挤距离并根据拥挤距离对个体进行排序。以此获得第一代种群 P_1。此时,种群个数计数 N_{gen} 为 1。

Step5:对种群 P_1 执行交叉和变异操作,获取子代种群 Q_1,调整解集,评估 Q_1 中的每个个体。

Step6:将父代种群 P_1 和子代种群 Q_1 合并,进行非支配排序操作,计算每个个体的拥挤距离,并根据拥挤距离对每个非支配层的个体进行排序。

Step7:选择在最前沿的非支配解解集并进行 TSP 优化,获得新的种群 P_2。

Step8:如果 P_1 等于 P_2,则将 N_{gen} 的数值加 1 并记录 P_1。

Step9:重复 Step5 到 Step8 直到 N_{gen} 达到最大迭代代数。

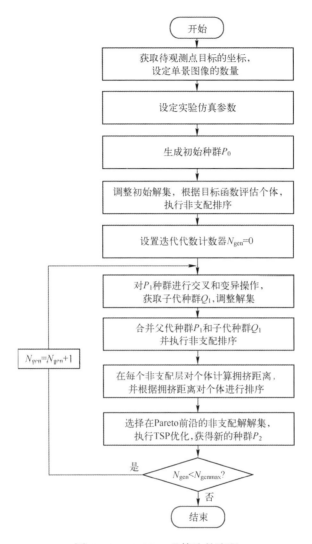

图 5-30　HNSGA-Ⅱ算法的流程

5.3.3　高轨凝视任务规划应用实践

本部分实验重点在于检测本书所设计的高轨卫星任务规划算法的性能,在生成测试任务样例之后,分别运用本书设计的算法以及对比算法对任务样例进行规划,并设定评价指标来评价本书设计的 HNSGA-Ⅱ算法的性能。下面首先介绍本书所使用的多目标进化算法评价指标。

1. 算法评价指标

在多目标优化领域中,经过算法所得到的非支配解的好坏是要用 Pareto 前沿的收敛性和非支配解的分布情况来衡量的。由于本书所提出的多目标优化问题的 Pareto 前沿是未知的,所以在进化算法求解的过程中,本书记录一个称为 Hypervolume 的指标,该指标是一个衡量非支配解解集好坏的综合评价指标。

Hypervolume 是用来衡量最小化问题中所获得的非支配解解集占用目标函数空间"体积"的指标,记为 HV,计算过程为

$$HV = \text{volume}(\bigcup_{i=1}^{|ND|} V_i) \quad (5-55)$$

式中:$|ND|$ 是所获得的非支配解解集的数量;v_i 是包含原点的超立方体,并且被目标函数空间中的解限定了边界。二维情况下的 Hypervolume 指标[17]如图 5-31 所示。在图 5-31 中,集合 $\{P_1, P_2, P_3\}$ 的 Hypervolume 指标为 $AP_3BP_2CP_1DH$ 所围成区域的面积,点 H 表示参考点。

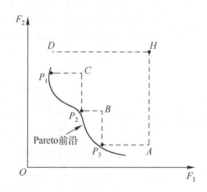

图 5-31 二维情况下的 Hypervolume 指标

2. 实验基础

本小节设定实验中所需的基本参数,本实验中的高轨卫星是中国的一颗在轨运行的高轨卫星,它搭载的载荷是一个分辨率为 50m 的光学相机并且拥有 400km 的幅宽,该卫星的轨道参数如表 5-14 所列。

表 5-14 高轨卫星轨道参数

参　　数	含　　义	数　　值
Height/km	轨道高度	36000
Eccentricity	轨道离心率	0
Inclination /(°)	轨道倾角	40
Perigee /(°)	近地点幅角	40
RAAN/(°)	升交点赤经	190
Mean Anomaly/(°)	平均近地点角	0

在该部分的实验中,所有被观测的点目标都只会被观测一次,基于第 4 章中所介绍的高轨卫星基本信息以及所建立的高轨卫星对地观测任务规划数学模型,实验中设定 $L=7000\text{km}, r=400\text{km}$。同时,本书针对实验做出如下假设:①高轨卫星相机单景方块不发生形变;②不考虑云层遮挡;③每个点目标都可以被卫星成功识别;④卫星有充足的电力和固存;⑤为了确保 TSP 优化结果的闭合性,卫星相机在每次执行完一组观测任务后都会回到起始位置。

3. 针对随机分布点目标的实验

1)测试实例的生成和算法参数的选择

高轨卫星对地观测的第一个实验主要针对具有随机分布的点目标,实验所用的测试实例是随机生成的,主要包括两个部分:其一是所有点目标的坐标,这些点目标的坐标是在 $[x_{\min}, x_{\max}]$ 和 $[y_{\min}, y_{\max}]$ 上生成的;其二是每个点目标的收益 p_m,该收益是区间 $[1,5]$ 的随机整数。

根据点目标的数目和所限定的单景图像的数量,实验中所设定的实验规模可以分为:小规模、中规模和大规模。表 5-15 给出了不同规模实验的实验参数,其中 N_{gen} 是每代种群中个体的数量,N_{pop} 是 HNSGA-Ⅱ 算法的迭代次数,p_c 是交叉算子发生的概率,p_m 是变异算子发生的概率。

表 5-15 不同实验场景中的实验参数

场景	待观测目标的个数/m	需拍摄的单景图像的张数/n	N_{pop}	N_{gen}	p_c	p_m
1	25	10	150	200	0.9	0.1
2	50	20	150	200	0.9	0.1
3	75	40	150	200	0.9	0.1

为了避免实验的偶然性结果,本书对本部分实验中的每个任务场景都独立运行 20 次,并记录每次所得到的非支配解解集。

2)实验结果及分析

在经过 200 代的迭代后可以最终获得三种规模实验的非支配解解集,图 5-32 为 20 次独立运行中任选一组的三个规模实验下所得到的 Pareto 前沿。

从图 5-32 可以看出,决策者可以从两个目标函数数值的均衡中受益,以及在所有三种规模的任务场景中,两个目标函数之间是冲突的。

本书选取中等规模的任务场景做进一步的分析。如图 5-33 所示,非支配解解集可以大致上被分为两部分:集合 1 和集合 2。集合 1 中的解收益很低,并且其线性拟合为负相关。这部分子集的卫星姿态机动角度总和稳定在区间

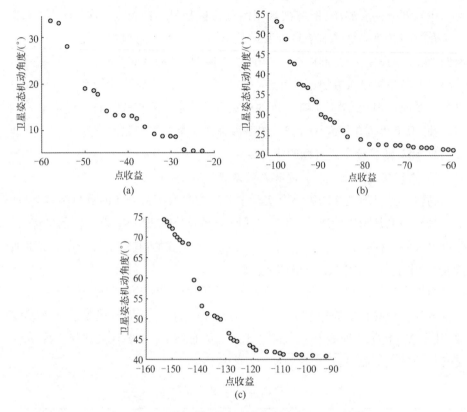

图 5-32 三种实验场景下所获得的一组 Pareto 前沿

(a)场景 1;(b)场景 2;(3)场景 3。

[21.5,24]上,同时观测目标的总收益为 60~81。这表明决策者在该阶段可以以很小的姿态机动角度代价获得尽量多的期望收益。

在集合 2 中,在收益值达到 86 以上时,如果决策者想要进一步提升收益,那么必须要在卫星姿态机动角度上做出巨大的牺牲。而决策者最终做出的决策取决于其自身的决策偏好,实验仿真结果可以很好地为其提供决策支持。

本书中展示的是在小规模任务和中规模任务场景下,算法迭代 200 次之后的规划结果,点目标分布和规划结果的可视化展示如图 5-34 所示。在图 5-34 中,星状的点代表点目标,其旁边的数字代表该点目标的收益,红色的正方形代表高轨卫星的单景窗口,在正方形内部的数字代表每张拍摄顺序。从图 5-34 中可以清楚地看到对拍摄顺序的优化。在小规模任务场景和中规模任务场景中,收益为 5 的点目标被拍摄的比例分别为 89% 和 90%。进一步分析所选结果

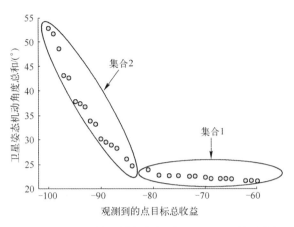

图 5-33　一个中等规模任务场景下的 Pareto 前沿分析

中每张图像所获得的收益,可以得到在小规模任务场景中,卫星所获得的图像中最大收益为 13,最小收益为 5,平均收益为 5.8;在中等规模的任务场景中,卫星所获得图像中最大收益为 10,最小收益为 1,平均收益为 5。这样的可视化展示可以直接反映出本书所设计的算法可以在照片数量的约束下,尽可能将收益最大化。

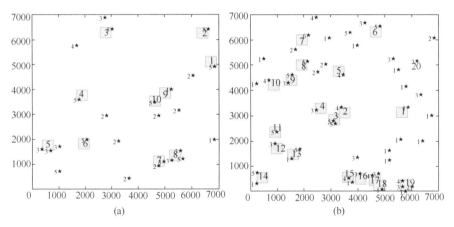

图 5-34　点目标分布以及规划结果的可视化展示

(a)场景 1;(b)场景 2。

接下来验证本书所设计算法的性能,所用的评价指标为本节所介绍的 Hypervolume 指标。在实验中,本书首先进行了标准化处理,在选择了参考点 $H(0, 300)$ 后,计算了在 20 次独立运行下三种不同的任务场景中,每一代算法的平均 Hypervolume 值,所得结果如图 5-35 所示。

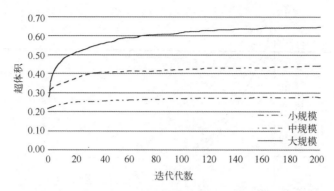

图 5-35　三种任务场景 20 次独立运行下算法每一代的平均 Hypervolume 值

在图 5-35 中，随着迭代次数的增加，Hypervolume 的值也在随之增加，这意味着算法求得了更好的非支配解解集。本书提出的算法在三种规模不同的任务场景中都展现了很好的收敛性，在三种不同规模的任务场景中，算法分别收敛于第 20、40 和 60 代。

如 5.3.3 节介绍，本书设计的 HNSGA-Ⅱ 算法是经典 NSGA-Ⅱ 算法的变种。接下来对比 HNSGA-Ⅱ 算法和朴素的 NSGA-Ⅱ 在求解同一问题时的性能，所得结果如图 5-36 和图 5-37 所示。

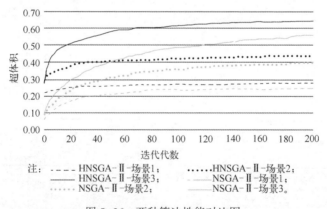

图 5-36　两种算法性能对比图

图 5-36 展示了用两种算法求解同一问题的迭代过程。在 20 世纪 60 代之前，朴素 NSGA-Ⅱ 算法的 Hypervolume 值很明显地小于 HNSGA-Ⅱ 算法，表明了 HNSGA-Ⅱ 算法在种群初始化阶段的优秀表现。为了更好地验证运用两种算法求解同一问题在 200 代迭代后的所得的非支配解解集是否有显著差异，本书对算法迭代 200 代以后的结果进行了统计分析。

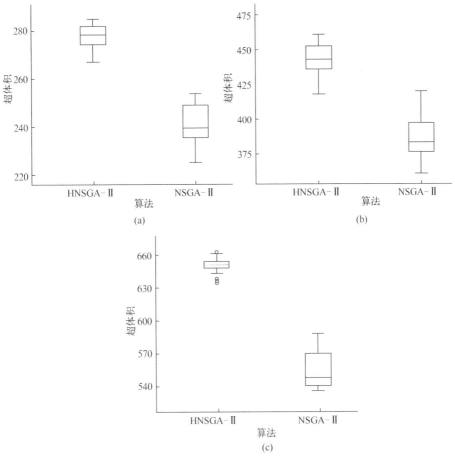

图 5-37　两种算法结果统计分析箱图

(a)场景 1;(b)场景 2;(c)场景 3。

在图 5-37 中,由左至右依次为体现两种算法求解三种不同规模任务场景所得结果的箱图。本书进行了显著性水平为 0.05 的显著性检验并且得到结论,运用 HNSGA-Ⅱ 算法求解高轨卫星对地观测问题有明显更好的结果,并且随着任务规模的增大,这种差异也变得越来越大,这表明本书所设计的启发式原则起到了很好的作用。

4. 针对特殊分布的点目标实验

以上实验主要针对随机分布的点目标,然而在日常卫星的使用中,也可能会遇到具有特定特征的点目标分布,接下来的实验主要针对具有聚类特征分布的点目标。这类实验也可以进一步地发现本书所设计的算法更适用于什么样的点目标分布,以此来指导高轨卫星未来的使用方向。

图 5-38 展示了具有一定聚类特征的点目标的分布情况。在图 5-38 中,50 个目标点大体上可聚为 4 类,除这四类之外,也有一些零散的点目标。

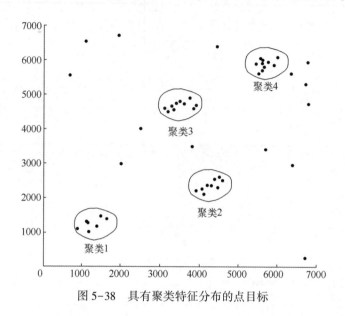

图 5-38 具有聚类特征分布的点目标

实验场景 4 的参数设定如表 5-16 所列,为了避免结果的随机性,该实验同样也独立运行了 20 次。

表 5-16 场景 4 的实验参数表

场景	点目标数量/m	单景图像数量/n	N_{pop}	N_{gen}	p_c	p_m
4	50	15	150	200	0.9	0.1

有一点值得注意,在收益达到 130 左右时产生了一个跃升点,这表明决策者要想观测所有的 4 个聚类的点目标,必须牺牲卫星姿态转换角总和这一指标,如图 5-39 所示。与场景 2 所得到的结果相比,具有聚类特征的点目标可以用更少的图像获得更大的收益。

使用 HNSGA-Ⅱ算法解决高轨卫星对地观测任务规划问题,如图 5-40 所示。可以看到在这种场景下,该算法也可以有很好的收敛性。

从以上实验结果可以看出,本书所提出的算法可以很好地解决具有聚类特征分布的点目标,这也为未来卫星管控机构对于高轨卫星的使用提供了一定的方向。

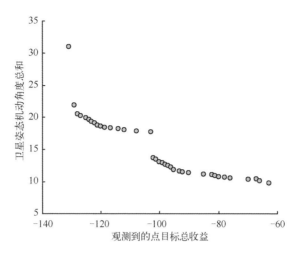

图 5-39　场景 4 所得到的一组 Pareto 前沿

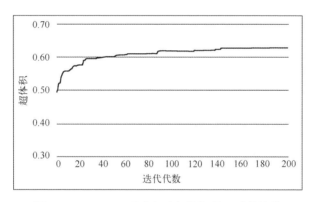

图 5-40　HNSGA-Ⅱ 在解决问题场景 4 时的性能

5.4　小结

本章梳理了面向不同任务类型的高分辨率卫星任务规划技术,包括面向区域目标的任务规划技术、面向点目标敏捷观测的任务规划技术以及面向高轨凝视任务的任务规划技术。针对不同类型的任务规划问题分别建立任务规划的数学模型,详细定义了模型的输入、输出、约束和目标函数。针对问题的不同特性,制定了不同的任务规划框架,对问题进行分解与简化。采用合适的启发式规则、精确求解算法、智能优化方法对问题就行求解,分别设计了不同任务类型下规划结果的评价机制,结合具体情景算例对算法性能进行了评估,证明了算法的性能。

第 6 章

事件驱动的高分辨率卫星动态滚动任务规划技术

通常高分辨率卫星任务规划采用的是静态周期性进行的方式,即每天(或给定周期)进行一次,每次考虑的成像任务需求、资源状态等与卫星调度相关的信息都是预先确定并被冻结的,任务规划方案一经生成就不再修改。这种方式对日常管理是适用的,但当遇到紧急情况时,往往不能适应环境和用户需求的快速变化,导致既定的任务规划方案不再可行或合理。因此,有必要研究事件驱动的高分辨率卫星动态滚动任务规划技术。

本章主要研究在高分辨率卫星资源状态、成像任务需求等信息发生变化时,如何通过动态滚动任务规划技术快速获得一个新的可行优化方案,同时又能使新老规划方案的差异尽可能小,减少成像计划变更对其他相关高分辨率卫星应用管理部门的影响。

6.1 事件驱动下高分辨率卫星任务规划的动态特性

6.1.1 高分辨率卫星动态观测需求分析

传统管控模式下,观测计划一旦上注至卫星,除非出现重大自然灾害或等级较高的应急需求才会触发重规划,否则即使观测需求发生了变化,或者用户提交了更重要的观测需求,也要等到下一个规划周期才能进行规划。由于规划周期通常是一天,因此除了应急需求以外,其他常规需求的时效性相对较差。如果新的观测模式依然使用传统管控模式,那么只有把每一个观测需求都看作是应急需求来处理，才能保证对高时效性的要求。但后果是地面控制中心不但要频繁接收卫星和用户提出的观测需求，还要频繁启动重规划流程，并且频繁上注新的观测计划。由于星地交互过程会受到卫星与地面站之间的通信时间窗口、通信延迟、通信带宽等约束条件限制，所以大量时间将被浪费在星地交互通信过程中，从而错过最佳观测机会，丧失时效性，最终造成卫星资源的极大浪费。所以说传统管控模式根本无法适应未来新的高分辨率卫星观测模式。

面对此种境况，可利用高分辨率卫星动态滚动规划的相关技术来解决相关问题。高分辨率卫星动态滚动规划使卫星能够根据随时到达的观测需求和实时状态，进行动态滚动规划，在轨生成动作指令。本章先对事件驱动的高分辨率卫星动态观测需求进行梳理。

1. 观测需求分类

1) 根据观测需求来源进行分类

根据观测需求来源可以将观测需求分为星下观测需求、星上观测需求和星间观测需求。星下观测需求是指地面用户提出的观测需求。这些需求与传统管控模式下的用户需求相同。星上观测需求是指星上自动产生的观测需求。如果卫星具备星上数据处理能力，那么卫星就能够对已经获得的地面目标数据进行处理，从中获取有价值的信息，从而产生新的观测需求。例如，卫星通过分析大范围的监测图像，能够即时发现森林大火、洪水、地震等自然灾害信息，然后在星上自动生成对重点区域再次进行高分辨率成像的观测需求。星上观测需求能够节省数据下传和新任务指令上注的时间，从而更快地为用户提供更有价值的数据和资料。

星间观测需求是指来自其他卫星的观测需求。当卫星无法完成某个观测任务时，会向其他卫星提出观测需求。当卫星无法独自完成某项观测需求时，也会提出观测需求从而通过多星协作来完成。这样的观测需求需要引导卫星和被引导卫星两类卫星的密切配合。引导卫星负责通过生成星间观测需求引导其他卫星执行观测。被引导卫星负责完成来自引导卫星的星间观测需求。根据引导式协同模式的不同，星间观测需求还可以分为以下三种。

（1）资源互补型星间观测需求。高分辨率卫星所携带的遥感器各不相同，不同的遥感器适用于不同的观测条件，具有不同的成像特点。为了弥补单一卫星遥感器功能上的局限性，可以采用资源互补型引导式协同模式，而该模式下的观测需求就是资源互补型星间观测需求。例如面对隐藏目标，光学卫星很难派上用场,但是电子侦察卫星却可以快速准确地根据电磁信号特征发现目标,但成像性能又没有光学卫星好。这种情况下,可以依靠电子侦察卫星向光学卫星提出观测需求,从而引导光学卫星进行观测。而该模式下的观测需求就是资源互补型星间观测需求。

(2) 空间融合型星间观测需求。高分辨率卫星的轨道高度各不相同,因此观测范围、视场角和分辨率也会有所差异。比如高轨卫星离地面距离大,视场角大,可以观测的范围更大,缺点是分辨率不及低轨卫星。而低轨卫星离地面距离小,分辨率比高轨卫星高,缺点是视场角小,观测范围较高轨卫星小。因此可以利用高轨卫星提出观测需求,从而引导低轨卫星进行对地观测。而该模式下的观测需求就是空间融合型星间观测需求。

(3) 时效需求型星间观测需求。一些时效性较强的观测任务往往要求高分辨率卫星能够快速搜寻并锁定目标,然后进行高质量观测。然而大范围的快速搜索与高质量观测对于同一颗卫星来说是很难实现的。观测范围更大的卫星通常只有较低的分辨率,却具有快速搜索并锁定目标的能力。因此,可以利用低分辨率卫星锁定目标,然后向高分辨率卫星提出观测需求,引导高分辨率卫星进行详细观测。而该模式下的观测需求就是时效需求型星间观测需求。

2) 根据目标大小和观测次数进行分类

(1) 根据观测需求所对应的目标大小,观测需求可分为点目标观测需求和区域目标观测需求。由于卫星只能执行点目标观测需求所对应的观测任务,所以必须将区域目标观测需求对应的观测任务进行分解,分解之后得到的相当于点目标任务的元任务才能够被卫星执行。

(2) 根据观测次数,观测需求可分为一次性观测需求、多次观测需求和周期性观测需求。一次性观测需求是指对目标只观测一次的观测需求。多次观测需求可以分解为多个一次性观测需求,任务彼此之间具有某种逻辑和时序关系。周期性观测需求可以看作是一次性观测需求的周期性重复。

2. 观测需求表现形式

(1) 需求新增。需求新增是指在规划方案执行过程中,又增加了规划过程中没有考虑的观测需求的现象。新增的观测需求可能会以星上观测需求、星下观测需求或星间观测需求的形式存在。新增的观测需求在时间上具有不可预测性,可能在不同的时间段出现,可能分散出现,也可能集中出现,而且很可能频繁出现。

(2) 需求取消。需求取消是指在规划方案执行过程中,取消了原本在规划方案考虑范围内的观测需求的现象。例如,高分辨率光学成像卫星具有较弱的云层穿透能力,观测目标上空的云层会对图像的质量产生很大的影响。数据显示 SPOT 卫星所执行的观测任务中,大约有 80%由于云层遮挡而失败。我国也有大约 60%的光学图像因为云层遮挡而无法使用。在云层遮挡的情况下对目标进行观测,不仅会造成照片无法使用,而且还会造成时间窗口、星载存储器、电量等资源的浪费,影响其他观测任务。因此,应当在发现目标被云层遮挡后,立即取消该观测需求,尽量避免存在云层遮挡时观测目标。例如,某项观测需求已经通过其他手段(无人机、飞艇等)完成,或者该观测需求已经失去了其原本的观测价值,那么就应该立即取消该观测任务,避免资源浪费。需求取消这类扰动同样具有不可预测性。

(3) 需求变更。需求变更是指在规划方案执行过程中,原本在规划周期内的观测需求发生了变更。需求变更的内容主要包括优先级、目标位置、目标精度要求、观测的有效时间、观测目标太阳高度角要求和传感器要求等。需求变更可以看作是需求新增和需求删除的叠加,即增加了变更后的新需求,删除了变更前的旧需求。

6.1.2 高分辨率卫星动态观测问题描述与特性分析

高分辨率对地观测卫星动态规划问题,可以简单地概括为:面对频繁到达的观测需求,对地观测卫星不仅能够在不需要或较少依靠地面人员干预的情况下,根据自身的系统构成、功能和约束条件,自动制定任务规划方案,而且能够将任务规划方案中的任务序列进一步转换成卫星可以直接执行的低级指令序列,在提高观测时效性的同时,实现以尽可能少的资源消耗获得尽可能大的观测收益。

动态规划问题所涉及的资源众多、应用需求多样、约束复杂,不仅需要对观测任务和数据回传任务进行规划,还需要对各种卫星动作进行规划,因此问题十分复杂。为了突出本章的研究重点,同时保留问题的主要特质及确保问题求解的可行性,本章对问题做出如下假设与简化。

(1) 假设所有观测需求均是点目标观测需求。

(2) 假设每颗卫星只搭载一个光学遥感器。

(3) 不考虑光照条件与成像类型等约束。因为在规划之前已经将不满足上述约束的时间窗口直接裁剪掉。

(4) 假设星上存储器可以进行随机的数据存取。

(5) 只考虑卫星动作对能量的消耗,并假设能量的补充与消耗过程满足线性函数 $y=a \cdot x+b$。其中,x 表示卫星执行某个动作的持续时间,a 表示执行该动作单位时间所补充或释放的能量,b 表示卫星执行该动作之前所具有的能量,y 表示卫星执完该动作之后的能量。

(6) 假设卫星在执行不同的观测任务时所需要的姿态转换时间满足函数 $t=\dfrac{(p_2-p_1)+(R_2-R_1)}{v}$。其中,$t$ 表示姿态转换时间,p_1 和 p_2 分别表示卫星前后两次执行观测任务的俯仰角,R_1 和 R_2 分别表示卫星前后两次执行观测任务的测摆角,v 表示卫星姿态转换速度。

(7) 假设数据接收资源只有地面站,并且每个地面站只有一套数据接收设备。

(8) 假设所有观测条带均平行于星下线。

(9) 假设条带幅宽为固定值。

(10) 星间协作依赖于可靠的星间通信技术,因此假设存在能够实时通信的星间链路,可以满足本章的通信要求。

动态规划问题具有如下几个方面的特点。

(1) 动态规划是一种在线规划方式,同时也是一种无预案的规划。与传统地面卫星任务规划不同,动态规划需要对各种观测需求进行及时处理,用户需求提交频率和数量明显高于平时,任务的时效性要求更高。

(2) 对地观测卫星具备侧摆、俯仰和偏航的三轴姿态能力,因此对同一目标可能会有多个时间窗口。在规划时必须在多个时间窗口中选择一个,因此在时间窗口选择上具有不确定性的特点。

(3) 敏捷卫星可以选择多种观测姿态对目标进行观测,因此不仅观测时间不局限于过顶时间,而且对目标的可见时间窗口相对较长,最长可以达到几分钟。观测开始时间可以在时间窗口内任意选择,所以观测开始时间具有不确定性。

动态规划问题的主要难点如下。

(1) 协调控制策略设计存在困难。在地面进行卫星任务规划时,规划工作是周期性进行的,而且周期一般很长,每一次规划结果都是一个包含了很多任务的执行方案。但如果面对动态观测需求常态化,星上仍然采用周期性的规划方式,那么将很难满足用户需求。因为周期太长不但无法对动态观测需求作出快速反应,而且任务规模太大,依靠星上有限的计算能力很难在短时间内得出一个可行解。而周期太短又会出现大量时间被频繁的规划占用,从而导致大量任务因为错过时间窗口而无法完成的现象出现。因此在无人值守的星上,如何平衡应急反应速度和求解质量,如何自动掌控规划时机,如何控制规划过程的输入规模显得尤为重要,而这正是协调控制策略在设计上存在的困难。

(2) 子问题建模与求解存在困难。动态规划问题的每个子问题都需要独立的问题模型和相应的求解算法。不同的子问题考虑的因素不同,但考虑的因素都比较多,不但抽象和简化比较困难,而且要将对子问题产生重要影响的因素全部容纳到模型当中更是不易。卫星任务规划和动作规划都具有过度约束性特点,随着任务数量的增长,两个子问题的候选解都会呈指数级增长,面临组合爆炸的挑战,这将给问题的快速优化求解带来困难。而且敏捷卫星任务规划问题是一个非常复杂的组合优化问题,已经被证明是 NP-Hard 问题。

(3) 实验系统设计存在困难。为了验证本章提出的各项关键技术,需要构建卫星动态规划实验系统。不同于传统地面卫星任务规划实验系统,由于动态环境的存在,该系统的状态会随时间动态变化,属于动态实验系统。实验过程中要将星上动态环境和动态规划过程可视化,将动态规划模块架构从静态图变成动态图,不但要看见清晰的数据流和控制流,而且还要实时观察每个子模块的工作状态。因此动态实验系统不仅要验证每个子模块中的算法可行性,而且还要验证各个子模块间的交互关系,这都给实验系统的设计带来了困难。

6.2 事件驱动下高分辨率卫星任务规划的动态滚动模型与求解框架

6.2.1 协调控制策略模型

动态规划模块内部包含了多个子模块,而每个子模块又要完成多种不同的工作,因此动态规划模块在工作过程中会出现多种多样的状态。这些状态可能是并发关系,也可能是顺序关系,不仅状态之间的关系复杂而且数量巨大,因此协调控制策略设计的关键就是要合理控制这些状态之间的转换。而作为依靠状态转换和事件驱动的建模方法,有限状态机不但可以非常直观地描述状态之间的关系,而且还可以反映系统状态的动态性,因此非常适合运用有限状态机来描述这些状态以及协调控制子模块对其他各个子模块的控制事件。

基于有限状态机的协调控制策略建模,能够为动态规划模块建立完整的从初始状态到终结状态变化的状态序列。通过对工作状态跳转状况的观察,可以清晰地了解协调控制策略以及整个动态规划模块的运行状况,能够以最直观的方式表现协调控制策略,有利于对设计缺陷进行修改。

1. 有限状态机的基本理论

有限状态机不仅可以表达有限的状态以及状态间的转换,而且能够对系统内业务逻辑的完备性和正确性的分析提供支持,因此广泛应用于系统行为描述和软件工程开发等领域。有限状态机通常包含状态、事件、转换和动作四个要素。

(1) 状态。状态是指某一时刻有限状态机系统的详细状况。系统在开始到终止的整个运行过程中会经历多种状态,状态一般不会是单一的,并且状态的数量是有限的。这些状态构成了一个能够描述系统从开始到结束整个过程中所有系统状况信息的有限状态机。如果系统处于某个状态,那么系统一定满足了某些条件或是执行了某个动作。

(2) 事件。事件分为外部事件和内部事件,是有限状态机系统运行中出现的一种特定现象,可以使系统进入状态转换过程,并且从一种状态切换到另一种不同的状态。事件是状态机状态改变的输入条件,是系统的定性或定量的数据输入转换而来的。来自系统外部的事件称为外部事件,来自系统内部的事件称为内部事件。

(3) 转换。有限状态机系统从某种状态转移至另一种状态的过程被称为转换或转移,转换由事件触发。

(4) 动作。动作是指有限状态机系统在进行状态转移时进行的一组控制操作。动作在运行过程中不会被中断。动作包括转移动作、进入动作、退出动作等。其中,转移动作是指转移时进行的动作;进入动作是指进入状态时进行的动作;退出动作是指退出状态时进行的动作。

可以使用以下"五元组"表达式来描述有限状态机:

$$M = (Q, \Sigma, \delta, q_0, F) \tag{6-1}$$

式中:Q 为由若干个状态组成的集合,且状态数量有限;Σ 为由若干个输入符号组成的集合,且符号数量有限;δ 为转换函数;有限状态机的初始状态为 q_0;F 为 Q 的子集代表有限状态机的终结状态集合。有限状态机从 q_0 开始,根据当前状态、输入和 δ 来确定有限状态机之后的状态。例如,当 M 处于状态 q 时,如果当前输入的字母符号是 a,则 M 的状态将会转移到 p,以上过程可以表示为

$$\delta(q,a) = p\delta q, \ a = p \tag{6-2}$$

复杂系统的设计一般选择使用状态转换图来表述,如图 6-1 所示。状态转换图是系统中所有状态的图形化表示,其中状态可以使用椭圆或圆角矩形来表示,状态之间的转换用带箭头的弧线标明,转换的输入条件和输出动作会在弧线上标注。当系统满足某个条件时,状态转换图可以非常直观地表达从当前状态转换到下一个状态的过程。图 6-1 中有限状态机有两种状态,分别是状态 1 和状态 2。当前状态为状态 1 时,如果输入条件为输入 1,对应的动作就是动作 1,那么状态将转移至状态 2。如果输入条件为输入 2,对应的动作就是动作 4,那么状态将转移至状态 1。如果当前状态为状态 2,输入条件为输入 2,对应的动作就是动作 2,那么状态将转移至状态 1。如果输入条件为输入 1,对应的动作就是动作 3,那么状态将转移至状态 2。有限状态机还可以用状态转移表来表示。状态转移表能够清晰描述有限状态机的状态转移逻辑,与状态转移图相比更加逻辑严密,便于软件实现。表 6-1 是与图 6-1 对应的状态转换表。

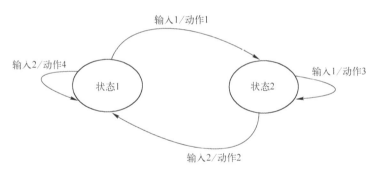

图 6-1 有限状态机状态转移图

表 6-1 状态转移表

当前状态	输入	下一状态	动作
状态 1	输入 1	状态 2	动作 1
状态 1	输入 2	状态 1	动作 4
状态 2	输入 2	状态 1	动作 2
状态 2	输入 1	状态 2	动作 3

传统有限状态机是一个平面模型,状态之间是平等的。因此面对复杂系统时,庞大的"状态"和"转换"数目将导致"状态爆炸",从而使得有限状态机变得难以理解。为了降低有限状态机的复杂度,解决"状态爆炸"问题,层次有限状

态机应运而生。层次有限状态机中的每一个状态都是一个提供唯一功能的系统组件。如果一个状态包含其他状态便是所谓的父状态,被包含的状态被称之为子状态。

不同层次的状态之间是允许存在转移的。子状态的各种对象仅仅在父状态活动时才有可能执行或者有效。在层次有限状态机中,状态分为互斥状态和并行状态两类。并且在同一层次,状态必须是互斥状态或并行状态中的一种,不可以同时属于两种类型。同一层次的互斥状态在同一时刻,仅有一个状态可以处于活动状态。而同一层次的并行状态在同一时刻,必须同时处于活动或非活动状态。层次有限状态机能够实现功能分解,能够提供不同层次的细节,这些都是传统有限状态机无法实现的。层次有限状态机是一个非常有用的概念,它扩展了有限状态机,推动其达到最佳状态,使之更易于设计。

2. 协调控制策略的有限状态机模型

在协调控制策略下,动态规划模块内的各个子模块将处于不同的工作状态,有些状态可能是并发关系,有些状态可能是顺序关系,且工作状态数量比较大。为了使有限状态机模型能够非常直观地表达协调控制策略的原理,本章将使用层次有限状态机对协调控制策略进行建模。层次有限状态机的实现方式主要有两种,分别是自下而上和自上而下。自下而上的方式需要首先确定底层所有状态以及各个状态间的转换关系,然后挑选类似的状态构建父状态,用父状态间的转换关系代替子状态间的转换关系。而后再将父状态看作新的子状态,重新构建新的父状态。与自下而上的方式不同,自上而下的方式实际上是一个状态分解的过程,通过逐步细化每一层的每一个状态得到更加底层的状态,从而完成有限状态机的构建。本节将使用自上而下的方式实现协调控制策略的有限状态机建模。

1) 协调控制策略顶层状态机构建

协调控制策略顶层状态机有两个状态,分别是模块关闭状态和模块运行状态。模块关闭状态是协调控制策略顶层状态机的初始状态,表示动态规划模块还没有开始工作。当接收到启动命令后,顶层状态机将由模块关闭状态转移至模块运行状态。模块运行状态表示动态规划模块正在根据协调控制策略开展工作。当接收到关闭命令后,顶层状态机将由模块运行状态转移至模块关闭状态。顶层状态机的五元组和转移图如下所述。

(1) $Q = \{模块运行, 模块关闭\}$。

(2) $\sum = \{启动命令, 关闭命令\}$。

(3) q_0 = {模块关闭}。

(4) F = {模块关闭}。

(5) δ：状态转移函数，如表 6-2 所列。

表 6-2 顶层状态机状态转移函数表

当前状态	输入	下一状态
模块关闭	启动命令	模块运行
模块运行	关闭命令	模块关闭

根据上述五元组，顶层状态机状态转移图如图 6-2 所示。

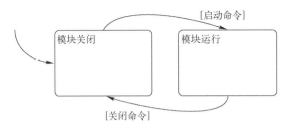

图 6-2 顶层状态机状态转移图

2）模块运行状态机构建

模块运行状态作为父状态，内部包括三个并行子状态，分别是任务管理子模块运行状态、规划与执行方案制定子模块运行状态、指令生成子模块运行状态。任务管理子模块运行状态表示任务管理子模块正在运行，正在进行任务协商和任务处理工作。规划与执行方案制定子模块运行状态表示任务规划子模块、动作规划子模块和执行方案制定子模块正在有序运行，正在进行规划和制定执行方案工作。指令生成子模块运行状态表示指令生成子模块正在运行，正在将执行方案转换为航天器各个子系统可以执行的低级指令，并将其送给智能执行模块。

当模块运行状态处于活动状态时，以上三个并行子状态都将处于活动状态，所以各个子状态之间并不存在转移。任务管理子模块运行、规划与执行方案制定子模块运行、指令生成子模块运行是否处于活动状态完全取决于模块运行状态，当模块运行状态处于非活动状态时，那么以上三个子状态都将处于非活动状态。模块运行状态机状态转移图如图 6-3 所示。

3）规划与执行方案制定子模块运行状态机构建

规划与执行方案制定子模块运行状态作为父状态，内部包含三个子状态，

图6-3 模块运行状态机状态转移图

分别是任务规划子模块运行状态、动作规划子模块运行状态、执行方案制定子模块运行状态。任务规划子模块运行状态表示任务规划子模块正在运行,正在针对观测任务和数据回传任务制定规划方案。动作规划子模块运行状态表示动作规划子模块正在运行,正在根据任务规划方案制定动作规划方案。执行方案制定子模块运行状态表示执行方案制定子模块正在运行,正在根据动作规划方案确定卫星将要执行的卫星动作。

任务规划子模块运行状态是规划与执行方案制定子模块运行状态机的初始状态。当规划与执行方案制定子模块运行状态处于活动状态时,任务规划子模块运行状态首先处于活动状态。当接收到动作规划窗口开始时刻到达这个外部事件后,状态机将由任务规划子模块运行状态转移至动作规划子模块运行状态。当接收到制定执行方案时刻到达这个外部事件后,状态机将由动作规划子模块运行状态转移至执行方案制定子模块运行状态。当接收到任务规划滚动窗口开始时刻到达这个外部事件后,状态机将由执行方案制定子模块运行状态转移至任务规划子模块运行状态。规划与执行方案制定子模块运行状态机的五元组和转移图如下。

(1)$Q=\{$任务规划子模块运行,动作规划子模块运行,执行方案制定子模块运行$\}$。

(2)$\sum=\{$动作规划窗口开始时刻到达,制定执行方案时刻到达,任务规划滚动窗口开始时刻到达$\}$。

(3)$q_0=\{$任务规划子模块运行$\}$。

(4)F:没有终结状态,只要规划与执行方案制定子模块运行状态处于活动状态,那么该状态机将持续在三个子状态之间进行转移。

(5)δ:状态转移函数,如表6-3所列。

根据上述五元组,规划与执行方案制定子模块运行状态机状态转移图如

图 6-4 所示。

表 6-3　规划与执行方案制定子模块运行状态机状态转移函数表

当 前 状 态	输　　入	下 一 状 态
任务规划子模块运行	动作规划窗口开始时刻到达	动作规划子模块运行
动作规划子模块运行	制定执行方案时刻到达	执行方案制定子模块运行
执行方案制定子模块运行	任务规划滚动窗口开始时刻到达	任务规划子模块运行

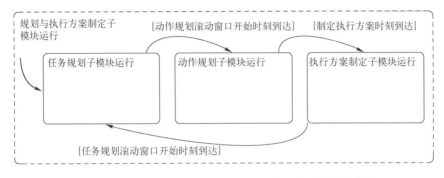

图 6-4　规划与执行方案制定子模块运行状态机状态转移图

4）任务规划子模块运行状态机构建

任务规划子模块运行状态作为父状态,内部包含三个子状态,分别是建立任务规划滚动窗口状态、结束建立任务规划滚动窗口状态、任务规划算法开始迭代状态。建立任务规划滚动窗口状态表示动态规划模块正在建立任务规划滚动窗口。结束建立任务规划滚动窗口状态表示动态规划模块已经完成建立任务规划滚动窗口。任务规划算法开始迭代状态表示任务规划算法正在迭代求解。

建立任务规划滚动窗口状态是任务规划子模块运行状态机的初始状态。当任务规划子模块运行状态处于活动状态时,建立任务规划滚动窗口状态首先处于活动状态。当接收到任务规划滚动窗口结束时刻到达这个外部事件后,状态机将由建立任务规划滚动窗口状态转移至结束建立任务规划滚动窗口状态。当接收到任务规划开始时刻到达这个外部事件后,状态机将由结束建立任务规划滚动窗口状态转移至任务规划算法开始迭代状态。当接收到下一次任务规划迭代开始时刻这个外部事件后,状态机将重新处于任务规划算法开始迭代状态。任务规划子模块运行状态机的五元组和转移图如下。

（1）$Q = \{$建立任务规划滚动窗口,结束建立任务规划滚动窗口,任务规划算法开始迭代}。

(2) $\sum$ = {任务规划滚动窗口结束时刻到达,任务规划开始时刻到达,下一次任务规划迭代开始时刻到达}。

(3) q_0 = {建立任务规划滚动窗口}。

(4) F = {任务规划算法开始迭代}。

(5) δ:状态转移函数,如表 6-4 所列。

表 6-4　任务规划子模块运行状态机状态转移函数表

当前状态	输　入	下一状态
建立任务规划滚动窗口	任务规划滚动窗口结束时刻到达	结束建立任务规划滚动窗口
结束建立任务规划滚动窗口	任务规划开始时刻到达	任务规划算法开始迭代
任务规划算法开始迭代	下一次任务规划迭代开始时刻到达	任务规划算法开始迭代

根据上述五元组,任务规划子模块运行状态机状态转移图如图 6-5 所示。

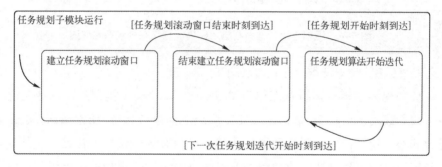

图 6-5　任务规划子模块运行状态机状态转移图

5) 动作规划子模块运行状态机构建

动作规划子模块运行状态作为父状态,内部包含三个子状态,分别是建立动作规划窗口状态、结束建立动作规划窗口状态、动作规划算法开始迭代状态。建立动作规划窗口状态表示动态规划模块正在建立动作规划窗口。结束建立动作规划窗口状态表示动态规划模块已经完成建立动作规划窗口。动作规划算法开始迭代状态表示动作规划算法正在迭代求解,而且只进行一次迭代求解。

建立动作规划窗口状态是规划子模块运行状态机的初始状态。当动作规划子模块运行状态处于活动状态时,建立动作规划窗口状态首先处于活动状态。当接收到动作规划窗口结束时刻到达这个外部事件后,状态机将由建立动作规划窗口状态转移至结束建立动作规划窗口状态。当接收到动作规划开始时刻到达这个外部事件后,状态机将由结束建立动作规划窗口状态转移至动作规划算法开始迭代状态。当接收到下一次动作规划迭代开始时刻到达这个外部事件后,状态机将重新处于动作规划算法开始迭代状态。动作规划子模块运行状态机的五元组和转移图如下所述。

(1) $Q=\{$建立动作规划窗口,结束建立动作规划窗口,动作规划算法开始迭代$\}$。

(2) $\sum=\{$动作规划窗口结束时刻到达,动作规划开始时刻到达,下一次动作规划迭代开始时刻到达$\}$。

(3) $q_0=\{$建立动作规划窗口$\}$。

(4) $F=\{$动作规划算法开始迭代$\}$。

(5) δ:状态转移函数,如表 6-5 所列。

表 6-5 动作规划子模块运行状态机状态转移函数表

当前状态	输入	下一状态
建立动作规划窗口	动作规划窗口结束时刻到达	结束建立动作规划窗口
结束建立动作规划窗口	动作规划开始时刻到达	动作规划算法开始迭代
动作规划算法开始迭代	下一次动作规划迭代开始时刻到达	动作规划算法开始迭代

根据上述五元组,动作规划子模块运行状态机状态转移图如图 6-6 所示。

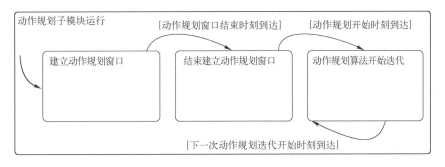

图 6-6 动作规划子模块运行状态机状态转移图

6) 指令生成子模块运行状态机构建

指令生成子模块运行状态作为父状态,内部包含 10 个子状态,分别是对地观测、数据回传、对日定向、对地定向、姿态转换、相机开机、相机关机、天线开机、天线关机、空闲。空闲状态表示指令生成子模块正在等待向智能执行模块发送低级指令。其余9个子状态与卫星执行的动作一一对应，当某个子状态处于活动状态时，说明卫星正在执行该状态所对应的动作。

空闲状态是指令生成子模块运行状态机构的初始状态。当指令生成子模块运行状态处于活动状态时，空闲状态首先处于活动状态。以相机开机状态为例，当接收到相机开机动作开始时刻到达这个外部事件后，状态机将由空闲状态转移至相机开机状态。而当接收到相机开机动作结束时刻到达这个外部事件后，状态机将由相机开机状态转移至空闲状态。指令生成子模块运行状态机的五元组和转移图如下。

(1) $Q=\{$对地观测,数据回传,对日定向,对地定向,姿态转换,相机开机,相机关机,天线开机,天线关机,空闲$\}$。

(2) $\sum=\{$相机开机动作开始时刻到达,相机开机动作结束时刻到达,对地观测动作开始时刻到达,对地观测动作结束时刻到达,相机关机动作开始时刻到达,相机关机动作结束时刻到达,对日定向动作开始时刻到达,对日定向动作结束时刻到达,姿态转换动作开始时刻到达,姿态转换动作结束时刻到达,天线开机动作开始时刻到达,天线开机动作结束时刻到达,数据回传动作开始时刻到达,数据回传动作结束时刻到达,天线关机动作开始时刻到达,天线关机动作结束时刻到达,对地定向动作开始时刻到达,对地定向动作结束时刻到达$\}$。

(3) $q_0=\{$空闲$\}$。

(4) $F=\{$空闲$\}$。

(5) δ:状态转移函数，如表6-6所列。

表6-6 指令生成子模块运行状态机状态转移函数表

当前状态	输入	下一状态
空闲	相机开机动作开始时刻到达	相机开机
相机开机	相机开机动作结束时刻到达	空闲
空闲	对地观测动作开始时刻到达	对地观测
对地观测	对地观测动作结束时刻到达	空闲
空闲	相机关机动作开始时刻到达	相机关机
相机关机	相机关机动作结束时刻到达	空闲
空闲	对日定向动作开始时刻到达	对日定向
对日定向	对日定向动作结束时刻到达	空闲
空闲	姿态转换动作开始时刻到达	姿态转换
姿态转换	姿态转换动作结束时刻到达	空闲
空闲	天线开机动作开始时刻到达	天线开机

(续)

当 前 状 态	输　　入	下 一 状 态
天线开机	天线开机动作结束时刻到达	空闲
空闲	数据回传动作开始时刻到达	数据回传
数据回传	数据回传动作结束时刻到达	空闲
空闲	天线关机动作开始时刻到达	天线关机
天线关机	天线关机动作结束时刻到达	空闲
空闲	对地定向动作开始时刻到达	对地定向
对地定向	对地定向动作结束时刻到达	空闲

根据上述五元组,指令生成子模块运行状态机状态转移图如图6-7所示。

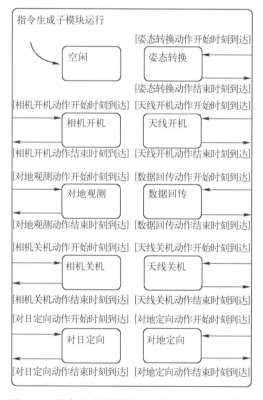

图6-7　指令生成子模块运行状态机状态转移图

基于协调控制策略的动态规划模块的工作流程比较复杂,因此我们按照层级对模块逐步细化,直到所有的状态都是不可再分解的原子状态为止,从而分解得到了一系列的嵌套状态和子状态机。将这些嵌套状态和子状态机集成起来,就构成了基于有限状态机的协调控制策略模型,如图6-8所示。

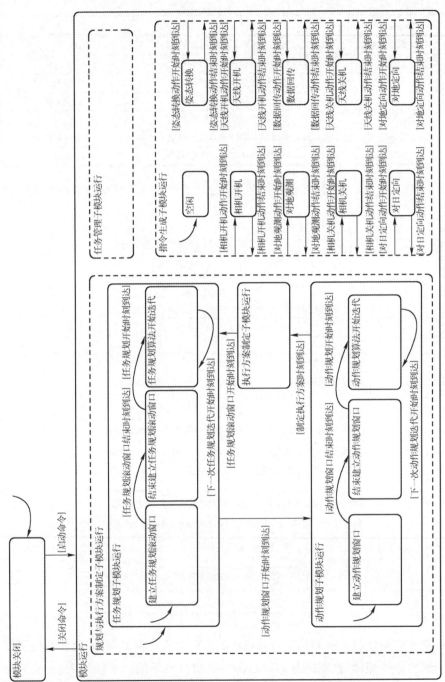

图6-8 基于有限状态机的协调控制策略模型

6.2.2 滚动窗口设计及触发条件

协调控制策略的有限状态机模型中的事件可以用 Σ 来表示，$\Sigma = \{\Sigma_1, \Sigma_2, \Sigma_3, \Sigma_4, \Sigma_5\}$。$\Sigma$ 中除了 Σ_1 之外，其他的事件都和时间有关，是时间触发的事件。Σ_5 中事件的触发时间由规划结果决定，不需要二次计算。因此，本节主要介绍 Σ_2、Σ_3 和 Σ_4 中事件触发时间的计算方法。

1. 符号描述

首先对事件触发时间计算过程中涉及的各种符号进行统一描述。Σ_2 中的事件主要有动作规划窗口开始时刻到达，制定执行方案时刻到达，任务规划滚动窗口开始时刻。涉及的时间如下。

(1) $planwin_i$ 为第 i 次滚动中的动作规划窗口开始时刻。

(2) $decision_i$ 为第 i 次滚动中的制定执行方案时刻。

(3) $schedulewin_i$ 为第 i 次滚动中的任务规划滚动窗口开始时刻。

Σ_3 中的事件主要有任务规划滚动窗口结束时刻到达，任务规划开始时刻到达，完成一次任务规划迭代。涉及的时间如下。

(1) $schedulewin'_i$ 为第 i 次滚动中的任务规划滚动窗口结束时刻。

(2) $schedule_i$ 为第 i 次滚动中的任务规划开始时刻。

Σ_4 中的事件主要有动作规划窗口结束时刻到达，动作规划开始时刻到达，完成一次动作规划迭代。涉及的时间如下。

(1) $planwin'_i$ 为第 i 次滚动中的动作规划窗口结束时刻。

(2) $plan_i$ 为第 i 次滚动中的动作规划开始时刻。

另外，在计算上述时间的过程中还会涉及其他一些时间的计算如下。

(1) T 为当前时刻。

(2) $planwin_i$ 为第 i 次滚动中的动作规划窗口开始时刻。

(3) $decision'_i$ 为第 i 次滚动中的制定执行方案结束时刻。

(4) $schedule'_i$ 为第 i 次滚动中的任务规划结束时刻。

(5) $duration_{schedule}$ 为第 1 次滚动中的任务规划持续时间。

(6) $duration_{planwin}$ 为建立动作规划窗口的持续时间。

(7) $duration_{schedulewin}$ 为建立任务规划滚动窗口的持续时间。

(8) $duration_{plan}$ 为第 1 次滚动中的动作规划持续时间。

(9) $duration_{decision}$ 为制定执行方案持续时间。

（10）$execution'_i$ 为第 i 次滚动的执行结束时刻,即第 i 个执行方案中最后一个卫星动作的结束时刻。

2. 事件触发时间计算方法

由协调控制策略的基本思想和有限状态机模型可知,Σ_2、Σ_3 和 Σ_4 中的事件触发时间以及和这些时间相关的其他时间的前后关系如图 6-9 所示。第 1 次滚动中,卫星刚刚启动动态规划模块,并第 1 次建立任务规划滚动窗口,所以卫星此阶段没有执行任何执行方案。第 1 次决策完成后开始第 2 次滚动。从第 2 次滚动开始,每次滚动中都有执行方案正在被执行,并且每一次制定执行方案结束时刻都与最后一个卫星动作的结束时刻相同。因此从第 2 次滚动开始,每次制定执行方案结束时刻和建立任务规划滚动窗口时刻都是确定的,只要根据两个确定的时间向时间轴中间逐个计算,就可以确定每个事件的触发时间了。对于第 1 次滚动,建立任务规划滚动窗口时刻是已知的,但制定执行方案结束时刻无法预知,所以需要将任务规划持续时间和动作规划持续时间设置为固定值,才能确定每个事件的触发时间。由于第 1 次滚动和以后的其他滚动在时间计算上的依据不同,所以本节针对两种不同情况设计了两种事件触发时间计算方法。

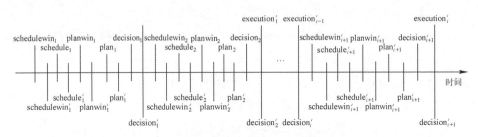

图 6-9 时间关系示意图

第 1 次滚动中,各个事件的触发时间的计算步骤如下。

Step1：计算 Σ_2 中的任务规划滚动窗口开始时刻 $schedulewin_1$。

$$schedulewin_1 = T \tag{6-3}$$

Step2：计算 Σ_3 中的任务规划滚动窗口结束时刻 $schedulewin'_1$。

$$schedulewin'_1 = schedulewin_1 + duration_{schedulewin} \tag{6-4}$$

Step3：计算 Σ_3 中的任务规划开始时刻 $schedule_1$。

$$schedule_1 = schedulewin'_i + 1 \tag{6-5}$$

Step4:计算任务规划结束时刻 $\text{schedule}'_1$。
$$\text{schedule}'_1 = \text{schedule}_1 + \text{duration}_{\text{schedule}} \qquad (6-6)$$

Step5:计算动作规划窗口开始时刻 planwin_1。
$$\text{planwin}_1 = \text{schedule}'_1 + 1 \qquad (6-7)$$

Step6:计算 Σ_4 中的动作规划窗口结束时刻 $\text{planwin}'_1$。
$$\text{planwin}'_1 = \text{planwin}_1 + \text{duration}_{\text{planwin}} \qquad (6-8)$$

Step7:计算 Σ_4 中的动作规划开始时刻 plan_1。
$$\text{plan}_1 = \text{planwin}'_1 + 1 \qquad (6-9)$$

Step8:计算动作规划结束时刻 plan'_1。
$$\text{plan}'_1 = \text{plan}_1 + \text{duration}_{\text{plan}} \qquad (6-10)$$

Step9:计算 Σ_2 中的制定执行方案时刻 decision_1。
$$\text{decision}_1 = \text{plan}'_1 + 1 \qquad (6-11)$$

Step10:计算制定执行方案结束时刻 $\text{decision}'_1$。
$$\text{decision}'_1 = \text{decision}_1 + \text{duration}_{\text{decision}} \qquad (6-12)$$

从第2次滚动开始,各个事件的触发时间的计算步骤如下。

Step1:计算 Σ_2 中的任务规划滚动窗口开始时刻 schedulewin_i。
$$\text{schedulewin}_i = \text{decision}'_{i-1} + 1 \qquad (6-13)$$

Step2:计算 Σ_3 中的任务规划滚动窗口结束时刻 $\text{schedulewin}'_i$。
$$\text{schedulewin}'_i = \text{schedulewin}_i + \text{duration}_{\text{schedulewin}} \qquad (6-14)$$

Step3:计算 Σ_3 中的任务规划开始时刻 schedule_i。
$$\text{schedule}_i = \text{schedulewin}'_i + 1 \qquad (6-15)$$

Step4:计算制定执行方案结束时刻 $\text{decision}'_1$。
$$\text{decision}'_1 = \text{execution}'_{i-1} \qquad (6-16)$$

Step5:计算任务规划结束时刻 $\text{schedule}'_i$。
$$\text{schedule}'_i = \text{schedule}_i + \frac{\text{decision}'_i - \text{schedulewin}_i - \text{duration}_{\text{schedulewin}} - \text{duration}_{\text{planwin}} - \text{duration}_{\text{decision}}}{2}$$
$$(6-17)$$

Step6:计算动作规划窗口开始时刻 planwin_i。
$$\text{planwin}_i = \text{schedule}'_i + 1 \qquad (6-18)$$

Step7:计算 Σ_4 中的动作规划窗口结束时刻 $\text{planwin}'_i$。
$$\text{planwin}'_i = \text{planwin}_i + \text{duration}_{\text{planwin}} \qquad (6-19)$$

Step8：计算 $\sum_4$ 中的动作规划开始时刻 $plan_i$。

$$plan_i = planwin'_i + 1 \tag{6-20}$$

Step9：计算 $\sum_2$ 中的制定执行方案时刻 $decision_i$。

$$decision_i = decision'_i - duration_{decision} \tag{6-21}$$

6.3 事件驱动的高分辨率卫星动态滚动任务规划算法

6.3.1 变邻域搜索算法

变邻域搜索算法(Variable Neighborhood Search, VNS)于20世纪90年代被提出，是一种现代启发式算法。VNS算法不但思想简单、参数较少、非常易于实现，而且具有较高的性能和执行效率。VNS算法其实只是为求解组合优化问题提供了一个通用的算法框架，针对具体问题必须根据实际情况对算法进行适当裁剪。本节根据星上任务规划问题特点提出了求解星上任务规划问题的变邻域算法SVNS，并设计了相关的启发式规则，实现了算法的高效性能。下面几节将从初始解生成方法、邻域结构和局部搜索策略三个方面，系统讨论SVNS算法的基本结构。

搜索起点和邻域结构是变邻域搜索算法的关键，其中搜索起点其实就是初始解，而邻域结构是构造新解的主要手段，也是优化领域中一个非常重要的概念。对于组合优化问题 (S, F, f)，其中 S 代表所有解组成的状态空间，F 代表 S 的可行域，f 代表目标函数，邻域可以描述为一种映射：

$$N: s \in S \rightarrow N(s) \in 2^s, s \in N(s) \tag{6-22}$$

式中：2^s 为 S 所有子集组成的集合；$N(s)$ 称为解 s 的邻域；$s' \rightarrow N(s)$ 称为 s 的一个邻域解。

起点和邻域结构共同决定了最终解，即便同一个起点，如果邻域结构不同，那么最终的结果也会不同。如果起点不同，那么即使邻域结构相同，也无法得到相同的结果。也就是说如果有足够多的起点和邻域结构可以选择，那么是可以找到全局最优解的。但是在求解过程中，是不可能有太多的起点和邻域结构可以选择的，因此需要通过比较不同的邻域结构和不同的初始点，以便得到更好的解。

VNS算法属于近似算法，由初始解构造、领域结构和局部搜索三部分组成。

算法不对所有的可行解进行一一比较,只在解空间中选择一部分空间进行寻找而排除了其他的空间,因此能够在合理时间内找到次优解。算法利用启发式规则生成一定数量的初始解,然后以最优的初始解作为搜索的起点,每当不能继续改进解时,算法都将围绕当前解有规律地重新调整邻域结构从而通过拓展搜索范围去寻找新的局部最优解,因此能够较好地跳出局部最优解,从而实现对当前解较远的邻域结构的探索,直至算法结束条件得到满足。

1. 初始解集

作为搜索的起点,高质量的初始解通常可以让算法快速收敛到最优。如果采用随机生成方式产生初始解,那么初始解的质量往往很差,从而导致算法很难在有限时间内寻找到比较好的可行解。为减小初始解对算法性能的影响,本节设计了一个基于启发式规则的启发式算法来完成初始解集的初始化操作。

1) 编码方法

在算法中如何描述问题的可行解,即把一个问题的可行解从其解空间转换到算法所能处理的搜索空间的转换方法就称为编码。编码是应用算法进行求解时要解决的首要问题,也是设计算法时的一个关键步骤。由于星上任务调度问题本身存在复杂的约束关系,因此在设计编码方法时也会比较复杂,需要考虑编码的合法性、完备性。其中,编码的合法性是要保证每个编码都能解释为一个规划方案,而完备性是要保证每个规划方案都对应一个编码。可以说有效的编码方法是求解星上任务规划问题的关键之一。

目前在进化算法领域关于问题编码的研究比较多,常用的编码方式有二进制编码、实数编码、置换编码等。在车间作业调度领域,常用的编码方式有基于工序的编码、基于工件的编码、基于工件对关系的编码、基于完成时间的编码等。由于不同的编码方式直接影响了算法的效率和性能,因此在实际应用中的编码设计,要根据实际情况的差异而进行设计。

本节针对星上任务规划问题的特点,提出了二维矩阵编码方法。二维矩阵编码由两部分信息构成,分别是已知编码信息和未知编码信息。二维矩阵编码的编码结构如图 6-10 所示,其中每一列称为一个编码位。已知编码信息由前两行数据构成,未知编码信息由后两行数据构成。第一行由观测任务和数据回传任务的任务编号组成,代表了观测任务和数据回传任务的一种排列顺序。其中数据回传任务的编号与其所对应的观测任务的编号相同。第二行由任务标志位 flag 构成，flag 用于区分观测任务和数据回传任务，flag=0 说明该编码位对应的是一个观测任务，flag=1 说明该编码位对应的是一个数据回传任务。第三行由派遣决策变量构成。第四行由规划决策变量构成。显然，这是一种针对星上任务规划问题的最自然的编码方式，不但稳定性强，而且便于直观地表示解。

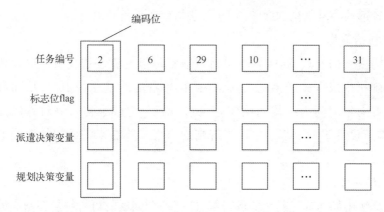

图 6-10　SVNS 算法中的编码结构示意图

2）任务序列排序规则

SVNS 算法以任务规划滚动窗口 Schedulewin(t) 内的任务为输入，在生成初始解时，需要根据 Schedulewin(t) 中的任务顺序为每个任务分配资源和时间。因此算法可以通过改变 Schedulewin(t) 中任务顺序的方式生成多个初始解。为此，本节设计了 9 种观测任务排序规则和 1 种任务序列组合规则。所谓任务序列组合，指的是观测任务序列和数据回传任务序列如何组合在一起的规则。另外，由于在建立任务规划滚动窗口时，数据回传任务已经按照任务优先级从高到低，从前至后进行过排序，因此在算法求解过程中不再对其进行重新排序。

(1) 观测任务排序规则。

优先级规则（任务1）：观测任务按照优先级由高到低，从前至后依次排列，其中相同优先级的观测任务按观测时间窗口开始时间先后顺序排列，如果观测时间窗口开始时间也相同则按随机规则确定任务的前后关系。

观测时间优先规则（任务2）：观测任务按照观测时间窗口开始时间的先后顺序，从前至后依次排列。其中观测时间窗口开始时间相同的观测任务，按优先级规则排列。

随机规则（任务3）：随机确定观测任务的前后顺序。

单位成像时间优先级规则(任务4):观测任务按照优先级与观测持续时间的比值由大到小,从前至后依次排列。比值相同的观测任务按优先级规则排列。

单位固存优先级规则(任务5):观测任务按照优先级与固存占用值的比值由大到小,从前至后依次排列。比值相同的观测任务按优先级规则排列。

短时间窗口优先规则(任务6):观测任务按照时间窗口长度由小到大,从前至后依次排列。时间窗口长度相同的观测任务按优先级规则排列。

长时间窗口优先规则(任务7):观测任务按照时间窗口长度由大到小,从前至后依次排列。时间窗口长度相同的观测任务按优先级规则排列。

短观测持续时间优先规则(任务8):观测任务按照观测持续时间由小到大,从前至后依次排列。观测持续时间相同的观测任务按优先级规则排列。

长观测持续时间优先规则(任务9):观测任务按照观测持续时间由大到小,从前至后依次排列。观测持续时间相同的观测任务按优先级规则排列。

(2) 序列组合规则。当观测任务完成任务排序之后,首先确定当前最早可用数据回传时间窗口的开始时间,然后在观测任务序列中从前至后寻找第一个观测时间窗口开始时间大于该时间的观测任务,如果存在,将数据回传任务序列插入该任务之前,如果观测任务不存在,则将数据回传任务序列插入到观测任务末尾,从而组合成最终的任务序列。由于任务序列组合规则只有一种,所以每一种观测任务排序规则只对应一个任务序列。

3) 规划决策变量计算方法

由二维矩阵编码可知,要想得到一个完整解,就要为每个任务确定它的规划决策变量,而这正是本节的主要内容。本节介绍的决策变量计算方法是一种基于规则的启发式方法,由时间窗口裁剪和启发式规则两部分构成。本方法将排序处理后的任务序列作为输入,然后按照任务序列的先后顺序,从前至后依次计算每个任务的决策变量。计算过程中首先要对任务进行时间窗口裁剪,然后再利用启发式规则确定该任务的决策变量。

(1) 时间窗口裁剪。时间窗口裁剪的目的是将已经被占用的时间段从各个观测时间窗口或数据回传时间窗口中裁剪掉。通过缩小时间窗口范围来避免不同任务在时间上发生重叠。因此时间窗口裁剪是运用启发式规则确定每个任务的规划决策变量前的首要步骤。

假设已占用时段为$[T_s, T_e]$,待裁剪的时间窗口为$[W_s, W_e]$,那么就有以下4种情况需要考虑,如图6-11所示。时间窗口裁剪方法的伪代码如图6-12所示,WIN 表示已经被占用的时间窗口集合,WIN_j 表示任务 j 可以使用的时间窗口集合,Start 和 End 分别表示 WIN 中各时间窗口的开始和结束时间。$Start_j$ 和 End_j 分别表示 WIN_j 中各时间窗口的开始和结束时间。

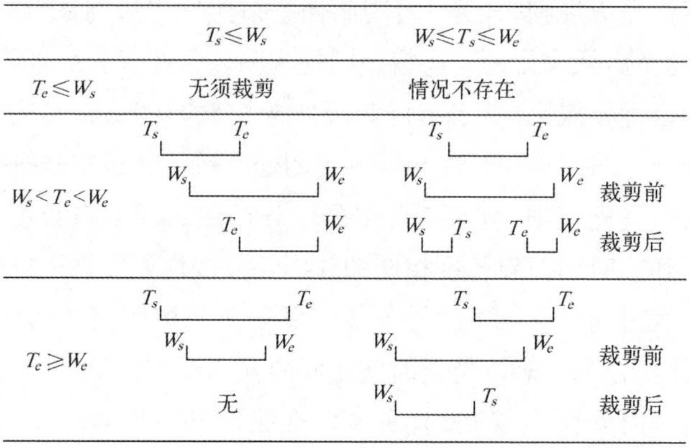

	$T_s \leqslant W_s$	$W_s \leqslant T_s \leqslant W_e$	
$T_e \leqslant W_s$	无须裁剪	情况不存在	
$W_s < T_e < W_e$	$T_s \quad T_e$ $W_s \quad\quad W_e$	$T_s \quad T_e$ $W_s \quad\quad W_e$	裁剪前
	$T_e \quad W_e$	$W_s \; T_s \; T_e \; W_e$	裁剪后
$T_e \geqslant W_e$	$T_s \quad\quad T_e$ $W_s \quad W_e$	$T_s \quad T_e$ $W_s \quad\quad W_e$	裁剪前
	无	$W_s \quad T_s$	裁剪后

图 6-11　时间窗口裁剪示意图

```
1: for each [Start, End] ∈ WIN do
2:     for each j ∈ J do
3:         for each [Start_j, End_j] ∈ WIN_j do
4:             if (Start_j<End<End_j) ∧ (Start≤Start_j) then
5:                 delete [Start_j, End_j] from WIN_j
6:                 add [End, End_j] to WIN_j
7:             end if
8:             elseif (Start_j<End<End_j) ∧ (Start_j≤Start≤End_j) then
9:                 delete [Start_j, End_j] from WINS
10:                add [Start_j, Start] and [End, End_j] to WIN_j
11:            end elseif
12:            elseif (End≥End_j) ∧ (Start≤Start_j) then
13:                delete [Start_j, End_j] from WIN_j
14:            end elseif
15:            elseif (End≥End_j) ∧ (Start_j≤Start≤End_j) then
16:                delete [Start_j, End_j] from WIN_j
17:                add [Start_j, Start] to WIN_j
18:            end elseif
19:        end for
20:    end for
21: end for
```

图 6-12　时间窗口裁剪算法的伪代码

（2）任务执行时间计算启发式规则。观测开始时间确定规则：首先将可以使用的观测时间窗口按开始时间的先后顺序进行排序，然后从前至后依次选择时间窗口与任务的观测持续时间进行比对，如果时间窗口长度满足观测持续时间要求，则将该观测时间窗口的最早开始时间作为观测任务的开始时间，否则选择下一个时间窗口进行比对。如果没有合适的时间窗口，则说明该任务无法确定观测开始时间。

数据回传开始时间确定规则：首先将可以使用的数据回传时间窗口按开始时间的先后顺序进行排序，然后从前至后依次选择时间窗口与任务的数据回传持续时间进行比对，如果时间窗口长度满足数据回传持续时间要求，则将该数据回传时间窗口的最早开始时间作为数据回传任务的开始时间，否则选择下一个时间窗口进行比对。如果没有合适的时间窗口，则说明该任务无法确定数据回传开始时间。

4）初始解集生成方法

SVNS算法首先采用启发式策略生成初始解集，然后在初始解集中选择最优解作为变邻域搜索的起点。用于生成初始解集的启发式算法流程如图6-13所示。

Step1：初始化参数，$i=1, j=1$。

Step2：如果任务规划滚动窗口为空，转Step10。

Step3：如果$i \leqslant 9$，选择第i种排序规则对任务规划滚动窗口内的任务进行排序，并构成任务序列Sequence，否则转Step10。

Step4：选择Sequence中第j个任务$Sequence_j$，然后对该任务的时间窗口进行裁剪。

Step5：按照任务执行时间计算启发式规则确定$Sequence_j$的执行时间。

Step6：如果$Sequence_j$存在执行时间并且满足各项约束条件，则保存$Sequence_j$的决策变量，否则转Step8。

Step7：如果$Sequence_j$是观测任务，则在Sequence中的$Sequence_j$之后添加一个$Sequence_j$所对应的数据回传任务。

Step8：$j=j+1$，如果j小于等于Sequence中任务数量，则转Step4。

Step9：将Sequence中的每个任务对应的决策变量保存为一个初始解x_i，$i=i+1$，转Step3。

Step10：算法结束，输出初始解集$x_1, x_2, \cdots, x_9$。

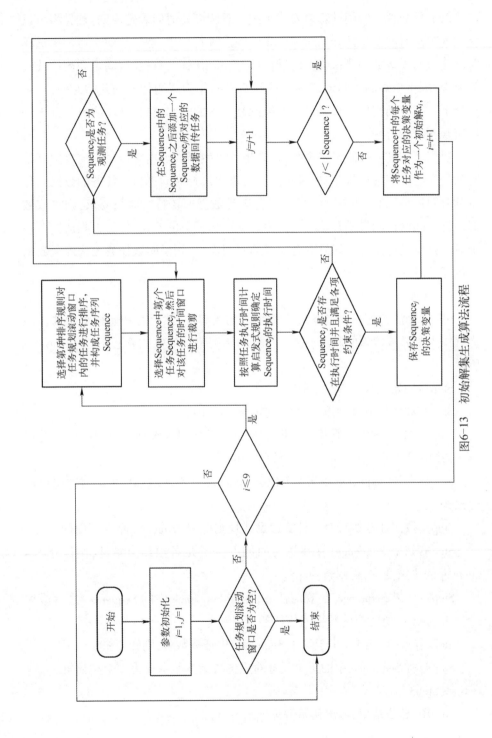

图6-13 初始解集生成算法流程

2. 邻域结构

SVNS 算法的基本思想是在局部搜索范围内,系统化地改变多个邻域结构,从而提高求解效率和质量。因此邻域结构的设计是决定变邻域搜索效果的关键,有效的邻域结构设计对算法的搜索能力具有重要的影响。在实际应用中,关于邻域结构的设计依赖于问题的特征及解的表示方式,这给予使用者很大的自由设计的空间。在星上任务规划问题中,解的一个邻域对应的就是任务的某种排列方式,改变任务的排列方式,即执行次序,就是在改变邻域。不同的任务执行次序,将导致任务被执行的机会发生变化,进而目标函数值也会发生变化,因此通过改变邻域,可以得到更优的解。为克服算法对单一邻域的过分依赖,本章构造了3种邻域结构。

1) 末位插入邻域

首先在解的二维矩阵编码中,任意选择 k 个派遣决策变量为 1 且 flag=0 的编码位,然后在任务序列 Sequence 中找到这些编码位所对应的任务,将这 k 个任务转移至任务序列 Sequence 的末尾,如图 6-14 所示。所选择的 k 个任务用 $x_1, x_2, \cdots, x_k$ 表示。因为任务序列 Sequence 中观测任务的顺序被调整,因此还需要根据序列组合规则,将 Sequence 中的观测任务序列和数据回传任务序列进行重新组合,从而得到一个全新的任务序列 Sequence′,即解的末位插入邻域。一般来说,如果将某些观测任务移至序列末尾,那么这些任务能够被执行的机会可能会变得很小,但从优化的角度来看,可以通过末位插入,增大完成其他更多任务的机会,从而提高解的质量。如果解的二维矩阵编码中,派遣决策变量为 1 且 flag=0 的编码位数量为 m,那么 k 的大小为 $1 \sim 0.1m$ 的随机整数。

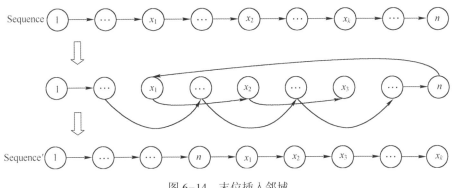

图 6-14 末位插入邻域

2）首位插入邻域

首先在解的二维矩阵编码中，任意选择 k 个派遣决策变量为 0 且 flag=0 的编码位，然后在任务序列 Sequence 中找到这些编码位所对应的任务，并将这些任务转移至任务序列 Sequence 的首位，如图 6-15 所示。所选择的 k 个任务用 $x_1, x_2, \cdots, x_k$ 表示。因为任务序列 Sequence 中观测任务的顺序被调整，因此还需要根据序列组合规则，将 Sequence 中的观测任务序列和数据回传任务序列进行重新组合，从而得到一个全新的任务序列 Sequence'，即解的首位插入邻域。一般来说，如果将某些观测任务移至序列首位，那么这些任务能够被执行的机会可能会很大，从而有机会提高解的质量。如果解的二维矩阵编码中，派遣决策变量为 0 且 flag=0 的编码位数量为 n，那么 k 的大小为 $1 \sim 0.1n$ 的随机整数。

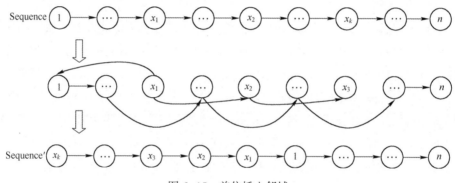

图 6-15 首位插入邻域

3）交换邻域

首先在解的二维矩阵编码中，任意选择 k 个派遣决策变量为 1 且 flag=0 的编码位，并在任务序列 Sequence 中找到这些编码位所对应的任务。这些任务用 $x_1, x_2, \cdots, x_k$ 表示。然后在解的二维矩阵编码中，任意选择 k 个派遣决策变量为 0 且 flag=0 的编码位，并在任务序列 Sequence 中找到这些编码位所对应的任务，并用 $y_1, y_2, \cdots, y_k$ 表示这些任务。然后将 x_1 与 y_1，x_2 与 y_2 的位置进行交换，直到最后将 x_k 与 y_k 的位置进行交换，如图 6-16 所示。因为任务序列 Sequence 中观测任务的顺序被调整，因此还需要根据序列组合规则，将 Sequence 中的观测任务序列和数据回传任务序列进行重新组合，从而得到一个全新的任务序列 Sequence'，即解的交换邻域。如果解的二维矩阵编码中，派遣决策变量为 1 且 flag=0 的编码位数量为 m，而派遣决策变量为 0 且 flag=0 的编码位数量为 n，那么 k 的大小为 $1 \sim 0.1 \min(m, n)$ 的随机整数。

第 6 章　事件驱动的高分辨率卫星动态滚动任务规划技术

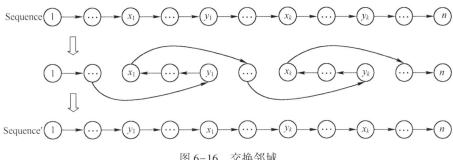

图 6-16　交换邻域

3. 局部搜索策略

局部搜索策略决定了当前邻域结构内对局部最优解的搜索方式。局部搜索策略主要有两种搜索方式，一种是最佳优化更新，另一种是首次优化更新。最佳优化更新方式要求算法在当前邻域内搜索所有优化解，并且选择其中的最优解替换原来的结构。首次优化更新方式不要求找到当前邻域内的最优解，只要在当前邻域内找到一个比初始解更好的解时，便用其将原来的结构替换掉。本策略综合考虑了上述两种方式，该方法只接受比当前解更优的解作为下一次搜索的初始解，并对每一个邻域内的搜索次数做了限制，当搜索次数达到了限制 $l_{\min}$，才会改变邻域结构，此时视为已经陷入局部最优。在搜索过程中，如果搜索到一个更优的解，则说明该邻域有利于解的改进，并且用新的邻域解取代当前解，继续在该邻域内搜索，同时将此邻域结构内的搜索次数归零重新计数。

4. 算法流程

SVNS 算法流程如图 6-17 所示，具体步骤如下。

Step1：生成初始解 x，并将 x 作为局部搜索的起点。

Step2：参数初始化。参数包括邻域个数 $k_{\max}$，用于判定是否陷入局部最优的迭代搜索次数 $l_{\min}$，用于判定算法是否终止的最大迭代搜索次数 $l_{\max}$，迭代计数器 m 和 n，邻域计数器 k。令 $k=1, m=0, n=0$。

Step3：在解 x 的第 k 邻域结构中随机确定一个可行解 y，且 $n=n+1$。

Step4：如果 y 优于 x，则 $x=y$ 且 $m=0$，否则 $m=m+1$。

Step5：如果 $n==l_{\max}$，则转 Step8。

Step6：如果 $m==l_{\min}$，则说明已经陷入局部最优，$k=k+1$，否则 Step3。

Step7：如果 $k \leq k_{\max}$，则 $m=0$，并且转 Step3。

Step8：算法结束，输出 x。

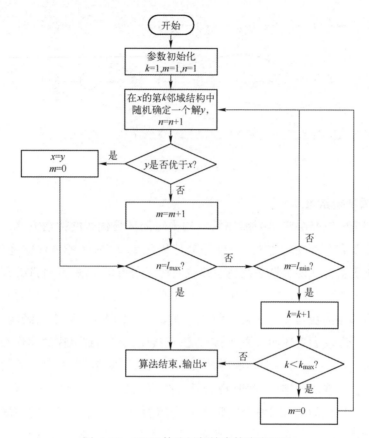

图 6-17 SVNS 算法局部搜索策略流程图

6.3.2 应用实践

1. 实验设计

实验的验证内容主要包括以下三个方面。

(1) 验证不同排序规则对初始解的影响。

(2) 验证不同排序规则对算法最终结果的影响。

(3) 通过不同算法之间的性能比较,验证模型的合理性和 SVNS 算法的有效性。

实验以收益值、任务完成率和高优先级任务完成率作为主要评价指标,并采用测试实例的平均实验结果作为最终的实验结果。其中收益值指结果的目标函数值。任务完成率指纳入调度方案的观测任务数量占全部观测任务数量的百分比。高优先级任务完成率指调度方案中优先级为 9 和 10 的观测任务数量占全部观测任务中优先级为9和10的观测任务数量的百分比。

在实验之前,首先构建了一个由2000个地面目标组成的观测目标集合。而每一个观测目标都对应了一个观测任务。实验中关于资源设计和任务设计的详细内容在6.1节中已介绍。实验中的观测任务从上述观测目标对应的观测任务集中选择。根据参与规划的观测任务数量,可以将实验分为4组,第1组观测任务数量是50,第2组观测任务数量是70,第3组观测任务数量是100,第4组观测任务数量是150。

在观测目标集合中选择观测任务时,首先要确定一个时间区间,比如2017-5-30-00:00:00至2017-5-30-04:00:00,然后按照实验需要的数量选择观测时间窗口在该时间区间内的观测任务。确定观测任务以后,不仅要考虑每个观测任务在该时间区间内的观测时间窗口,还要考虑每个观测任务在时间区间以外的全部观测时间窗口。在保证时间区间长度和观测任务数量的情况下,时间区间的开始时间是任意选择的。每组的时间区间均是20min,每组都只有一个数据回传时间窗口。通过时间区间来选择观测任务的目的是控制不同观测任务的观测时间窗口之间能够存在一定的重叠,从而增加任务之间的冲突,促使算法能够在观测任务的多个观测时间窗口中选择一个最佳的观测时刻。卫星固存方面,如果卫星固存太大,那么卫星固存约束很难对调度过程产生影响,所以实验中卫星固存应该根据每组观测任务总共需要占用固存大小进行设置。实验中假设卫星固存的最大值为实验中参与调度的观测任务的固存占用值之和的50%,即卫星如果不能将观测数据进行回传,那么无法完成全部观测任务。观测任务的优先级和观测持续时间随机确定,优先级的范围是1~10,观测持续时间的范围是5~30s,且各个优先级的观测任务数量相同。最后将各组观测任务中10%的任务设置为数据回传任务,用于模拟任务规划滚动窗口中可能存在的数据回传任务。

针对第1个验证内容,利用9种排序规则,分别针对每种规模的任务集生成初始解。每种规模的任务集各生成10个。在不同任务规模下,通过比较10次实验结果,分析排序规则对初始解的影响。

针对第2个验证内容,利用9种排序规则,分别针对每种规模的任务集生成初始解,然后利用SVNS算法根据不同的初始解进行搜索求解。每种规模的任务集各生成10个。在不同任务规模下,通过比较10次实验结果,分析排序规则对SVNS算法结果的影响,选择一个最佳的初始解生成规则,作为SVNS算法的使用规则。

针对第3个验证内容,利用SVNS算法和LS算法分别针对每种规模的任务集进行求解。每种规模的任务集各生成10个。在不同任务规模下,通过比较10次实验结果,分析不同算法的算法性能表现。

由于在星上计算能力有限,如果迭代次数太多,将会占用大量时间,无法满足时效性要求,因此实验中将 l_{max} 设置为100,将 l_{min} 设置为 $l_{max}/3$。实验计算机配置为 Intel Core i5-7200U CPU 2.50GHz,内存为8GB,操作系统为 Windows 10,编程环境为 Matlab。

2. 实验结果与分析

第1个验证内容的验证结果如图 6-18~图 6-21 所示。从图中可以明显看

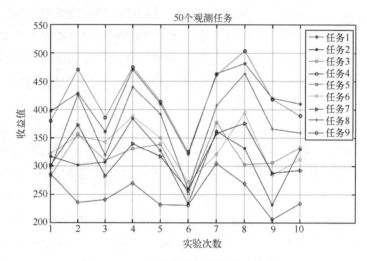

图 6-18 50个任务的初始解收益值对比

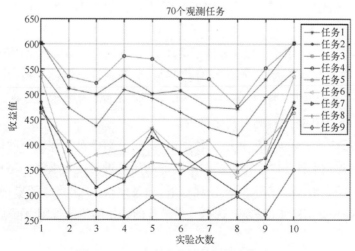

图 6-19 70个任务的初始解收益值对比

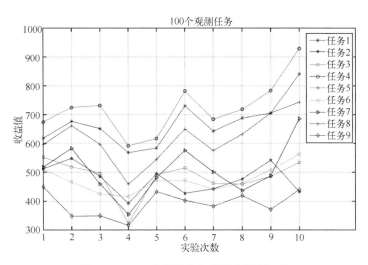

图 6-20　100 个任务的初始解收益值对比

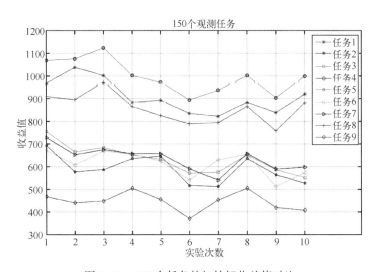

图 6-21　150 个任务的初始解收益值对比

出,针对不同的任务规模,任务 4 和任务 5 都可以得到较其他排序规则更优的初始解。而任务 1 较任务 4 和任务 5 稍差。而且随着任务规模的不断扩大,不同规则生成的初始解在收益值上的差别也越来越大。因此可以认为排序规则对算法初始解收益值的影响是非常大的,并且确实存在像任务 4 和任务 5 这种适合各种任务规模的排序规则。因此如果算法迭代的次数十分有限,那么应该选择任务 4 或任务 5 生成初始解。任务 4 和任务 5 生成的初始解的收益值之所以非常接近,主要是因为任务 4 是按照优先级与观测持续时间的比值由大到小,从前至后对观测任务依次排列。而任务 5 是按照优先级与固存占用值的比值由大到小,从前至后对观测任务依次排列。两个规则的唯一区别在于计算比值的分母不同,而观测持续时间与固存占用值又成正比关系,观测持续时间决定了固存占用值的大小,因此任务 4 和任务 5 生成的初始解的收益值非常接近。

第 2 个验证内容的验证结果如图 6-22~图 6-25 所示。从图中可以明显看出,针对不同的任务规模,任务 4 和任务 5 都可以得到较其他排序规则更优的

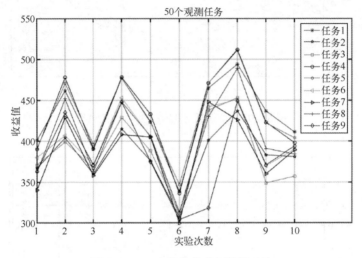

图 6-22　50 个任务的求解结果对比

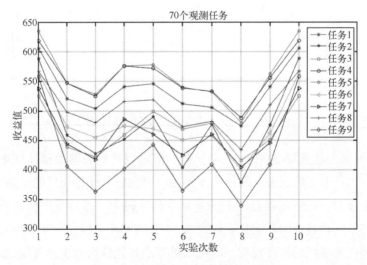

图 6-23　70 个任务的求解结果对比

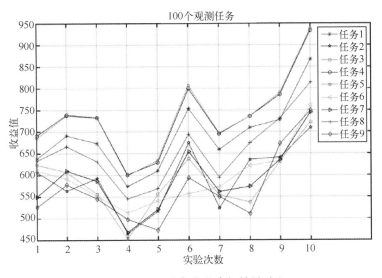

图 6-24　100 个任务的求解结果对比

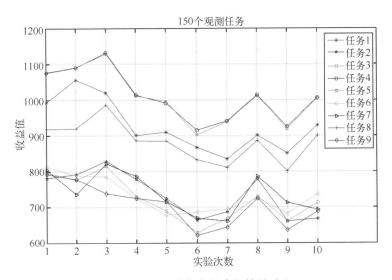

图 6-25　150 个任务的求解结果对比

求解结果。而任务 1 较任务 4 和任务 5 稍差。而且随着任务规模的不断扩大，任务 4 和任务 5 较其他规则的优势越来越明显。但这种优势仅仅体现在结果的收益值上。在任务完成率方面，任务 4 和任务 5 并没有明显的优势，如图 6-26～图 6-29 所示。但是在高优级任务完成率方面，任务 4 和任务 5 具有明显优势，如图 6-30～图 6-33 所示。综上所述，SVNS 算法最终确定选择任务 5 作为生成初始解的唯一任务排序规则。

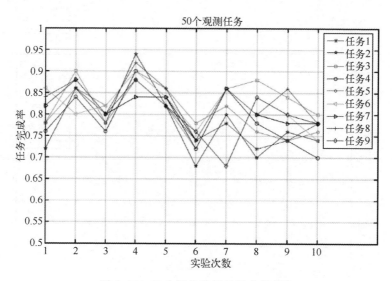

图 6-26　50 个任务的任务完成率对比

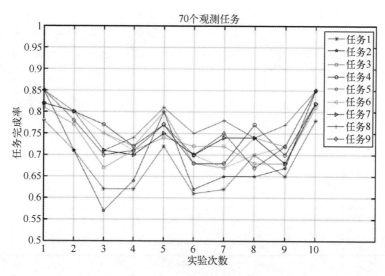

图 6-27　70 个任务的任务完成率对比

第 3 个验证内容的验证结果如表 6-7 所列。在有限的迭代次数下,SVNS 算法的求解效果要好于 LS 算法。这是因为 SVNS 算法的初始解是根据问题特点设计的,而且在搜索过程中有邻域结构引导了搜索方向。LS 算法虽然是根据问题特点生成的初始解,但是初始解比较多,因此根据每个初始解进行迭代改进的迭代次数变得非常少。另外,LS 算法在迭代改进过程中,使用的是轮盘赌的思想,没有明确的邻域结构,因此在有限的迭代次数里对解的改进并不明显。

第6章 事件驱动的高分辨率卫星动态滚动任务规划技术

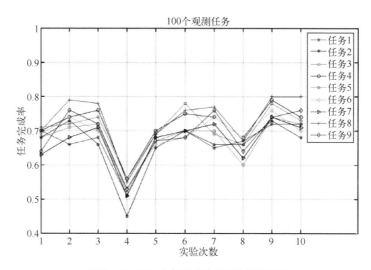

图 6-28 100 个任务的任务完成率对比

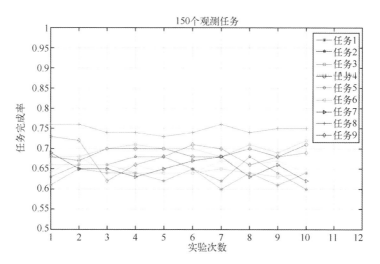

图 6-29 150 个任务的任务完成率对比

表 6-7 实验结果

任务数量	平均收益值		平均任务完成率		平均高优先级任务完成率	
	SVNS	LS	SVNS	LS	SVNS	LS
50	430	385	0.81	0.75	0.99	0.91
70	536	470	0.76	0.66	0.99	0.89
100	690	630	0.71	0.62	0.99	0.85
150	926	830	0.70	0.60	0.99	0.81

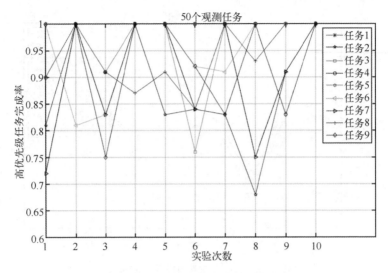

图 6-30　50 个任务的高优先级任务完成率对比

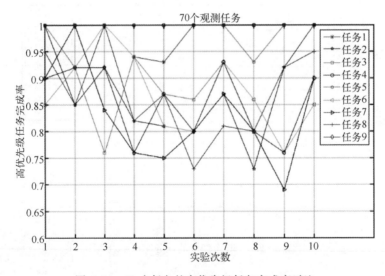

图 6-31　70 个任务的高优先级任务完成率对比

6.4　小结

本章对事件驱动的高分辨率卫星动态滚动任务规划技术进行了分析。首先结合任务背景,对任务规划的动态特性进行了分析。针对动态环境下的特殊性,使用协调控制策略模型对滚动窗口进行设计,并使用变领域搜索算法实现

第6章 事件驱动的高分辨率卫星动态滚动任务规划技术

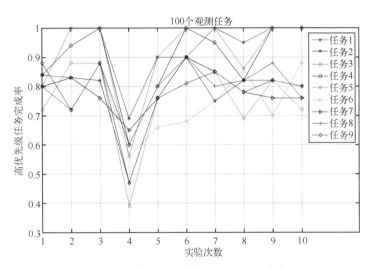

图6-32 100个任务的高优先级任务完成率对比

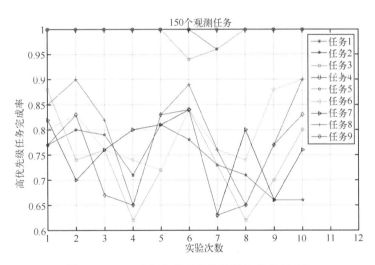

图6-33 150个任务的高优先级任务完成率对比

卫星动态滚动任务规划算法。然后针对不同应用场景进行实验。实验结果表明,SVNS算法生成初始解的排序规则具有较高收益。

第 7 章
卫星自主任务规划技术

本章在分析高分辨率卫星自主任务规划应用需求的基础上,首先对多星自主协同规划的应用场景进行介绍,设计了多星自主协同的组织结构和协同流程,其次对支撑多星自主协同的单星自主任务规划算法、多星自主协同策略和基于机器学习的自主协同策略推荐方法三大关键技术进行了介绍。

7.1 卫星自主任务规划问题分析

7.1.1 卫星自主任务规划需求分析

为满足日益迫切、复杂的协同任务和国土监测需求,我国已逐步开展了对敏捷卫星、快速响应卫星、星间组网、分离模块群等新型遥感卫星的研究工作。新型遥感卫星涌现出全新的技术特点和应用模式,扩展了遥感卫星任务规划的内涵和外延,为星上自主任务规划控制提出了新的问题,同时也带来了新的挑战。根据当前的卫星发展趋势,卫星的自主任务规划能力越来越受到各个卫星应用大国和相关科研机构的重视。随着卫星载荷能力的不断提升,卫星响应时间要求不断缩短,对卫星自主任务规划问题的研究日益迫切。

当前基于天地大回路的卫星运行管理模式(需求→规划→指令→卫星→观测→数传→处理→用户)星地链路较长,难以满足高分辨率卫星应用的高时效性要求,为了提高卫星系统的快速响应,迫切需要缩短信息链条的长度。随着星载计算机性能的不断提高,星上计算能力不断增强,星间组网通信能力也随着卫星数量的增加不断增强,加之人工智能技术的发展,星上自主任务规划技术日渐成熟,进而提供了一种新的成像卫星任务管理模式:用户利用星地链路直接向卫星发送目标观测需求,卫星系统通过自主协同、自主规划生成观测方案,通过星间通信网络指派满足该需求的卫星完成观测任务,并将获取的图像信息直接传输到用户,这种模式将原来的信息链条缩短为需求→卫星→用户,可极大地提高卫星系统的响应能力,如图7-1所示。

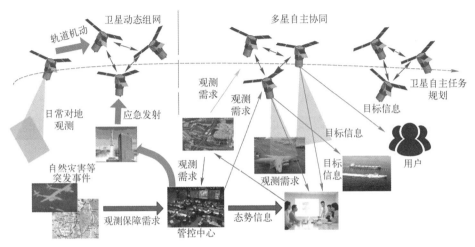

图 7-1　星上自主的信息保障示意图(见彩图)

用户对于未来成像卫星的需求不仅仅是"量"的增长,而更重要的是追求"质"的提升,要求卫星自身在成像目标、成像范围、成像能力上相比当前有一个跨越式的发展,即卫星应用效能大幅提升,而现有的卫星天基信息处理方式都是完全依靠地面处理完成的,卫星自身只是单纯的被动成像工具。卫星与地面在天基信息处理方面相互孤立和相互脱节的现状,越来越难以适应卫星应用急速发展的需求,成为制约成像卫星天基信息获取和应用需求的重要瓶颈。

未来随着卫星星上处理能力和星间通信能力的发展,面向复杂任务的星上自主协同与规划是解决上述瓶颈问题的重要解决途径,而本书主要针对未来具有自主规划能力和一定信息处理能力新型卫星,将现有的单纯依靠地面的卫星任务管理模式转变为以星上为主的天地一体化管控模式,减少卫星对地面支持的依赖,使之更好地满足现实应用需求,主要体现在以下4个方面。

(1)提高系统快速响应能力。未来态势瞬息万变,各级用户的成像需求也具有高动态性和时效性,随时可能触发新的需求并需要快速响应,应急任务快速响应成为需求的常态。当前成像任务的任务规划通常在地面进行,规划周期从一天到数天不等,规划方案制定完成后,生成相应的控制指令,在星地时间窗口内上注卫星,卫星严格按照方案实施天基信息的获取。考虑到测控机会的限制,这种方式时效性不佳,对于突发的需求,若不能预知要成像的目标信息,则不能遵循地面常规的任务分时段、分批次规划调度模式。因此,需要星上具备一定的信息处理与自主任务规划能力:一方面地面可以上注更少的指令,这样在同样的测控窗口下,星上可以及时响应更多的观测需求;另一方面,星上可以对获取的天基信息进行处理,除去无用的信息,减少大量无用信息占用数传通道,直接将有效的信息及时下传到地面,实现对应急突发事件的快速响应。

(2) 提高天基信息获取能力。为了保证用户在应急条件下了解更多现场情报信息,天基资源需要在有限时间内获取更多有效的天基信息,用来更好地支持救灾等行动。因此,需要星上能够根据实时的轨道、姿态和载荷状态信息进行自主任务规划,精确缩减控制成像时间,能够在有限时间内获取更多的天基信息。

(3) 提高天基信息的有效性和准确性。为了保证取得更有效的天基信息,要保证成像卫星可以利用尽量少的次数就能获取目标、现场的有效信息。而传统的地面管控系统本质上是一个静态规划与调度过程,根据卫星研制方提供的静态约束条件开展任务规划与调度,无法获得卫星动态资源变化和外界环境变化,气象数据获取也缺乏时效性,导致获取的天基信息中可用数据的比例不高,获取信息的效率低下。因此,需要星上能够通过实时外部环境信息的综合利用,提升观测成功率,尽量保证单次或者较少的次数就能获取有用的天基信息。

一般来说,卫星在对特定地区或重要目标进行监视和预警时,同时要对行动效果进行评估,监视重点目标的动向,这时获取信息的准确性十分重要。因此,需要星上具备一定的自主任务规划能力,而地面管控系统可以辅助成像卫星提高对地面信息获取的准确性,星上可以综合利用地面管控系统在地面进行云量、精细化的控制参数(成像参数、轨道参数)的预估,作为星上进行信息获取的参考。

(4) 提高卫星面向固定模式需求的自主运行能力。对于需要对固定区域长期进行持续观测的区域目标(如重点海域、重点城市),通过地面提前设置一个卫星执行成像任务的固定模式,上注到卫星,需要卫星可在一定时间内以固定的模式自主进行天基信息的获取。

综上所述,统筹天基资源、地面运控资源,在对高分辨率卫星的管理逐渐由地面离线向星上自主演变的同时,迫切需要创新管控理念,构建新的管理控制和应用模式,协调地面测控、接收、处理资源之间的配合,优化全周期数据流程,从管理机制、策略、技术等多角度提出全面解决问题的途径。

随着卫星平台技术的发展,当前的卫星平台已从非敏捷卫星平台逐步发展过渡到敏捷卫星平台。本章在对卫星自主任务规划技术进行研究时,以敏捷卫星平台作为卫星遥感载荷的搭载平台。本章内若无特殊说明,所有成像卫星均假设为敏捷卫星。

7.1.2 自主协同规划问题描述及协同规划功能分析

为了加强卫星在动态环境中对应急目标的响应能力,克服由于运行轨道的限制导致单颗卫星无法及时响应目标观测需求等障碍,需打破传统各个卫星"烟囱式"的管控机制,通过星间组网与自主协同规划的方式来更好地保障应急目标的响应时间和质量。与此同时,在各个卫星协同响应突发目标观测需求的情况下,仍需兼顾各卫星常规保障目标的观测需求。所以在多星自主协同的应用场景中,需面向统筹应急目标和各卫星常规观测目标的动态应用环境设计对应的多星组网协同流程和相关的自主任务规划算法。

本章依据图 7-2 所示的应用想定设计了多星自主协同任务规划的流程结构和相关的自主任务规划算法。在该场景中,各个卫星在保障各自的常规观测目标的前提下,还要协同响应星座的应急目标观测需求。本章假设星座采用分布集中式的管控结构(关于管控结构的讨论详见 7.1.3 节),各个卫星均具有自主任务规划能力,主星除具有单星的自主任务规划能力外还具有星座面向应急观测目标的任务协同能力。为了高效、可靠地应对该应用需求,本章为星座自主协同规划设计了单星任务规划、任务协同和地面分析三个功能模块,现对三个功能模块的主要能力和关键核心技术加以介绍。

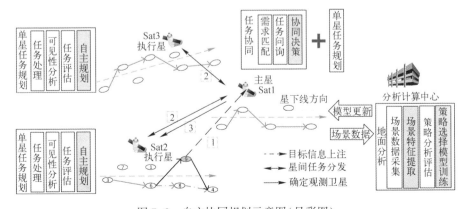

图 7-2 自主协同规划示意图(见彩图)

单星任务规划模块主要包括任务预处理、可见性分析、任务评估和自主规划四个子模块。其中，任务预处理和可见性分析模块主要负责把观测任务转换为卫星通过一次开机即执行完毕的元任务，并计算该元任务的可见时间窗口（详见本书第 3 章）；任务评估模块主要对主星广播的应急目标观测需求进行评估，该模块需计算本星对该应急目标的观测时效性、观测成本和是否与当前已规划任务具有冲突，生成可用于辅助主星决策的目标观测评估报告；自主任务规划是单星任务规划模块的核心子模块，该模块负责根据动态的观测需求，实时调整卫星的观测方案，保证卫星对应急任务的响应能力和卫星具有较好的观测收益。

任务协同模块负责星座对应急目标的突发观测需求进行合理的分配，在保障目标载荷、时效性等观测需求的前提下仍需统筹星座整体的观测效率。该模块包括需求匹配、任务问询、协同决策三个子模块。其中，需求匹配子模块主要负责根据应急目标的观测需求和环境信息，为应急目标匹配合适的观测载荷，确保卫星图像的有效性和可用性；任务问询子模块负责将应急目标信息广播给经过载荷筛选后的成像卫星，并收集这些卫星的目标观测评估报告；协同决策子模块是任务协同模块的核心子模块，该模块根据收集到的目标观测评估报告和应急目标协同策略，将目标分配给合适的执行卫星进行应急目标的观测成像。

除了单星任务规划模块和任务协同模块，本章还设计了地面分析模块进一步优化星座的协同观测效率。该模块根据星座运行过程中积累的场景数据，利用地面相对丰富的计算资源，采用机器学习等方法训练一个可以根据不同场景特征智能选取合适协同策略的选择模型，并可通过星地链路将模型上注至星座任务协同模块供星座使用。该模块包括场景数据采集、场景特征提取、策略分析评估、策略选择模型训练四个子模块。场景数据采集子模块负责收集、管理星座运行的场景信息；场景特征提取子模块是地面分析模块中的核心模块，该模块负责对场景信息进行分析，设计用于描述场景的特征信息，对场景的特征描述类信息进行规范化处理；策略分析评估子模块通过仿真的方式分析不同协同策略在各场景中对星座整体观测效能、应急目标响应指标、常规目标观测效率等指标的影响，并结合场景特征提取子模块生成训练策略选择模型所需的学习数据；策略选择模型训练子模块也是地面分析模块中的核心模块，该模块负责根据策略选择模型相关的学习数据选取合适的学习算法，训练、更新策略选择模型的具体结构和参数，以保证卫星星座可根据不同的场景特征信息智能地选取合适的协同策略。

本章后续内容在设计卫星多星自主协同网络结构的基础上,梳理了多星自主协同的处理流程,并对单星自主任务规划算法、多星自主任务协同策略和基于机器学习的多星自主协同策略推荐三项关键技术进行了介绍。

7.1.3 自主协同规划网络结构及协同流程设计

1. 自主协同规划网络结构设计

基于当前卫星的应用需求,各观测卫星既要有各自专属的常规观测任务,又要有对应急目标观测任务的快速响应能力。因此,需设计一种兼顾常规观测任务与应急观测任务的协同卫星网络,且该卫星网络在当前的卫星硬件技术条件下实现的可行性较高。

常见的卫星星座主要包括完全集中式、完全分布式和分布集中式三种结构。以下对三种结构的特点做简要的分析,并根据当前的技术条件选取一个合适的结构作为卫星星座的实验结构。

完全集中式结构是指卫星星座所有的计算(主要包括各卫星的时间窗口计算、应急目标协同分配、各单星观测调度方案的生成)都在主星完成。该结构的优点是能够有效减少星间链路的通信负载,除主星外的其他执行卫星设计较为简单,制造成本也较低,且便于星座方案的全局优化(在主星计算能力允许的情况下可以直接在主星计算机中进行多次迭代优化求解)。但是,此种星座结构的缺点也较为明显,主要是主星的计算负载过高,对主星的计算能力要求过高也导致主星的单星成本过大,星座的鲁棒性差。同时,随着卫星数目的增多导致主星的计算负载不断加大,使星座的规模受到了主星计算能力的限制。根据当前的星载计算机的相关能力,短期内无法依据此种结构组建成一个规模可观的观测卫星星座。

完全分布式结构是指卫星星座中各个卫星地位平等,没有主星这一角色,各卫星的可视时间窗口和单星的任务规划等计算工作都在各个卫星本地完成。在应急目标的协同分配方面,星座通过其各卫星与临近卫星的多次星间信息交互的方式来使卫星获得一致共识,确定某一应急任务的执行卫星。该结构的优点是星座的计算负载均匀,星座鲁棒性高,扩展能力强。该结构的缺点是,各个卫星要通过多次协商才能获得一致的决策结果,星间通信成本高,星间链路负载较大。而且,若卫星不能进行本地决策则会在一定程度上影响决策速度,若卫星在本地进行快速决策又会导致决策质量不高。同时,由于每颗卫星都要具有一定的决策能力,这也致使各个卫星的成本都有所增加。

分布集中式结构是指各个卫星可在本地进行时间窗口和观测调度方案的计算,由主星根据各个卫星对应急目标的评估来确定应急目标的观测卫星。该结构的优点是,各个卫星计算负载较均衡,星间链路通信成本相对可控,兼顾了应急目标的决策效率和决策质量,星座的鲁棒性也优于完全集中式(主星容易被替代)。而且,主星相对于执行卫星仅增加一个协同决策功能即可,星座的扩展性较好,新的卫星只要在主星处注册且与其他卫星建立星间链路即可加入卫星星座。该结构的缺点是,对各个卫星的计算能力和星间通信能力都有一定的要求,为了保障星座的鲁棒性需要定时地对主星进行维护和相应的备份,每次决策时都需要部分卫星参与计算。

根据当前的卫星平台和星间链路的相关技术,在本章的协同算法设计和分析的过程中,将星座假设为分布集中式的组网结构,具体功能模块计算方式(分布式/集中式)的设计如表7-1所列。这种结构的可行性强,也便于将应急目标的协同决策功能和单星的在线调度功能相分离。因此,该结构也有助于对自主卫星星座的应急目标协同分配策略进行较为深入的研究。

表7-1 功能模块及计算方式

模块	主要工作	计算方式	原因分析
任务预处理	计算各卫星与各目标的可见时间窗口	分布式	计算资源消耗较大,该模块可通过并行计算的方式提高计算效率,均衡星簇的计算负载,通信成本低
任务可行性分析	分析各卫星对不同的目标的执行成本	分布式	计算资源消耗一般,各卫星可根据预处理结果直接生成可行性分析报告,减轻星簇的通信负载
任务协同分配	统筹各卫星执行情况安排任务	集中式	计算资源消耗较小,但由于要统筹星簇信息进行协同安排,为了减少交互成本将该部分计算安排在主星,以得到较优的整体方案
执行方案更新	根据新的任务方案更改执行计划	分布式	各卫星可根据自身状态更新执行计划,并将新的计划汇报给主星,如任务失败不进行迭代。并行可减轻主星计算负载,提高星簇效率

在卫星星座协同任务规划的场景中,卫星星座由多颗成像卫星组成,星座中的一颗卫星为星座主星,其他卫星为执行卫星。星座的观测任务集合主要由每颗卫星的常规目标观测任务和应急目标协同观测任务两部分组成。星座的运行目标为最大化系统在一个周期内的运行效率,即最大化星座对目标的观测收益。主星负责应急目标的协同观测规划,执行卫星负载计算各自与目标的可

见时间窗口和各自的观测调度方案,各个卫星与主星之间可进行实时的指令级信息通信。

卫星的常规观测目标是指各个卫星各自的观测任务目标,各卫星在协同任务规划场景开始之前就已知全部任务信息。任务信息主要包括任务编号、任务位置、任务观测时间窗口、任务观测时长和任务观测收益。

应急目标的相关信息在协同任务规划场景开始之前是未知的。在星座运行期间,当用户发起应急目标观测需求后,由地面站的上注设备将应急目标的信息传送至星座主星,再由主星根据任务需求(观测载荷、观测截止时间等)以及各个卫星的状态来将任务分配给合适的执行卫星。

由前文讨论可知,卫星星座的管控结构为分布集中式结构,集中主要体现在由主星负责协同调度完成应急目标的分配工作,分布式体现在由各个自主卫星通过本地计算来提供应急目标的观测评估报告并调整相关的调度观测方案。

如图7-3所示,协同星座由Sat1、Sat2和Sat3三颗卫星构成,其中Sat1为主星。各个卫星的星下线方向如卫星下方虚线所示,观测路径如卫星下方实线所示。当在星座的运行过程中,用户发现应急目标9,并将应急目标的具体信息通过星地通信网络上注给主星Sat1。主星Sat1根据目标信息和星座中各个卫星的当前状态,将应急目标9分配给观测卫星Sat2。Sat2接收到目标信息后,将目标9加入到自己的带观测序列中,利用星上自主任务规划算法生成新的观测方案,并将原定的观测路径{3→6→8→4}调整为{3→6→9→4};星座中其他卫星(Sat1、Sat3)的观测路径保持不变。

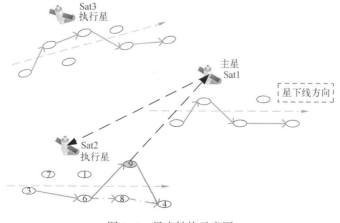

图7-3 星座结构示意图

2. 自主协同规划流程设计

在场景开始时,各个卫星根据自己的常规任务信息规划一个常规任务观测方案,并在没有应急协同任务时执行该观测方案。当地面给主星上注某一应急协同目标时,主星通过星间链路将应急协同目标分发给各个卫星,各卫星利用本地的计算资源预估自己对该应急任务的观测成本,并生成相应的观测报告。主星接收到各卫星的观测报告后,触发任务协同分配算法选取合适的卫星执行该观测任务,并将应急目标观测的相关信息报告给地面。执行卫星接收到目标观测任务指派后,调整自己后续的观测方案。其中,各卫星的主要约束为时间窗口约束、时间依赖的机动时间约束和固存约束。

在场景开始初期,各个卫星利用滚动规划算法对常规观测目标生成预规划观测方案;各个卫星执行当前的规划观测方案;当有新应急目标到达时,主星将目标信息发送给各个卫星;各卫星接收到信息后,利用本地资源计算与目标的可见性关系,生成观测报告后将相关信息发送回主星;主星根据各个卫星的观测报告,利用分配算法确定所要执行该任务的卫星,并将任务分配结果广播给各个卫星;观测任务执行卫星将新的协同任务加入到以后的待规划任务集中,并利用自主任务规划算法更新自己的观测方案,并执行新的观测规划方案;其他卫星继续执行原有的观测规划方案。

星座协同流程示意图如图 7-4 所示。当有应急目标的观测需求后,由用户通过星地链路将任务的观测需求上注给主星(如图 7-4 中短虚线 1 所示),应急目标的主要信息有应急目标 ID、位置信息、观测载荷需求、观测收益、最晚可成像时间。当主星收到应急目标信息后,先筛选可执行该任务的载荷信息,再通过星间链路将目标信息通过广播的方式发送给对应的观测卫星,并设定观测分析报告的接收时间。各卫星接收到任务后,利用本地的计算资源计算与目标的可见性关系,生成观测分析报告后将报告返还给主星(如图 7-4 中双向实线 2 所示)。主星收到各个卫星的观测分析报告后(若某卫星的观测分析报告在接收时间之后到达主星,则视为该星无法观测该目标),在保证能满足目标观测需求且不影响已安排的应急目标的前提下,利用协同分配算法确定执行观测的卫星,并指派对应卫星调整其任务规划方案,对该应急目标进行观测(如图 7-4 中单向实线 3 所示,执行卫星为 Sat2)。

在此协同流程中,主星(Sat1)接收到应急目标的信息后,通过星间链路与各个卫星交互一次目标的观测分析报告,汇总完报告后再利用协同分配算法选取出对应的执行卫星,并指派任务。即每个应急目标需要星间进行三次单向信息传输(观测分析报告交互需要两次单向传输)就可以确定合适的目标观测执行卫星。由于观测分析报告和目标指派信息的数据量均很小,因此该协同流程对星间传输的负载较小,便于在工程中进行实现。同时,由于主星汇总了各个可执行目标观测卫星的分析报告,所以主星也可进行简单的全局优化来保证系统的运行效率。同时,该协同流程中,各个卫星均利用本地资源进行观测分析报告的计算,这大大降低了主星的计算负载,能够充分利用星座的计算资源提高运算效率,也提高了星座的鲁棒性。

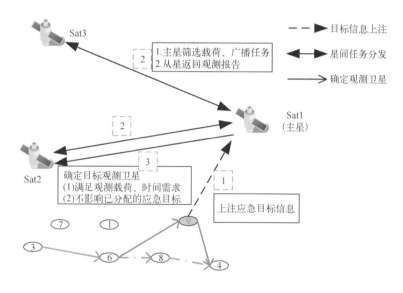

图 7-4　星座协同流程示意图

卫星在考虑新的应急观测需求后会生成新的目标观测方案,常常会放弃一些原规划方案中常规目标的观测机会,若星座希望通过其他卫星来对这些被替换掉的常规目标进行观测,则需要卫星间进行多次的信息交互才能够得到一个满意解,这样会对星间链路造成较大的负载,增加各卫星的计算负载,也会降低星座的决策效率。基于当前的硬件条件,并不推荐在星间进行多次迭代后才收敛的协同流程。

7.2 单星自主任务规划算法

7.2.1 单星自主任务规划模型描述

1. 卫星自主任务规划相关约束条件

1) 具有时间依赖特性的时序约束

相比于非敏捷卫星,敏捷卫星的俯仰能力可大幅度增加卫星对于目标的观测时间窗口。因此,在敏捷卫星任务规划问题中,最难处理的约束是由可视时间窗口和时间依赖的转换时间组成的时序约束。由于卫星只有在飞过目标上空时才与某些目标可视,所以目标与卫星之间存在时间窗口约束。如图7-5(a)所示,目标与卫星的可视时间窗口为$[ws_1,we_1]$,在时间窗口内的任一时刻,卫星与目标都有唯一的观测姿态关系(例如,观测时刻ws_1对应的观测姿态为attitude_ws_1)。图7-5(b)表示在两个相邻的观测目标之间,卫星需要进行姿态机动。为便于理解与描述,在本章中,卫星对目标i进行成像也可被描述成卫星观测目标i,其中i为目标编号。

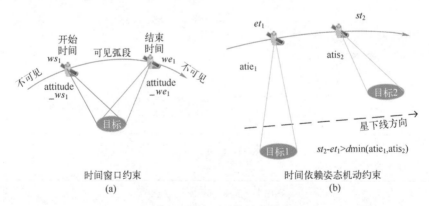

图7-5 敏捷卫星的时序约束

(a) 时间窗口约束;(b) 敏捷卫星的时序约束。

卫星对目标$target_1$结束观测时的结束观测姿态是$atie_1$,观测目标$target_2$的起始观测姿态是$atis_2$,所以卫星在观测两个目标间的间隔时间要大于两个目标间的姿态机动时间,即$st_2-et_1>dim(atie_1,atis_2)$,其中,$et_1$表示卫星对目标$target_1$的结束观测时刻,$st_2$表示卫星对目标$target_2$的开始观测时刻,$dim(atie_1,atis_2)$表示两个连续目标间姿态机动所需要的时间。在敏捷卫星中,姿态机动的时间并不是一个固定值,而是与前一目标的结束姿态(由于对某一目标的观测姿态与时间有一一对应的关系,所以也可以考虑为与观测结束时间有关)以及后续目标的开始观测姿态相关。

在姿态机动过程中,卫星先匀加速到最大速度,再匀减速到静止状态。最后,卫星还需要一定的时间来微调和稳定卫星姿态。卫星在加速和减速过程中采用不同的加速度,如果机动的角度较小,则卫星无须达到最大速度便要开始进行减速。

2) 资源约束

成像卫星自主任务规划问题中的资源约束主要包括固态存储约束(后文简称"固存约束")和电量约束。其中,固存约束是指卫星每对一个目标进行成像时,都需要消耗一定的固存资源,卫星在整个运行过程中的固存资源余量都应该大于零,即当卫星剩余固存资源不足时无法完成对目标的观测任务。根据成像卫星的成像原理,文中假设卫星对各个目标都采用相同的成像模式,即任意目标成像时卫星的固存写入码速率(单位成像时间所消耗的卫星固态存储资源量)都相同。所以,卫星对具有不同观测时长需求的目标进行观测会消耗掉不等量的固存资源,且对某一目标消耗的固存资源与目标的观测时长成正比。

卫星电量资源约束与固存资源约束类似,也是一种观测资源约束,即卫星在整个运行过程中应时刻保持卫星的剩余电量大于零(实际应用中可能是大于某一固定值阈值)。卫星的电量资源消耗主要由成像电量消耗和姿态机动电量消耗两部分组成。与固存资源相似,卫星在对目标成像时消耗的电量资源也与目标的观测时长需求成正比,即单位成像时间内消耗固定的电量资源。但与固存资源不同的是,卫星的电量资源除了在成像时需要消耗外,在卫星进行姿态机动时也需要消耗一定的电量资源。由介绍可知,卫星的姿态机动主要有匀加速机动、匀速机动、匀减速机动和姿态稳定四个过程。其中,匀加速机动、匀速机动、匀减速机动三个过程都有各自对应的电量消耗功率。在姿态稳定过程中对电量资源消耗较少,可以忽略不计。

2. 数学模型

在本章的成像卫星自主任务规划问题中,假设所有目标均被处理成平行于星下线的条带任务,这种处理方式可使高分辨率相机在成像时保持静止,从而保障图像有稳定的成像质量。同时,假设对目标成像时,侧摆角所造成的分辨率降低并不会影响目标的观测收益。由于本章中所有卫星自主任务规划场景的时长都不超过卫星一个观测轨道的时长,所以卫星对任意目标只有一次过境机会,即每个目标只有一个可视时间窗口。但在不同卫星自主任务规划应用场景中,不同目标的触发顺序是不相同的,有依据目标的时间序列逐一到达的方式,也有随机到达的方式。模型中涉及的数学符号如下。

(1) p_i 为目标 i 的收益。

(2) ws_i 为目标 i 的可视时间窗口的开始时间。

(3) we_i 为目标 i 的可视时间窗口的结束时间。

(4) dur_i 为目标 i 的成像时长。

(5) st_i 为目标 i 的观测开始时间。

(6) et_i 为目标 i 的观测结束时间。

(7) $atis_i$ 为卫星开始观测目标 i 时对应的观测姿态,包括俯仰角、侧摆角和偏航角。

(8) $atie_i$ 为卫星结束观测目标 i 时对应的观测姿态,包括俯仰角、侧摆角和偏航角。

(9) $dmin(.,.)$ 为两个姿态间的最小机动时间。

(10) $engmin(.,.)$ 为两个姿态间机动消耗的电量。

(11) cr 为卫星成像时的图像采集码速率(存储码速率,单位时间成像消耗的固存)。

(12) pc 为卫星单位时间成像时消耗的电量。

(13) SDM 为卫星最大固存。

(14) EGM 为卫星最大电量。

(15) NT 为场景内的总目标数目。

(16) S 为所有目标的所有可能子集。

(17) 目标函数为

$$\max \sum_{i=1}^{NT} x_i \cdot p_i \tag{7-1}$$

(18) 决策变量为

$$x_i = \begin{cases} 1, & \text{目标 } i \text{ 被选中} \\ 0, & \text{否则} \end{cases} \tag{7-2}$$

$$y_{ij} = \begin{cases} 1, & \text{目标 } j \text{ 在目标 } i \text{ 之后被观测} \\ 0, & \text{否则} \end{cases} \tag{7-3}$$

(19) 约束条件为

$$ws_i \leqslant st_i < et_i < we_i, \forall x_i = 1 \tag{7-4}$$

$$et_i = st_i + \mathrm{dur}_i, \ \forall\, x_i = 1 \tag{7-5}$$

$$et_i + d\min(\mathrm{atie}_i, \mathrm{atis}_j) < st_j, \ \forall\, y_{ij} = 1 \tag{7-6}$$

$$\sum_{i=1}^{NT} x_i \cdot \mathrm{dur}_i \cdot cr \leqslant \mathrm{SDM} \tag{7-7}$$

$$\sum_{i=1}^{NT} x_i \cdot \mathrm{dur}_i \cdot pc + \sum_{i=1}^{NT} y_{ij} \cdot \mathrm{engmin}(\mathrm{atie}_i, \mathrm{aits}_j) \leqslant \mathrm{EGM} \tag{7-8}$$

$$\mathrm{engmin}(\mathrm{atie}_i, \mathrm{aits}_j) = 0, \ \forall\, y_{ij} = 0 \tag{7-9}$$

$$y_{ii} = 0, \ \forall\, i \tag{7-10}$$

$$x_0 = 1 \tag{7-11}$$

$$x_{NT+1} = 1 \tag{7-12}$$

$$x_j = \sum_{i=0}^{NT} y_{ij} \tag{7-13}$$

$$x_i = \sum_{j=1}^{NT+1} y_{ij} \tag{7-14}$$

$$\sum_{i,j \in S} y_{ij} \leqslant |S| - 1, S \subseteq \{1, 2, \cdots, NT\}, S \neq \varnothing \tag{7-15}$$

$$r_i = r_j = 1, \ \forall\, y_{ij} = 1 \tag{7-16}$$

$$x_i \in \{0,1\}, y_{ij} \in \{0,1\}, \forall\, i,j = 1,2,\cdots,NT \tag{7-17}$$

式(7-1)表示成像卫星自主任务规划问题的优化目标,本章以最大化所有观测目标的收益总和为问题的优化目标。式(7-2)和式(7-3)介绍了模型的决策变量。其中,x_i 表示观测目标的选取变量。当卫星决定对目标进行观测时 $x_i = 1$,否则,$x_i = 0$。y_{ij} 表示两个被选取的观测目标间的顺序变量,当卫星对目标 i 进行观测后,紧接对目标 j 进行观测则 $y_{ij} = 1$。否则,$y_{ij} = 0$。

式(7-4)~式(7-17)表示了本章所考虑的成像卫星自主任务规划问题的约束条件。式(7-4)表示任一观测目标 i 的观测开始时刻和观测结束时刻都应在对应的时间窗口范围内。式(7-5)表示任一观测目标 i 的观测结束时刻等于其观测开始时刻加上观测时长。式(7-6)表示若目标 j 为目标 i 的后续目标,则目标 j 的观测开始时刻应该大于前一观测目标 i 的观测结束时刻加上两个观测姿态间的机动转换时间。式(7-7)表示卫星的固存消耗不能超过最大固存值,其中卫星仅在成像时消耗固存资源。式(7-8)表示卫星的电量消耗不能超过最大电量资源值,其中电量消耗主要由成像电量消耗和姿态机动电量消耗两部分组成。式(7-9)表示非连续观测的两个目标间不存在姿态机动所消耗的电能。式(7-10)表示对于任意目标 $y_{ii} = 0$。式(7-11)和式(7-12)表示场景中有一个虚拟开始目标和虚拟结束目标,它们的观测开始时刻和观测时长都为0。式(7-13)和式(7-14)表示任一观测目标有且只有一个前继目标和一个后续目标。式(7-15)是经典的 DFJ(Dantzig,Fulkerson and Johnson)子回路消除约束。式(7-16)表示如果目标 i 在目标 j 后被观测,则说明两个目标都被观测。式(7-17)表示变量的取值范围。

7.2.2 单星自主任务规划算法

1. 自主任务规划算法

本节对高分辨率卫星的星上自主任务规划算法(Anytime Branch and Bound,AB&B)进行介绍。AB&B 的主要流程如表 7-2 所列。AB&B 在执行一个观测目标时决策下一个要观测的目标。下一个要观测的目标是观测方案的第一个目标,观测方案由分支定界算法(B&B)在有限时间 t_c 内考虑当前前瞻时间窗口内所有目标的前提下而生成的。由于 AB&B 需要在当前目标观测完毕前决策出下一个要观测的目标,所以 B&B 算法的计算时间 t_c 要小于当前任务的观测时长 dur_c($t_c \leqslant dur_c$)。卫星观测完当前任务后,将姿态机动到下一个目标的开始观测姿态。

当卫星调度分支定界算法计算后续观测路径时,先将已没有观测时间窗口的目标全部删除,再添加由低分辨率卫星新发现的目标,并根据新发现的目标来激活算法。CR 为上一前瞻时间窗口内的目标集合;LAR 为当前前瞻时间窗口内的目标集合;NR 为在 LAR 但是不在 CR 中的目标,即 $NR \leftarrow \{i \mid i \in LAR, \cap i \notin CR\}$。若 $NR \neq \varnothing$,说明低分辨率卫星发现了新的卫星,所以高分辨率卫星要调用分支定界算法来决策后续观测路径(输入为目标集合 CAR 和当前任务观测结束的姿态),否则延用以前的观测路径。

图 7-6 所示为 AB&B 算法示意图。当前正在观测的目标为 $target_3$,当前的前瞻时间窗口内任务集合 LAR 为 {3,7,9,1,6,8,4},上一前瞻时间窗口内任务集合 CR 为 {3,7,9,1,6,8},新增任务集合 NR 为 {4}。所以卫星激活 B&B 算法,假设算法所产生的观测序列为 {3→7→9→6→4},那么下一个要执行的目标为 $target_7$。

当前任务的观测时间可能不是一个定值,这个时间也决定了 AB&B 算法每次决策的时间上界。因此,AB&B 算法所调用的 B&B 算法应为一个随时(Anytime)算法,该算法应能在任意时刻都可返回一个有效的观测序列,并随着计算时间的增长不断优化方案的收益。

第 7 章 卫星自主任务规划技术

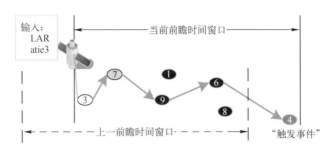

图 7-6 AB&B 算法决策示意图

虽然延长前瞻时间可以增加算法的收益,但是过长的前瞻时间也有不可忽视的弊端。前瞻时间的增长意味着增加两星的相隔距离,也延长了目标从发现到识别的时间。这带来的主要问题有:①过长的星间距离会增加卫星通信天线的功耗,而且降低了通信的稳定性;②目标时间和识别时间间隔过长会导致难以估计目标的准确位置,从而使目标可能出现在图像的边缘甚至超出图像范围而增加了图像识别的难度;③低分辨率卫星不仅能发现目标位置,而且会提供一些目标周围的环境信息,如是否有云雾遮挡等。若成像间隔时间过长,则目标有可能发生了较大的位置变动,从而降低了环境信息的准确程度,这导致在目标识别时,目标容易被云雾遮挡。

如果海域较小,或者前瞻时间窗口较大,那么可通过一次前瞻便发现海面的所有目标,那样 B&B 分支定界算法仅被调用一次,这样可得到考虑海域内所有目标情况下的最优观测方案。否则,分支定界算法 B&B 会被多次调用,在这种情况下,可将 AB&B 自主任务规划算法看做一个构造式算法,在每一次迭代中选取下一个要观测的目标。

AB&B 算法的伪代码如表 7-2 所列。其中,psC 表示当前节点对应的序列解,ct 记录了算法已经消耗的计算时间。当算法在限制时间 t 内找到最优解则返回最优解,否则算法返回当前找到的最好解 cBPlan。

表 7-2 AB&B 算法伪代码

	输入:targets　　//前瞻时间窗口内的目标 　　　CR//上一前瞻时间窗口的目标 　　　atiState//卫星的初始状态 　　　t//决策时间 输出:eTarget//执行观测目标 　　　cBPlan　　　　　　　　//当前最优方案
1	$NR \leftarrow \{i \mid i \in LAR, \cap i \notin CR\}$　　//未被考虑过的目标

(续)

2	if $NR \neq \emptyset$　　　　　　　//如果存在新目标激活算法
3	$cBPlan \leftarrow [\ ]$
4	$taskOrder \leftarrow SortByTime(targets)$ //时间窗口升序排列
5	$cBPlan \leftarrow FCFS(targets, atiState)$　　//根据先到先服务原则生成一个可行解
6	$psC \leftarrow [\ ]$　　　　　　　　//初始化 B&B 算法的当前分支
7	$ct \leftarrow 0$　　　　　　　　　　//初始化 B&B 算法的计算耗时,设为 0
8	$cBPlan \leftarrow BranchBound(targets, atiState, taskOrder, psC, ct, Vt)$
9	$eTarget \leftarrow FirstTarget(cBPlan)$
10	end if

在此,对分支定界算法的框架、分支策略、变量扩展顺序进行介绍。由于自主任务规划过程中,卫星每次仅根据一个较小时间窗口内的引导信息来决策下一个观测目标,所以在每次对前瞻时间窗口内的目标集合进行局部规划时,固存和电量等资源约束都不会成为规划时的紧约束。所以,在分支定界算法的剪枝策略中并不考虑固存和电量约束的影响。B&B 算法采用了深度优先搜索原则,并使用任务的"自然"顺序作为变量扩展的顺序。"自然"顺序是指目标在星下线方向的地理先后顺序,也可表示为目标各自观测时间窗口开始时刻的升序。

当需要扩展搜索树中的某一点时,该点所扩展的分支数应该等于在该点仍未被安排过的任务数。将任务根据时间窗口开始时间的升序排列,并由左至右的安置在对应节点下。算法总是优先检测左边的点,直到左侧的点都已经检测完毕再检测右边分支上的点。根据任务与星下线的相对位置关系,如图 7-7 所示,第一层搜索树的分支顺序为(3,7,9,1,6,8,4)。

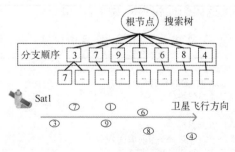

图 7-7　变量分支顺序示意图

第7章 卫星自主任务规划技术

为了快速估计某一解的上界,可直接将某一节点对应的已观测目标的收益和与依据卫星当前状态仍有观测机会的目标的收益和进行求和运算。这个上界计算方法虽然简单,但十分有效,可以快速估计每个解的上界。

如图 7-8 所示,当前分支是 $psC(3\rightarrow 7\rightarrow 9\rightarrow 6)$,根据当前分支的结束观测时刻 et_6 和结束观测姿态 $atie_6$ 可知目标 $target_8$ 和目标 $target_4$ 仍具有观测机会。所以该分支的上界为 $(p_3+p_7+p_9+p_6)+(p_8+p_4)$。

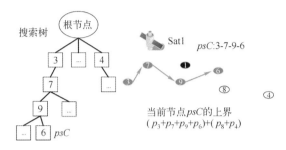

图 7-8 上界计算方法

分支定界算法的伪代码如表 7-3 所列,自主任务规划算法中的分支定界策略需要具有根据决策时间要求及时返回一个可行调度方案的能力。算法采用深度优先搜索原则来对整个解空间进行搜索。对于搜索树中的任意一点,先计算对应点的方案收益值,若该值优于当前最好解的收益则替换当前最好解。然后,算法判断该点是否满足剪枝条件,主要的剪枝条件有:①是否满足对称性消除剪枝条件;②是否满足支配剪枝条件;③该点的上界是否低于当前最好解的值。一旦满足以上三个条件中的任意一个,便无须扩展该点,即对该点进行剪枝。否则,按照任务的时间先后顺序扩展该点。当算法找到最优解后,返回相应的调度方案和收益值。

表 7-3 自主任务规划算法中的分支定界搜索策略伪代码

	输入:targets		// 前瞻时间窗口内的目标
	atiState		// 卫星的初始状态
	psC		// 当前节点对应的序列解
	cBPlan		// 当前最优方案
	taskOrder		// 目标的扩展顺序
	ct		// 算法已经消耗的计算时间
	t		// 决策时间
	输出:cBPlan		//当前最优方案
	psOpt		//当前最优方案对应的观测收益
1	if $ct>\triangle t\cdot(1-1\%)$		

(续)

2	return ($cBPlan$)	// 如果到达设定的计算时间,返回当前最优方案
3	else	
4	StartTimer	// 开始计时
5	end if	
6	$ssC \leftarrow [\ ], proC \leftarrow 0$	
7	$proCB \leftarrow Profit(cBPlan)$	// 计算当前最优解的收益
8	if $\sim isEmpty(psC)$	
9	$ssC \leftarrow ScheduleBuilder(psC, targets, atiState)$	
10	$proC \leftarrow Profit(ssC)$	
11	if $proC > proOptC$ and $IsConsistent(psC, ssC)$	
12	$cBPlan \leftarrow psC$	//更新当前最优解
13	end if	
14	end if	
15	$unscheduledTasks \leftarrow SelectTargets(ssC)$	
16	if $isEmpty(unscheduledTasks) \| \| IsConsistent(psC, ssC)$	
17	return ($cBPlan$)	//回溯,如果 psC 不是一致的
18	else	
19	$dominateBool \leftarrow CurDominated(psC, cBplan, targets)$	
20	if $dominateBool$	
21	return ($cBPlan$)	//回溯,如果当前节点被支配
22	end if	
23	$upBound \leftarrow ComUpBound(ssC, tasks)$	//计算上界
24	if $proC + upBound < proCB$	
25	return ($cBPlan$)	//回溯,如果当前节点上界小于 $proCB$
26	else	
27	$numOfNext \leftarrow NumberOfTask(unscheduledTasks, i)$	
28	for $i \leftarrow 1$ to $numOfNext$	
29	$nextNode \leftarrow SelectTarget(unscheduledTasks, i)$	
30	$psC \leftarrow Appendix(psC, nextNode)$	//扩展当前节点
31	$ct \leftarrow ct + RecordTimer$	//更新计算耗时
32	$cBPlan \leftarrow BranchBound(targets, atiState, taskOrder, psC, cBPlan, ct)$	
33	end for	
34	end if	
35	end if	

2. 解空间与解表达

在介绍解空间之前先对时间依赖转换时间约束式(7-6)的特点进行分析。时间依赖的转换时间约束是成像卫星自主任务规划问题的关键约束。本书采用与 Pralet 相同的办法,定义一个延迟函数。该函数可看作是式(7-6)的一个变形。

定义 7.1:时序约束 $ct:(et_i,st_j,dmin)$ 的时间延迟函数 $\text{delay}_{ct}:D(\ )\times D(\ )\to R$ 定义为 $\text{delay}_{ct}(et_i,st_j)=et_i+dmin(\text{atie}_i,\text{atis}_j)-st_j$。

一般来说,$\text{delay}_{ct}(et_i,st_j)$ 是在 st_j 时刻开始进行机动,从姿态 atie_i 机动到姿态 atis_j 后,在 et_i 时刻获得的时间延迟。这个时间延迟是用截止时间 et_i 减去真实到达时间 $et_i+dmin(\text{atie}_i,\text{atis}_j)$。时间延迟为负数表示在截止时间 et_i 之前已经机动到位,时延延迟为整数表示违法了姿态机动约束,时间延迟为 0 表示姿态正好在截止时间机动到位。

对这个模型进行优化的关键是确定一个满足所有约束条件的目标观测序列。函数 $dmin(.,.)$ 表示两个卫星姿态间的最小机动时间。在姿态机动过程中,卫星先匀加速到最大速度,再匀减速到静止状态。最后,卫星还需要一定的时间来微调和稳定卫星姿态。卫星在加速和减速过程中采用不同的加速度,如果机动的角度较小,则卫星无须达到最大速度便开始进行减速。现对 Pralet 研究中有关函数 $dmin(.,.)$ 的相关概念进行介绍。

定义 7.2:时序约束 $ct:(a,b,dmin)$ 的时间延迟函数 $\text{delay}_{ct}:D(\ )\times D(\ )\to R$ 定义为 $\text{delay}_{ct}(a,b)=a+dmin(\text{atie}_a,\text{atis}_b)-b$。

一般来说,$\text{delay}_{ct}(a,b)$ 是在 a 时刻开始进行机动,从姿态 atie_a 机动到姿态 atis_b 后,在 b 时刻获得的时间延迟。这个时间延迟是用截止时间 b 减去真实到达时间 $a+dmin(\text{atie}_a,\text{atis}_b)$。时间延迟为负数表示在截止时间 b 之前已经机动到位,时延延迟为整数表示违法了姿态机动约束,时间延迟为 0 表示姿态正好在截止时间机动到位。

定义 7.3:若一个时序约束 $ct:(et_i,st_j,dmin)$ 函数是延迟单调的,当且仅当 $\text{delay}_{ct}(.,.)$ 满足以下条件:

$et_i\leqslant et_i'\to\text{delay}_{ct}(et_i,st_j)\leqslant\text{delay}_{ct}(et_i',st_j),\forall et_i,et_i'\in D(et_i),st_j\in D(st_j)$

$st_j\leqslant st_j'\to\text{delay}_{ct}(et_i,st_j)\geqslant\text{delay}_{ct}(et_i,st_j'),\forall et_i\in D(et_i),st_j,st_j'\in D(st_j)$

这个定义表明,如果约束 $ct:(et_i,st_j,dmin)$ 是延迟单调的,则其一定满足以下两个情况中的一种。一种是在截止时间固定时,姿态机动激发得越晚,时延越大。另一种是在机动开始时间固定时,截止时间越大,时延越小。研究学者证明了成像卫星的姿态机动约束满足延迟单调的特性。时延单调特性是后文支配剪枝策略的理论基础。

现介绍一种在给定任务结束时刻和结束姿态的情况下求解后续任务最早开始时间的方法。求解最早开始时间本身就可看作为一个优化问题,本章将采用迭代逼近的方法来计算后续任务的最早开始时间。算法示意图如图 7-9 所示,该方法采用牛顿迭代的思想,可用于求解任意单调连续函数的零值点。

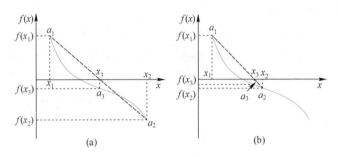

图 7-9　迭代法求解最早开始时间

在图 7-9 中,如果最左侧的点 $a_1=(x_1,f(x_1))$ 有一个负值的延迟 $f(x_1)\leqslant 0$(姿态机动满足约束,姿态可提前机动到后续任务的开始时间),那么直接取 a_1 为最早开始时间。且最右侧的点 $a_2=(x_2,f(x_2))$ 有一个正的延迟值 $f(x_2)>0$,那么说明后续任务没有任何一个开始时刻能满足姿态机动约束,函数返回 ∞。若 a_1 和 a_2 的延迟值符号相反,即 $f(x_1)\leqslant 0 \wedge f(x_2)>0$,则计算 x_3 点的延迟 $f(x_3)$,x_3 为线段 (a_1,a_2) 与 x 轴的交点。如图 7-9 所示,如果 x_3 的延迟 $a_3=(x_3,f(x_3))$ 是负的,则用 a_3 代替 a_2,即 $a_2 \leftarrow a_3$。否则,用 a_3 代替 a_1,即 $a_1 \leftarrow a_3$。当延迟值 $f(x_3)$ 达到足够精度后算法停止,返回 x_3。该算法为求解后续任务的最早开始时间提供一个简要思路,算法伪代码如表 7-4 所列。

表 7-4　最早可成像开始时间算法伪代码

	输入:$wts_j=[t_1,t_2]$　　　// 时间窗口 　　　et_i　　　　　　　// 前续任务 i 观测结束时间 　　　max$Iter$　　　　　// 最大迭代次数 　　　pre　　　　　　　// 求解精度 输出:t_2　　　　　　　//下一个任务的最早可开始观测时间
1	$f_1 \leftarrow delay(et_i,t_1)$
2	if $f_1 \leqslant 0$
3	return t_1

(续)

4	end if
5	$f_2 \leftarrow delay(et_i, t_2)$
6	if $f_2 > 0$
7	return t_2
8	end if
9	for $i = 1 \ldots \text{max}Iter$
10	$t_3 \leftarrow (f_1 \cdot t_2 - f_2 \cdot t_1)/(f_1 - f_2)$
11	$f_3 \leftarrow delay(et_i, t_3)$
12	if $|f_3| < pre$
13	return t_3
14	else if $f_3 > 0$
15	$(t_1, f_1) \leftarrow (t_3, f_3)$
16	else
17	$(t_3, f_2) \leftarrow (t_3, f_3)$
18	end if
19	end for
20	return t_2

本章中,采用序列解的方式来描述一个观测方案,并利用一个调度解生成器(Schedule Builder,SB)一个序列解翻译成一个具有目标起止观测时间和对应姿态的可行调度解。序列解是指以部分观测目标的编号顺序来表示一个观测解,这种表达方式具有结构简明和便于方案优化等特点。调度解生成器采用基于贪婪规则的构造方法将序列解中的目标观测序列翻译成一个拥有具体观测信息的调度方案。在调度解生成器的翻译过程中,每一个序列解与唯一一个调度解相对应。但是,多个序列解可能与同一个调度解相对应。

用 ps 表示一个由目标序列构成的序列解,该解中所包含的目标是目标全集中的一个子集。用 $D(ps)$ 表示序列解的求解空间,$D(ss)$ 表示调度解的解空间,SB 表示基于贪婪规则的调度解生成器。对于 $D(ps)$ 中的任一序列解,都可用 SB 生成其在 $D(ss)$ 中对应的调度解。调度解生成器按照目标在 ps 中的顺序来安排目标,采用紧前安排的方法,在满足约束条件的情况下尽可能早地观测对应目标。若某些目标由于时间窗口或姿态机动约束导致无法被观测,则直接舍弃该目标并安排下一个目标。所以,SB 能够生成一个满足所有约束条件的可行调度方案。紧前安排能提高卫星在时间维度上的使用效率,让卫星留出更多的时间进行姿态机动以便对后续目标进行成像。

定理 7.1:可通过序列解空间 $D(ps)$ 和调度解生成器 SB 来找到调度解空间 $D(ss)$ 中的最优解。

证明:对于任一非紧前安排的调度解 ss',总是可以通过将对应非紧前目标前移来得到一个紧前安排的调度解 ss。由姿态机动的延迟单调性原则可知,目标的前移不会违反时序约束,即该紧前安排的调度解 ss 是可行解。且与非紧前安排的调度解 ss' 观测了相同的目标集合,两者的方案收益相同。即,对任一非紧前安排调度解一定存在一个收益不小于它的紧前安排调度解。另外,对于每个紧前安排的调度解 ss 总可以找到一个对应的序列解 ps。只要使该序列只包含调度解 ss 中的目标,且目标的观测顺序与调度解一致即可。

3. 剪枝策略

1) 对称消除剪枝策略

在介绍对称消除剪枝策略之前,先要对序列解的相关定义进行介绍。

定义 4:若一个序列解 ps 是一致的,则表明该序列解所对应的可行调度解 ss 中包含了 ps 中所有的目标。即 $|ps|=|ss|$。其中,$||$ 表示一个解中的目标个数。

如图 7-10 所示,序列解 $ps2$ 在生成调度解时抛弃了目标 $target_1$ 和目标 $target_8$,所以 $ps2$ 是不一致的。然而,序列解 $ps1$ 对应的调度解包含了其全部任务,所以 $ps1$ 是一致的,同时满足 $|ps1|=|ss|$。

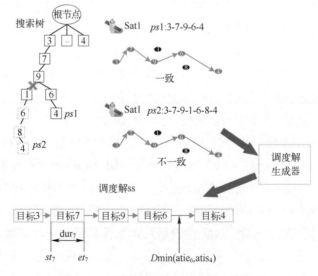

图 7-10 序列解和调度解生成器(见彩图)

由图 7-10 可知,一个调度解可能对应多个序列解,所以对一个调度解对应的所有的序列解都进行搜索会降低算法的效率。可通过对不一致的序列解进行剪枝处理来打破这种对称性。在分支定界算法中,如果检测出当前分支是不一致的,则可对当前分支进行剪枝处理,即不再扩展当前节点。这个策略可以避免对对应同一个调度解的序列解进行重复搜索。如图 7-10 所示,调度解 $ps2$ 的一个子分支是 $(3→7→9→1)$,该子分支不一致(目标 $target_1$ 由于违反了姿态机动约束而未被调度),则可在节点 $(3→7→9→1)$ 时对该分支进行剪枝。

2) 支配剪枝策略

在本小节中,设计了一个支配剪枝策略(Segment Domination Based Pruning Strategy,SDBPS)来提高分支定界算法的搜索效率。在介绍算法细节之前,先对有关序列解操作的相关概念进行介绍。

ps^j 表示序列解中的第 j 个目标,"+"表示将两个序列解首尾相连,如 $ps = ps^{1…j} + ps^{j+1…|PS|}$,$\forall j \leq |ps|$,其中 $|ps|$ 表示序列解 ps 包含的目标个数。$Pro(ps)$ 表示序列解 ps 对应的调度解 ss 的观测收益。值得注意的是,如果序列解 ps 不一致,则 $Pro(ps) = Pro(ps^{1…j}) + Pro(ps^{j+1…|PS|})$。

支配剪枝策略的主要思想是如果一个调度解可以使卫星用更少的时间观测一个收益和更高的任务集合,那么这个调度解就是一个更好的调度解。由于卫星只有一次过境的机会,所以每个目标都只有一个可视时间窗口。那么如果存在一个序列解分支 ps' 比当前序列解 ps 可让卫星在更少的时间内观测更高收益和的任务集合,那么当前序列解 ps 对应的分支就可以被剪枝。支配剪枝定理如下。

定理 7.2:如果在当前最优方案中存在一个整数 j,使得当前最优方案的一个分支可支配当前分支 $ps(|ps|=k)$,则当前分支可被剪枝。即 $Pro(cBplan^{1…j}) > Pro(ps^{1…k-1}) \wedge st_{psk} \geq et_{cBPlanj} + dmin(atie_{cBPlanj}, atis_{psk}), \exists j \leq |cBPlan|$。

证明:无论当前分支后续如何扩展,都可将当前分支中 $psC^{1…k-1}$ 替换成 $psOptC^{1…j}$。同时,$Pro(psOptC^{1…j}) > Pro(psC^{1…k-1})$ 保证了替换后的分支有更高的收益,$st_{psk} \geq et_{cBPlanj} + dmin(atie_{cBPlanj}, atis_{psk})$ 保证了替换后的解是一个合法的可行解。

如图 7-11 所示,当前分支 psC 为 3→7→1→6 当前最优方案 psOptC 是 3'→7'→9'→6'→4'。带有"'"的目标表示其属于当前最优方案 psOptC。如果同时满足式(7-18)和式(7-19),那么当前分支不会优于一致序列解 3'→7'→9'→6',即可对当前分支进行剪枝。

$$\text{Pro}(3'\to 7'\to 9') > \text{Pro}(3\to 7\to 1) \tag{7-18}$$

$$st_6 \geq et_{9'} + d\min(\text{atie}_{9'}, \text{atis}_6) \tag{7-19}$$

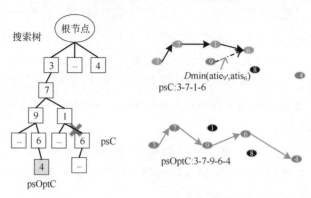

图 7-11 支配剪枝示意图

然后,本章提出一个可根据当前最优方案 psOptC 快速判断当前分支是否被支配的方法。对于当前分支 psC($|\text{psC}|=k$),当前最优方案 psOptC 中满足式 (7-20) 中的整数 j 为关键位置。

$$\text{Pro}(\text{cBPlan}^{1\ldots j}) \geq \text{Pro}(\text{psC}^{1\ldots k-1}) > \text{Pro}(\text{cBPlan}^{1\ldots j-1}) \tag{7-20}$$

如果不存在关键位置 j,表明当前分支 psC 的收益优于当前最优方案 psOptC,则用当前分支 psC 更新当前最优方案 psOptC。否则,判断关键位置 j 是否满足式 (7-21)。若满足则对当前分支进行剪枝,不满足则继续扩展当前分支。

$$st_{\text{psC}^k} \geq et_{\text{cBPlan}^j} + d\min(\text{atie}_{\text{cBPlan}^j}, \text{atis}_{\text{psC}^k}) \tag{7-21}$$

可以利用推论 7.1 来快速判断当前分支是否被支配。

推论 7.1:如果当前分支的子分支 $\text{psC}^{1\ldots k-1}$ 没有被 $\text{psOptC}^{1\ldots j}$ 支配,则在当前最优方案 psOptC 中没有其他的位置 h 可使得 $\text{psOptC}^{1\ldots h}$ 支配 $\text{psC}^{1\ldots k-1}$。其中,j 是关键位置,满足 $\text{Pro}(\text{cBPlan}^{1\ldots j}) \geq \text{Pro}(\text{psC}^{1\ldots k-1}) > \text{Pro}(\text{cBPlan}^{1\ldots j-1})$。

证明:由定义可得

$$\text{Pro}(\text{cBPlan}^{1\ldots h}) < \text{psC}^{1\ldots k-1}, \forall h < j$$

同时

$$\text{Pro}(\text{cBPlan}^{1\ldots j}) \geq \text{Pro}(\text{psC}^{1\ldots k-1}) > \text{Pro}(\text{cBPlan}^{1\ldots j-1})$$

根据时延单点性,有 $et_{\text{psOptC}^h} > et_{\text{psOptC}^j}, \forall h > j$,所以有

$$\text{delay}_{ct}(et_{\text{cBPlan}^j}, st_{\text{psC}^k}) \leq \text{delay}_{ct}(et_{\text{cBPlan}^h}, st_{\text{psC}^k})$$

因为 $et_{\text{cBPlan}^j} + d\min(\text{atie}_{\text{cBPlan}^j}, \text{atis}_{\text{psC}^k}) - st_{\text{psC}^k} \leq et_{\text{cBPlan}^h} + d\min(\text{atie}_{\text{cBPlan}^h}, \text{atis}_{\text{psC}^k}) - st_{\text{psC}^k}$

第7章 卫星自主任务规划技术

所以 $st_{psk} < et_{\text{cBPlan}j} + d\min(\text{atie}_{\text{cBPlan}j}, \text{atis}_{psk})$

因为 $0 < et_{\text{cBPlan}j} + d\min(\text{atie}_{\text{cBPlan}j}, \text{atis}_{psCk}) - st_{psCk} \leq et_{\text{cBPlan}h} + d\min(\text{atie}_{\text{cBPlan}h}, \text{atis}_{psCk}) - st_{psCk}$

所以 $st_{psCk} < et_{\text{cBPlan}h} + d\min(\text{atie}_{\text{cBPlan}h}, \text{atis}_{psCk})$

也就是说，没有其他位置 h 可使得当前分支被支配。在分支定界算法中，针对每个节点都使用推论 7.1 来判断当前最优方案中 $psOptC^{1\cdots j}$ 是否可以支配当前分支 psC。其中，j 是关键位置。如果当前分支 psC 被支配，则对其进行剪枝，否则继续扩展该分支。

7.2.3 应用实践

1. 应用场景设计

为更好地说明自主任务规划能力对卫星观测效率的影响，现在以海面目标识别场景为例简要阐述自主任务规划技术的作用。海面目标识别场景中在卫星飞过海域前难以获取目标精确的位置坐标。同时，只有通过高分辨率图像才可识别目标的具体类型信息。在传统的观测卫星管理控制体制下，地面站要提前一天规划好卫星所有的观测计划，并上注给卫星进行执行。在计划执行过程中，卫星不能再对计划进行更改，这种管控方式导致卫星的响应能力很低。另外，由于目标具有一定的机动能力，在得知目标位置后再规划卫星的观测计划，会导致卫星在观测时丢失目标。所以面对海面目标识别的场景，传统的管控模式只能通过多个高分辨率卫星的条带拼接来对一个海面区域进行一次性成像，来识别海面中目标的具体特征。由于高分辨率卫星的成像条带较窄，导致这种任务执行模式对资源造成大量的浪费。本章依据卫星的自主任务规划技术提出一个由一颗低分辨率宽幅卫星和高分辨率成像卫星组成的双星星簇来有效解决海面目标识别的任务场景。

双星星簇的结构如图 7-12 所示，低分辨率卫星飞在前端，利用其宽幅相机和星上图像处理软件发现目标，并提取目标的坐标，确定目标的收益，目标的发现顺序与目标的时间窗口中点的升序一致。然后，低分辨率卫星将获得的目标信息发送给高分辨率卫星。高分辨率卫星以任务总收益和最大化为优化目标，生成一个满足约束条件的调度方案。由这两种卫星组成的星簇能够利用一次过境的机会对海面多个目标进行识别。由于两个卫星需要进行频繁的通信交互，所以两颗卫星不能相距太远，低分辨率卫星比高分辨率卫星大概提前 100s

发现目标,即高分辨率卫星的前瞻时间窗口的时间范围是100s。同时,由于目标具有一定的移动能力,前瞻时间窗口的最大值是一个与目标移动速度和卫星幅宽大小相关的函数。一般来讲,海面船只的最大航行速度是30海节,大约15.5m/s。高分辨率卫星的幅宽是10km左右,低分辨率图像中目标的定位精度为500m。所以目标的真实位置与高分辨率卫星对目标成像时的预估位置的最大误差为 $15.5m/s \times 100s + 500m = 2.05km$,小于高分辨率卫星幅宽的一半(5km)。这表明在前瞻时间窗口为100s时,高分辨率卫星能有效对目标进行成像从而分辨目标类型。

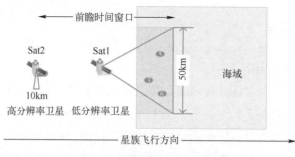

图7-12 海面目识别双星星簇

如图7-12所示,根据当前的卫星平台相关技术,低分辨率目标发现卫星搭载宽幅线阵相机,可以以低功耗模式长时间开机。同时,目标发现卫星利用星载图像识别技术,可对线阵相机的成像图像进行实时识别。所以,无须对低分辨率目标发现卫星设计对应的自主任务规划算法。但是,高分辨率目标识别卫星具有可视时间窗口和时间依赖的姿态机动约束,其对海面目标进行拍摄而获得的高分辨率图像是双星星簇对海面目标进行识别的关键因素。所以,高分辨率目标识别卫星的调度算法将直接影响星簇的使用效能。而且,高分辨率目标识别卫星的自主任务规划算法还要在响应时间和方案总收益两者间作出权衡。

随着卫星平台技术的不断发展,我们假设高分辨率卫星的固存资源和电量资源等约束条件不再成为该小场景自主任务规划问题的紧约束。以国内的吉林一号视频卫星为例,该卫星的星上固存资源为6400GB,图像的采集速率为1.9Gb/s。该卫星可连续开机3368s(约为56min),即该卫星可在无地面数传支持的情况下进行多轨的成像任务。同时,该卫星的太阳能帆板可独立于卫星平台旋转,在可视太阳时能一直将太阳能帆板指向太阳进行充电。所以,该卫星的电量可以做到每轨自平衡(补充电量不小于消耗电量)。与此同时,根据成像卫星 500km 左右的轨道高度,卫星飞过一个 500km×2000km 的海域大约需要 5min,即海面目标识别的场景对于成像卫星来说是一个较小的应用场景,这也在一定程度上放松了对固存和电量等资源约束的要求。

2. 实验算例设计

本节通过算例来验证本章所提出的 AB&B(基于分支定界的自主任务规划算法)算法的有效性。这些算例是依据真实的场景假设和相关参数生成的。

主要假设:首先,双星星簇中的高分辨率卫星采用敏捷卫星平台;其次,卫星的姿态机动主要包括加速、匀速和减速的过程。在姿态机动过程中,卫星先匀加速到最大速度,再以恒定的速度机动,再匀减速到静止。姿态机动的时间消耗与合成角度有关。为了得到较好的图像质量,卫星在成像时相机保持静止,所以所有目标都被预处理成平行于星下线的条带任务。卫星的最大俯仰角和侧摆角的机动范围均为$[-27°,27°]$,但是卫星指向与星下点间的夹角不能超过45°。因此,当卫星要以大侧摆角观测目标时,对应的俯仰角不能机动到最大值。由于俯仰角影响了目标的可见时间窗口,因此星下线附近的目标比远离星下线的目标有更大的观测时间窗口。最后,卫星在速度减小到 0 后,仍需一定的时间来稳定卫星平台。

算例所用的参数如表 7-5 所列,表的左侧是场景的相关参数,右侧是卫星的姿态机动参数。星簇的轨道高度为 535km,飞过 500km×2000km 的海域大约需要 5min。场景中,目标均匀分布于星下线的两侧。为了验证算法的适应性,在实验中采用了不同的目标数目(15~25)来生成算例。每个目标的成像时间为 10s,目标的收益服从均值 40 方差为 10 的高斯分布。卫星姿态机动时的最大速度为 $1°/s$,加速时的加速度为 $0.5(°)/s^2$,减速时的加速度为 $0.25(°)/s^2$。稳定时间为 5s。

表 7-5 算例参数

场景属性		机动能力	
目标数目	[15,25]	最大速度	$1(°)/s$
目标分布	均匀分布	加速度	$0.5(°)/s^2$
成像时间	10s	减速度	$0.25(°)/s^2$
收益分布	N(40,10)	稳定时间	5s

为了测试算法,共生成了 220 个算例,共有 11 组(目标数目为 15~25),每组 20 个随机算例。算法由 MATLAB 2014a 实现,实验环境的 CPU 主频为

2.0GHz，内存为 3.79GB。星上决策时间设定为 5s。由于无法在真实的星上板卡进行实验，因此我们通过计算能力的转换，将实验环境的决策时间设定为 0.5s。使用 7-zip.exe 软件测得，实验中使用的 CPU 的指令计算能力为 2613MIPS。以星载计算机 RAD750 为例，其指令计算能力为 266MIPS。所以，实验所用计算机的计算能力约为星载计算机的 10 倍（2613/266=9.8）。此处的计算能力转换只为了实验设计需要，不具有绝对的指导意义。

3. 实验结果与分析

在实验部分，主要对两类实验进行分析。第一类实验主要通过场景仿真（目标数目为 15~25）来测试双星星簇和 AB&B 算法的有效性。因此，设计了收益获取率、最优解间差值两个测试指标。收益获取率是指星簇在有限的计算时间内所生成的卫星观测方案的收益比上全部目标的收益总和。收益获取率越高表明双星星簇的效能越高。通过这个指标，可以粗略地估计双星星簇的使用效率相当于多少颗传统高分辨卫星条带拼接的效率。第二个指标是最优解间差值，该指标计算了方案收益与全局最优方案收益的差值占全局最优方案收益的比重。同时，将本章 AB&B 算法与 Liu 的迭代贪婪算法（IGA）进行比较。

图 7-13 展示了在不同场景下，双星星簇的收益获取率、方案收益和目标总收益等指标。对不同目标数目的场景，这三个指标均为 20 个算例的均值。从图 7-13 可知，方案收益和目标总收益都随着目标的增多而增大，但是由于卫星能力所限方案收益增长地相对慢一些。收益获取率为 60%~78%，这意味着该双星星簇在使用 AB&B 算法的情况下可识别 500km×2000km 海域内大约 60% 收益所对应的目标。若将此海域看作需要通过高分辨率卫星进行条带拼接来观测的区域目标，则需要大约 30 颗具有 10km 幅宽的卫星进行观测才能达到总体收益的 60%。以上实验表明，双星系统在 500km×2000km 海域内的目标识别能力至少相当于 30 颗非自主卫星的使用效能。

图 7-14 展示了 AB&B 算法与 IGA 算法以及全局最优方案的对比。对于不同的目标数目，AB&B 算法与 IGA 算法的结果均为 20 次算例的均值。由图 7-14 可知，在绝大多数算例中 AB&B 算法都优于 IGA 算法，两个算法间的差距随着目标数目的增多而增大。这表明了 AB&B 算法比 IGA 算法拥有更强的适应性，且随着场景规模增大和问题求解的复杂 AB&B 算法的表现更加突出。同时，本章采用了第 3 章中的分支定界算法在已知所有目标信息的情况下求出了一个场景的全局最优解，通过 AB&B 算法获得的方案收益与全局最优解的收益进行对比可进一步分析算法求解的效率。由图 7-14 中结果可知，

AB&B 与全局最优方案的收益差异小于 5%，这不仅说明了 AB&B 自主任务规划算法能充分发挥高分辨率目标识别卫星的目标观测能力，也表明了基于滚动思想的 AB&B 算法也可以被看作一个解决成像卫星离线调度问题的构造式算法。

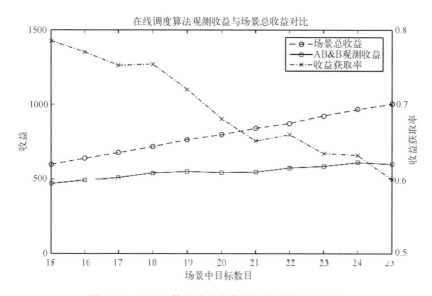

图 7-13　AB&B 算法收益与场景目标总收益的对比

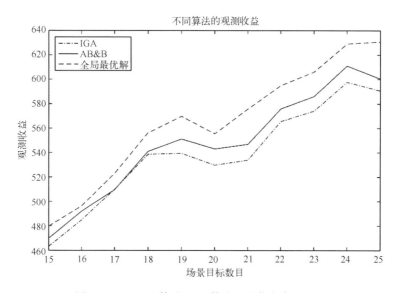

图 7-14　AB&B 算法、IGA 算法和最优方案对比图

第二个实验主要用来分析不同的前瞻时间窗口长度对算法的影响。为了充分分析前瞻时间长度对求解质量的影响,采用第 3 章实验部分的算例对不同前瞻时间长度下的 AB&B 算法进行测试,场景的目标数目为 30~55 个,针对不同目标数目都有 10 个测试场景。图 7-15 展示了 AB&B 算法在不同前瞻时间长度(100s,140s,180s)下所计算的方案收益。最优解的方案由第 3 章的分支定界算法求得,主要用于对比分析。由图 7-15 可知,前瞻时间窗口越长,AB&B 算法的收益越高。这是因为较长的前瞻时间窗口可以给算法提供更多的局部信息用于决策。当前瞻时间窗口长度为 180s 时,AB&B 算法完成全局方案的计算大约消耗 10s,与最优方案收益的差值在 2% 以内。这表明基于滚动规划思想的 AB&B 算法可以被看作一个可解决成像卫星离线调度问题的构造式算法。

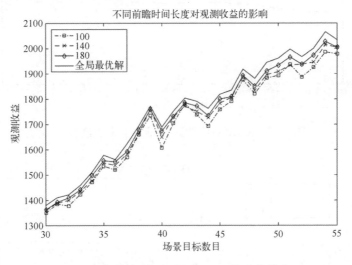

图 7-15 前瞻时间长度对 AB&B 算法的影响

7.3 多星自主协同策略

本节根据前文所述的星座结构,对星座的协同规划方法进行介绍。星座的协同规划方法主要包括主星的应急目标协同策略和单星的自主任务规划算法。在介绍星座对应急目标的协同策略之前,先对各个卫星的单星调度算法做简要介绍。

7.3.1 多星任务自主协同策略

由于星载计算资源有限,同时要保障对应急目标的快速响应,所以星座中主星的协同分配算法应满足计算快速高效,保障应急目标可及时观测,且对已安排的应急目标不做过多调整(不改变观测时间窗口)等相关设计需求。针对此设计需求本节在借鉴其他文献的基础上设计了 10 种适应星间计算环境的协同分配算法,并简要分析了不同算法的特点。书中共设计了 10 种算法来指导主星对应急目标进行协同分配,这些算法使得主星利用不同的启发式规则在满足观测需求的卫星中选取合适的卫星对应急目标进行观测。卫星若要满足观测需求需符合以下三个条件:满足应急目标的观测载荷需求;满足应急目标的观测截止时间需求;不影响该星已有的应急目标观测情况。这 10 种算法分表标记为 $heuA_1 \sim heuA_{10}$。

在算法的描述中,参数上标 j 表示卫星序号,参数下标 i 表示当前需要进行协同分配的应急目标。启发式的分配策略如下:

(1) 随机选取满足观测需求的卫星。
(2) 把应急目标安排在最早可开始观测的卫星。
(3) 把应急目标安排给剩余固存资源最多的卫星。
(4) 把应急目标安排给目标密度较低的卫星。
(5) 把应急目标安排在时间窗口竞争度最小的卫星。
(6) 把应急目标安排在时间窗口最长的卫星。
(7) 把应急目标安排在新应急目标的加入能带来最高收益增量的卫星。
(8) 把应急目标安排给能使目标获得较高固存收益比排名的卫星。
(9) 把应急目标安排给常规目标观测完成率比较高的卫星。
(10) 随机在以上规则中选取一个规则。

各启发式分配策略对应的具体算法如下。

(1) 算法 1:随机选取满足观测需求的卫星。随机选取一个满足观测需求的卫星执行应急目标的观测任务,具体的执行公式为

$$heuA_1 = \underset{j \in Sat}{random}(j) \tag{7-22}$$

式中:Sat 为卫星集合。

(2) 算法 2:把应急目标安排在最早可开始观测的卫星。把应急目标安排给能最早开始成像的卫星,具体的执行公式为

$$\text{heuA}_2 = \min_{j \in \text{Sat}}(ws_i^j) \tag{7-23}$$

式中：ws_i^j 为卫星 j 对目标 i 的可视时间窗口的开始时间。

（3）算法 3：把应急目标安排给剩余固存最多的卫星。把应急目标安排给剩余固存最多的卫星，该算法能在一定程度上均衡卫星的固存负载，有

$$\text{heuA}_3 = \max_{j \in \text{Sat}}(\text{sdR}^j) \tag{7-24}$$

式中：sdR^j 为卫星 j 的剩余固存。

（4）算法 4：把应急目标安排给目标密度较低的卫星。把应急目标安排给目标密度较低的卫星，在此以观测斜率（侧摆角差值/时间差值）为指标表示卫星需观测的目标密度。下面介绍目标的观测斜率等概念介绍。

卫星 j 目标 i 与目标 k 间的观测斜率为

$$\text{rate}R_{i,k}^j = |\text{roll}_i^j - \text{roll}_k^j| / |wm_i^j - wm_k^j| \tag{7-25}$$

式中：$\text{rate}R_{i,k}^j$ 为目标 i 和目标 k 在卫星 j 下的观测斜率；roll_i^j 为卫星 j 对目标 i 的观测侧摆角；wm_i^j 为卫星 j 对目标 i 的时间窗口中点。

即目标的观测斜率为两个目标间侧摆角的差值绝对值比时间窗口中点的差值绝对值。如图 7-16 所示，虚线为卫星 Sat2 的星下点轨迹方向，则卫星对于目标 1 和目标 9 的观测斜率即为 $\text{rate}R_{1,9}^2 = \Delta R/\Delta t$，其中 R 为卫星对于两个目标间的侧摆角差值，t 为卫星对于两个目标之间的过顶时间差值。当目标对于两个目标之间的观测斜率较大时，则说明两个目标的侧摆角差值较大或者目标间的过顶时刻相距较近，即表示卫星较难在连续观测两个目标之间完成对应姿态机动。同时，在此规定：将待观测目标按照过顶时间的升序排列，目标 i 与前一个目标的观测斜率为目标 i 的前继观测斜率，与后一个目标 i 的观测斜率为后续观测斜率。

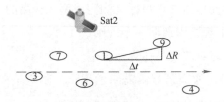

图 7-16 观测斜率示意图

将待观测目标按照过顶时间的升序排列，分别计算应急目标的前继观测斜率和后续观测斜率，取两个观测斜率中较大的值作为参考值。即

$$\text{ra}R_i^j = \max(\text{rate}R_{\text{pre}(i),i}^j, \text{rate}R_{i,\text{sub}(i)}^j) \tag{7-26}$$

式中：raR_i^j 为卫星 j 对目标 i 的观测斜率；$pre(i)$ 为目标 i 在时间序列中的前继目标；$sub(i)$ 为目标 i 在时间序列中的后继目标；$rateR_{pre(i),i}^j$ 为目标 i 与前继目标的观测斜率；$rateR_{i,sub(i)}^j$ 为目标 i 与后继目标的观测斜率。当应急目标为待观测目标序列中的第一个目标时，它的前继观测斜率为目标的侧摆角与卫星当前侧摆角的差值比上目标过顶时刻与当前时刻的差值。同时，当应急目标为待观测目标序列中的最后一个目标时，它的后继观测斜率为 0。具体的执行公式为

$$heuA_4 = \min_{j \in Sat}(raR_i^j) \tag{7-27}$$

该启发式分配策略使主星选取应急目标观测斜率较小的卫星执行该观测任务。这使执行卫星有更大的概率在不影响时序约束的条件下直接将目标插入到原调度方案中，此种分配策略在卫星的常规观测目标较为稀疏时十分有效。

（5）算法 5：把应急目标安排在时间窗口竞争度最小的卫星。把应急目标安排在竞争度最小的时间窗口，时间窗口竞争指数为

$$cWT_i^j = \sum_{k=1}^{|wT^j|} \text{overlap}(wt_i^j, wt_k^j) \tag{7-28}$$

式中：cWT_i^j 表示卫星 j 与目标 i 的可见时间窗口的竞争指数；$|wT^j|$ 表示与卫星 j 所有的可视目标的数量；$\text{overlap}(wt_i^j, wt_k^j)$ 表示两个目标 i、k 的时间窗口的重叠时间。

如图 7-17 所示，卫星 Sat2 中目标 1 和目标 6 的时间窗口重叠时间为 $\text{overlap}(wt_1^2, wt_6^2) = we_6^2 - ws_1^2$。

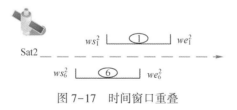

图 7-17 时间窗口重叠

某一时间窗口的竞争指数是指该时间窗口与所有卫星的时间窗口的重叠时间之和。某一目标的时间窗口竞争指数越小，表示该时间窗口与其他目标的时间窗口的重叠时间越少，即将目标安排在该时间窗口中越不容易影响卫星对其他目标的观测，具体的执行公式为

$$heuA_5 = \min_{j \in Sat}(cwT_i^j) \tag{7-29}$$

（6）算法 6：把应急目标安排在时间窗口长度最长的卫星。卫星的姿态机

动有最大倾角的限制,最大倾角主要由侧摆角和俯仰角两个观测角度的合成角来决定。即当卫星与目标的成像侧摆角的绝对值较大时,便会将卫星观测该目标的俯仰角限制在一个较小的范围内,即会缩小卫星与目标间可视时间窗口的时间长度。所以,时间窗口与卫星对目标的侧摆角绝对值相关,侧摆角绝对值大的时间窗口较短,侧摆角绝对值较小的时间窗口较长,具体的执行公式为

$$\mathrm{heu}A_6 = \min_{j \in \mathrm{Sat}}(|\mathrm{roll}_i^j|) \tag{7-30}$$

(7) 算法 7:把应急目标安排给收益增量最大的卫星。把应急目标安排在该目标能给卫星带来最大收益增量的卫星。该启发式分配策略利用贪婪规则提高星座的整体观测收益,即每分配一个应急目标都倾向于最大限度地提升星座的观测收益,具体的执行公式为

$$\mathrm{heu}A_7 = \max_{j \in \mathrm{Sat}}(\mathrm{Pro}(\mathrm{Plan}_{\mathrm{TLS}j+i}^j) - \mathrm{Pro}(\mathrm{Plan}_{\mathrm{TLS}j}^j)) \tag{7-31}$$

式中:$\mathrm{Plan}_{\mathrm{TLS}j}^j$ 表示卫星 j 在原待观测目标列表 TLS^j 下的观测规划方案;$\mathrm{Plan}_{\mathrm{TLS}j+i}^j$ 表示卫星 j 在考虑应急目标 i 的观测规划方案;函数 $\mathrm{Pro}()$ 表示某一观测规划方案的观测收益和。

(8) 算法 8:把应急目标安排给能获得较高收益固存比的卫星。将应急目标安排给该目标有最高收益固存比排名的卫星。该算法首先计算卫星 j 对每个目标的观测固存消耗 $\mathrm{dur}_k \times cr^j$。其中,$\mathrm{dur}_k$ 为目标 k 的成像时长;cr^j 为卫星 j 单位时间成像消耗的固存。计算每个目标的收益固存比 $p_k/\mathrm{dur}_k \times cr^j$。其中,$p_k$ 为目标 k 的观测收益。并以目标的收益固存比升序对所有待观测目标进行排序。在新的目标序列中,通过应急目标 i 的排序位置来计算该目标在卫星 j 中的收益固存排名指标。

$$\mathrm{sdp}P_i^j = \mathrm{proSd}(j)/|\mathrm{TLS}^j+i| \tag{7-32}$$

式中:$\mathrm{sdp}P_i^j$ 为应急目标 i 在卫星 j 中的收益固存排名百分比;$\mathrm{proSd}(j)$ 为目标 i 的收益固存排名序位;$|\mathrm{TLS}^j+i|$ 为卫星 j 的待观测目标总数。该算法将应急目标安排给该目标有最高收益固存比排名的卫星,可以更大限度地提高对应卫星的固存资源的使用效率,从而提高整个星座的固存资源利用效率。具体的执行公式为

$$\mathrm{heu}A_8 = \min_{j \in \mathrm{Sat}}(\mathrm{sdp}P_i^j) \tag{7-33}$$

(9) 算法 9:把应急目标给目标观测率最高的卫星。将应急目标安排给目标观测率最高的卫星,以均衡各个卫星的常规目标观测情况。目标的观测率为

$$\mathrm{obs}P^j = |\mathrm{Plan}_{\mathrm{TLS}j+i}^j|/|\mathrm{TLS}^j+i| \tag{7-34}$$

式中：$\text{obs}P^j$ 表示卫星 j 的常规目标观测率；TLS^j 表示卫星 j 的待观测目标列表；$\text{Plan}_{\text{TLS}^j+i}^j$ 表示卫星 j 在考虑应急目标 i 的观测规划方案；‖ ‖表示目标总数目。

该协同分配算法以目标观测率为指标来指导应急目标的协同分配，能适当地提高目标的完成率，以保障大部分目标的有效观测，具体的执行公式为

$$\text{heu}A_9 = \max_{j \in \text{Sat}}(\text{obs}P^j) \tag{7-35}$$

（10）算法 10：在以上规则中，随机选取一个启发式规则。随机选取一个启发式算法来完成应急目标的协同分配，具体的执行公式为

$$\text{heu}A_{10} = \underset{h=1,2,\cdots,9}{\text{random}}(\text{heu}A_h) \tag{7-36}$$

7.3.2 面向常规目标的目标筛选算法

为了提升星座系统的运行效率，本节依据前文单星自主任务规划的算法特点设计了各个执行卫星面向常规目标的目标筛选算法。为了便于后期应用扩展，使得卫星不仅能接收动态到达的应急目标，也可执行动态到达的常规目标，卫星的自主任务规划算法采用 7.2 节提出的基于分支定界的成像卫星在自主任务规划中的算法。算法的触发原理也如前文所述，即在对当前目标进行观测时，根据决策时刻已知的目标信息决定下一个要观测的目标。由前文实验分析可知，该算法能有效地处理成像卫星的时序约束，卫星每次前瞻一定时间，利用分支定界算法算出局部最优解，再选取局部方案中第一个目标进行观测，更新卫星状态至观测完毕选中目标后的状态，并继续前瞻直到完成场景中最后一个目标的观测判断。

在多星自主协同的应用场景中，各卫星的主要约束为时间窗口约束、时间依赖的机动时间约束和固存约束。由于分支定界算法计算效率较高（每次仅对一个局部的任务分布进行计算），因此可用于自主卫星的自主任务规划算法。在卫星接收到应急目标观测需求时，将应急目标按照过顶时间的先后顺序加入至待观测目标序列中，利用滚动规划的思想生成新的观测方案。但是，由于应急目标的信息提前不可知，且卫星具有固存的能量约束，该单星自主规划算法容易导致卫星的固存资源过早消耗，从而使到达时间比较晚的应急目标无法得到有效响应。

借鉴机器学习方法的相关思想，同时降低算法的实现难度，针对协同星座中各卫星的常规目标设计了一个自适应的目标筛选机制。该机制使卫星在决策下一观测目标时能根据剩余固存量和各个目标的收益固存比等相关信息，对

待观测目标列表进行一个初步的筛选,选取那些观测性价比较高的目标进行观测。收益固存比的定义与前文一致,即目标的观测收益比上卫星对该目标观测的固存消耗 $p_k/\mathrm{dur}_k \times cr^j$。其中,$p_k$ 为目标 k 的观测收益;dur_k 为目标 k 的成像时长;cr^j 为卫星 j 单位时间成像消耗的固存。较高的收益固存比说明卫星每消耗 1 单位的内存可获得更高的观测收益。

该过滤机制主要实现方法是对所有目标按照收益固存比由大到小的降序进行排列,对卫星当前固存余量乘以一个系数 $exSD$ 得到固存筛选值,选取排序后的目标列表中前 N 个目标,使得这些目标的所需观测固存之和刚好大于固存筛选值,使 N 同时满足式(7-37)和式(7-38)。其中,sdR^j 为卫星在决策时刻的剩余固存。然后,删除列表中后续的非应急目标。在对任务进行初步筛选后,利用自主任务规划算法生成新的观测规划方案。

$$\sum_{k=1}^{N} \mathrm{dur}_k \times cr^j \geqslant exSD \times sdR^j \tag{7-37}$$

$$\sum_{k=1}^{N} \mathrm{dur}_k \times cr^j < exSD \times sdR^j \tag{7-38}$$

7.3.3 应用实践

在本节的实验分析中,对上节所提出的协同策略和面向常规目标的自适应筛选机制对星座运行效率的影响进行实验分析,这些实验结果也将成为 7.4 节中基于机器学习的协同策略推荐方法的学习数据。

1. 实验设计

在实验设计部分,先验证自适应筛选机制的有效性,再分析不同协同策略的表现情况。主要的实验参数有场景属性、应急目标信息和常规观测目标信息。

在仿真验证场景中,协同观测卫星网络共由 5 颗观测卫星组成,5 颗卫星为相同敏捷平台的光学观测卫星(相关参数如表 7-6 所列),卫星的轨道高度为 500km,初始固存为 900GB,成像固存写入码速率为 3Gb/s。机动能力方面,卫星姿态机动时的最大速度为 $1°/s$,加速时的加速度为 $0.5°/s^2$,减速时的加速度为 $0.25°/s^2$。稳定时间为 5s,侧摆角的范围为 $[-30°, 30°]$,最大复合倾角为 $40°$。各个卫星的常规观测目标数目服从均值为 40、标准差为 10 的高斯分布,且每个卫星的待观测目标分布都由一个均匀区域分布和两个重点区域分布组成,三者的比例为 6∶1∶3。

表 7-6　场景及卫星相关参数

场景属性			
卫星数目	5	最大速度/(°)/s	1
轨道高度/km	500	加速度/(°)/s^2	0.5
卫星初始固存/GB	900	减速度/(°)/s^2	0.25
单位成像时间固存消耗/Gb/s	3	稳定时间/s	5
各星常规目标数目	$N(40,10)$	侧摆角范围	$[-30°,30°]$
不同目标分布比例	(0.6,0.1,0.3)	最大复合倾角/(°)	40

在详细介绍卫星的常规观测目标分布之前,先对应急目标的相关信息进行介绍,相关参数如表 7-7 所列。场景中应急目标的数目服从 10~40 的均匀分布,且每个目标与不同的卫星的可见概率为 0.8,目标的触发时间服从场景开始后 600~900s 的均匀分布,成像截止时间服从场景开始后 2600~4300s 的均匀分布,成像时长服从均值为 20s、标准差为 3s 的高斯分布;观测收益服从均值为 100、标准差为 15 的高斯分布,应急目标与各个卫星的成像侧摆角服从(-30°,30°)的均匀分布,各个与应急目标有可视关系的卫星对目标的过顶时刻服从场景开始后 200~4300s 的均匀分布。

表 7-7　应急目标相关参数

应急目标			
目标数目	$U(10,40)$	成像时长/s	$N(20,3)$
与各卫星可见概率	0.8	观测收益	$N(100,15)$
触发时间/s	$U(600,900)$	卫星可视侧摆角/(°)	$U(-30,30)$
成像截止时间/s	$U(2600,4300)$	卫星过顶时间/s	$U(200,4300)$

常规目标由均匀区域、重点区域 1 和重点区域 2 三个区域组成,分别占各个卫星的常规目标数目的 60%、10%、30%。这种组合方式表示了更为复杂的目标分布情况,能够更好地测试算法的性能。其中,均匀区域分布中的目标以点目标为主,相关参数如表 7-8 所列。卫星的过顶时间服从场景开始后 30~4000s 的均匀分布,目标的成像时间为 10s,与卫星的观测侧摆角服从(-30°,30°)的均匀分布,成像收益服从均值为 30、标准差为 10 的高斯分布。

表 7-8　均匀区域目标分布相关参数

均匀区域			
过顶时间/s	U(300,4000)	成像时间/s	10s
侧摆角分布/(°)	U(-30°,30°)	成像收益	N(30,10)

重点区域 1 的目标分布参数如表 7-9 所列,目标也为点目标,卫星过顶时间服从均值为 3500s、标准差为 600s 的高斯分布,与卫星的观测侧摆角服从均值为-20°、标准差为 5°的高斯分布,目标的成像时长为 10s;目标收益服从均值为 40、标准差为 5 的高斯分布。该区域的目标相对均匀分布更为集中,对调度算法时序约束的处理提出了一定的挑战。

表 7-9　重点区域 1 目标分布相关参数

重点区域 1			
过顶时间/s	N(3500,600)	目标成像时间/s	10s
侧摆角分布/(°)	N(-20,5)	目标收益分布	N(40,5)

重点区域 2 的目标分布参数如表 7-10 所列,目标由点目标和条带目标组成。其中,条带目标占该区域内目标的 50%。该区域内目标的过顶时间服从场景开始后 130~1430s 的均匀分布,观测侧摆角服从(-20°,10°)的均匀分布,点目标的成像时长仍为 10s,成像收益服从均值为 40、标准差为 10 的高斯分布,条带目标的成像时长服从均值为 20s、标准差为 3s 的高斯分布,成像收益服从均值为 60、标准差为 10 的高斯分布。

表 7-10　重点区域 2 目标分布相关参数

重点区域 2			
过顶时间/s	U(130,1430)	条带任务概率	0.5
侧摆角范围/(°)	U(-20,10)	条带目标成像时长/s	N(20,3)
点目标成像时间/s	10		
点目标收益分布	N(40,10)	条带任务收益	N(60,10)

根据以上的场景设计,生成 100 个实验场景,分别在有、无单星自适应的目标过滤机制下,利用不同的协同分配策略对星座的总体观测收益进行统计。通过对比分析,先测试自适应的目标过滤机制的有效性,再分析不同分配协同算法的相关表现。

2. 实验结果及分析

自适应过滤机制对不同算法在 100 个测试场景中观测收益影响如图 7-18

所示。其中,算法 1 随机选取满足观测需求的卫星;算法 2 把应急目标安排给能最早开始成像的卫星;算法 3 把应急目标安排给剩余固存最多的卫星;算法 4 以观测斜率为目标密度指标,把应急目标排给观测斜率最小的卫星;算法 5 把应急目标安排给时间窗口竞争指数最小的卫星;算法 6 把应急目标安排在拥有最长时间窗口的卫星;算法 7 把应急目标安排在该目标能给卫星带来最大收益增量的卫星;算法 8 将应急目标安排给该目标有最高收益固存比排名的卫星;算法 9 将应急目标安排给目标观测率最高的卫星;算法 10 随机选取一个启发式算法来完成应急目标的协同分配。

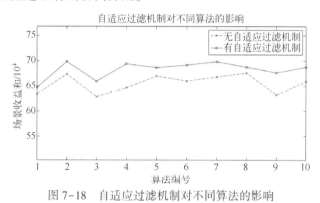

图 7-18 自适应过滤机制对不同算法的影响

自适应过滤机制对所有协同分配算法的成像收益都有不同幅度的提升,如图 7-19 所示,说明该方法能有效地提高卫星固存资源的利用效率,通过对收益固存比更高的目标进行成像来提高总体的成像收益。由图 7-19 也能看出,增加了自适应过滤机制后,算法间测差距变小,说明自适应过滤机制能对大部分场景的协同调度和单星调度都起到较好的优化效果,具有一定的通用价值。

在未使用自适应过滤机制时,算法的收益由高到低的排序为 7,2,4,6,8,10,5,9,3,1。使用自适应过滤机制后,算法的收益由高到低的排序为 8,2,5,7,6,10,4,1,9,3。这表明过滤机制与不同的分配策略结合会产生不同的效果,原算法 8 比较注重收益固存比的优化,此启发式规则与过滤机制相互重合,所以在其他算法增加过滤机制后算法 8 的表现提升不大。算法 7 是以成像收益的增量来作为应急目标协同分配的启发式指标,但是此种指标容易导致星座过于注重短期收益,在未知全部目标信息的情况下会使卫星过早消耗掉大量固存资源,从而致使在场景后期的高收益目标无法执行观测。通过与自适应过滤机制的配合,使得卫星在重视短期收益的提升时也可兼顾在更长的周期中固存资源的使用,所以会取得较高的表现水平。

通过差异分析,自适应过滤机制对算法 4 的影响较大,对算法 8 的影响较小,如图 7-19 所示。

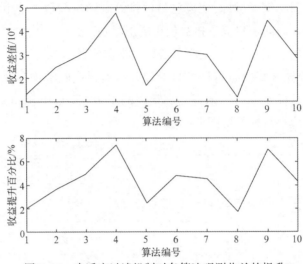

图 7-19　自适应过滤机制对各算法观测收益的提升

各个算法在不同场景中的收益排序统计如图 7-20~图 7-24 所示。由各个

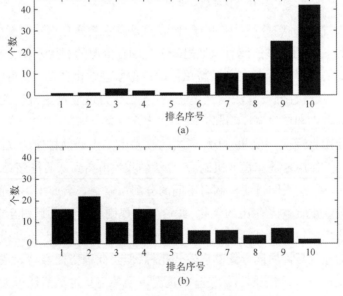

图 7-20　算法 1 与算法 2 排名分布

（a）算法 1 排名分布;（b）算法 2 排名分布。

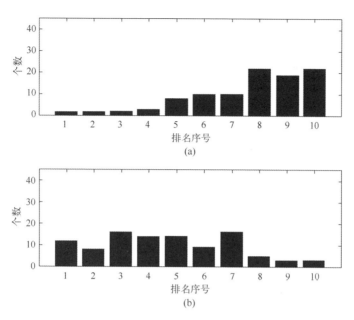

图 7-21 算法 3 与算法 4 排名分布

(a) 算法 3 排名分布；(b) 算法 4 排名分布。

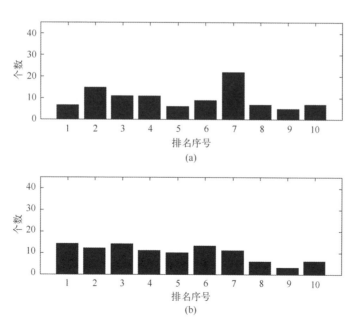

图 7-22 算法 5 与算法 6 排名分布

(a) 算法 5 排名分布；(b) 算法 6 排名分布。

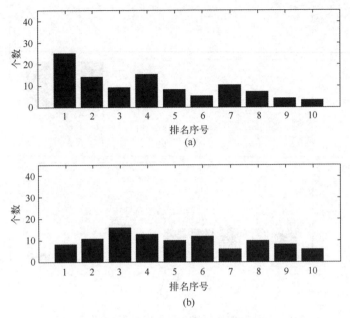

图 7-23　算法 7 与算法 8 排名分布

(a) 算法 7 排名分布；(b) 算法 8 排名分布。

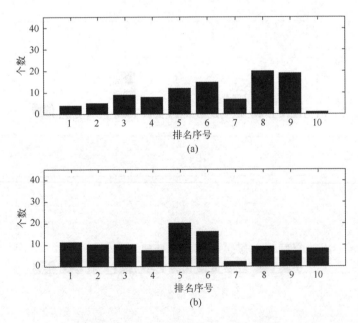

图 7-24　算法 9 与算法 10 排名分布

(a) 算法 9 排名分布；(b) 算法 10 排名分布。

协同分配算法的排名分布可知,每个协同分配算法都会有比较适合的应用场景,即没有某一个算法能适应多种场景的应用。其中,算法 7 的表现较好,在 100 个场景中的 25 个获得了最高的整体收益,但是仍有 29 个场景中算法 7 的排名在 6 名(包括第 6 名)以后。

7.4 基于机器学习的多星自主协同策略推荐方法

由前文实验分析可知,没有任何单个算法可以在所有场景中都有较好的表现,所以在此引入机器学习中算法选择的思想来进一步提高协同分配算法的整体收益。首先,通过大量的场景分析不同协同分配算法的各种表现,提取相关的场景参数,在场景开始时刻根据已知的信息选择有较大概率获得较高的星座观测收益的协同分配算法。由于应急目标是动态到达的,所以在场景开始时刻仅已知各个卫星的常规观测目标的部分信息,所以通过对卫星常规观测目标进行特征提取,并进行相关的机器学习的训练,然后依据新场景的相应信息选择合适的协同分配策略。

7.4.1 自主协同策略分析

传统机器学习需要计算大量的训练数据,但本章所用的实验环境有限(实验环境的 CPU 主频为 2.0GHz,内存为 3.79GB),无法进行大规模的机器学习。在此,仅对机器学习的思想加以应用,来验证该思路的有效性,并开发一种可以在小型个人计算机上使用的机器学习策略来提高协同分配算法的总体表现。

以书中情况为例,在 10 个算法中算法 7 的平均表现最好,因此希望通过机器学习的思想进一步提升算法 7 的表现。算法 7 在 100 个场景中有 29 个场景排在了 6 名(包括第 6 名)以后。在算法 7 排在 6 名以后的场景中,其他所有算法的平均表现如图 7-25 所示。由图 7-25 可知,在算法 7 的排序大于等于 6 时,其他算法的平均排序由低到高为 2,4,6,5,8,10,9,7,3,1;收益排序由高到低为 2,4,5,8,6,1,9,7,3,1。由此可看出,无论从平均排名还是整体收益上看,在算法 7 表现不佳时算法 2 的表现都较好,说明与算法 2 配合能有更大的可能性进一步提高算法 7 的表现。在此,将算法 2 称作算法 7 的补充算法。

通过前文分析可知,在每个场景中应急目标是动态到达的,所以在场景开始时刻应急目标的位置、收益、最晚成像时间需求、与各个卫星的可见性关系等信息都是未知的。场景开始时刻已知的仅为各个卫星的常规观测目标的部分信息,由于不同卫星的常规观测目标的分布、观测时长和收益等信息都是不同的,且目标数目也不尽相同,所以,为了方便机器学习时输入数据维度的稳定,要选取一些特征信息来描述不同卫星的常规观测目标。

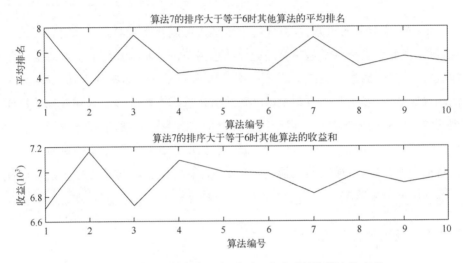

图 7-25 算法 7 排名在 6 名(包含)以后时其他算法的表现

7.4.2 应用场景特征信息分析

由于选取的特征信息只能对常规观测目标列表做片面的描述,会丢失大量的具体信息,为了相对充分地描述常规观测目标,应尽量从多个角度来对常规观测目标的分布情况进行描述。在此,选取了以下 12 个参数来描述一颗卫星的常规观测目标列表。参数主要包括目标数目、目标总收益、目标平均收益、目标收益的标准差、观测所有目标的总固存消耗、目标收益固存比均值、目标收益固存比标准差、预规划方案收益、预规划方案中的观测任务数、执行完毕预规划方案后的卫星剩余固存、目标平均后续观测斜率以及目标后续观测斜率标准差。

需要说明的是,参数公式中的下标 i 表示观测目标;上标 j 表示卫星编号;对每一个卫星 j 的常规观测目标列表均有 12 个参数。下面给出各个参数的计算方法。

(1) 常规观测目标的总数目为

$$\mathrm{para}_1 = |\mathrm{TLS}^j| \tag{7-39}$$

式中:TLS^j 表示卫星 j 的常规观测目标列表;$|\mathrm{TLS}^j|$ 表示目标列表中的目标数目。

(2) 常规观测目标总收益为

$$\mathrm{para}_2 = \sum_{i \in \mathrm{TLS}^j} p_i \tag{7-40}$$

式中:p_i 为观测目标 i 的观测收益。

(3) 常规目标平均收益为

$$\mathrm{para}_3 = \left(\sum_{i \in \mathrm{TLS}^j} p_i\right) / |\mathrm{TLS}^j| \tag{7-41}$$

(4) 常规目标收益的统计学标准差为

$$\mathrm{para}_4 = \sqrt{\left(p_i - \left(\sum_{i \in \mathrm{TLS}^j} p_i\right)/|\mathrm{TLS}^j|\right)^2 / (|\mathrm{TLS}^j| - 1)} \tag{7-42}$$

(5) 观测所有常规目标的总固存消耗为

$$\mathrm{para}_5 = \sum_{i \in \mathrm{TLS}^j} \mathrm{dur}_i \times cr^j \tag{7-43}$$

式中:dur_i 为目标 i 的成像时长;cr^j 为卫星 j 的成像码速率(单位时间成像消耗的固存)。

(6) 常规目标的收益固存比均值为

$$\mathrm{para}_6 = \frac{1}{|\mathrm{TLS}^j|} \sum_{i \in \mathrm{TLS}^j} p_i / (\mathrm{dur}_i \times cr^j) \tag{7-44}$$

(7) 常规目标的收益固存比统计学标准差为

$$\mathrm{para}_4 = \sqrt{\left(\frac{p_i}{\mathrm{dur}_i \times cr^j} - \frac{1}{|\mathrm{TLS}^j|} \sum_{i \in \mathrm{TLS}^j} \frac{p_i}{\mathrm{dur}_i \times cr^j}\right)^2 / (|\mathrm{TLS}^j| - 1)}$$

$$\tag{7-45}$$

(8) 卫星仅考虑常规目标的预规划方案对应的方案收益为

$$\mathrm{para}_8 = \sum_{i \in \mathrm{Plan}^j_{\mathrm{TLS}}} p_i \tag{7-46}$$

式中:$\mathrm{Plan}^j_{\mathrm{TLS}}$ 表示卫星 j 在常规目标列表 TLS^j 下的预规划方案。该方案是在前文所提的结合自适应目标过滤机制的滚动规划算法所求得的。

(9) 预规划方案中所观察的常规目标总数为

$$\text{para}_9 = |\text{Plan}_{\text{TLS}j}^j| \tag{7-47}$$

式中：$|\text{Plan}_{\text{TLS}j}^j|$ 卫星 j 在常规目标列表 TLS^j 下预规划方案中的观测目标数目。

(10) 卫星执行完毕预规划方案后的卫星剩余固存为

$$\text{para}_{10} = sdRI^j - \sum_{i \in \text{Plan}_{\text{TLS}j}^j} \text{dur}_i \times cr^j \tag{7-48}$$

式中：$sdRI^j$ 表示卫星 j 的初始固存资源的数量；$\sum_{i \in \text{Plan}_{\text{TLS}j}^j} \text{dur}_i \times cr^j$ 表示观测所有预规划方案中的目标所消耗的总固存资源数量。

(11) 常规目标平均后续观测斜率为

$$\text{para}_{11} = \frac{1}{|\text{TLS}^j|} \sum_{i \in \text{TLS}^j} \frac{|\text{roll}_i^j - \text{roll}_{\text{sub}(i)}^j|}{|wm_i^j - wm_{\text{sub}(i)}^j|} \tag{7-49}$$

式中：roll_i^j 为卫星 j 对目标 i 的观测侧摆角；wm_i^j 为卫星 j 对目标 i 的时间窗口中点；$\text{sub}(i)$ 目标 i 的后一个目标，即卫星 j 对目标 i 过顶后的下一个过顶目标。当目标 i 为最后一个目标时，$\text{roll}_i^j = \text{roll}_{\text{sub}(i)}^j$，$wm_{\text{sub}(i)}^j = wm_i^j + 1$。

(12) 常规目标后续观测斜率统计学标准差为

$$\text{para}_{12} = \sqrt{\left(\frac{|\text{roll}_i^j - \text{roll}_{\text{sub}(i)}^j|}{|wm_i^j - wm_{\text{sub}(i)}^j|} - \frac{1}{|\text{TLS}^j|} \sum_{i \in \text{TLS}^j} \frac{|\text{roll}_i^j - \text{roll}_{\text{sub}(i)}^j|}{|wm_i^j - wm_{\text{sub}(i)}^j|}\right)^2 / (|\text{TLS}^j| - 1)} \tag{7-50}$$

事实上，参数(1)和参数(2)表示卫星对常规目标观测收益的上限；参数(3)~参数(6)表示卫星常规目标的平均观测性价比；参数(7)~参数(10)给卫星对常规目标的观测提供了一个基准值；参数(11)和参数(12)通过观测斜率来表示任务的分布密度及卫星连续观测多个目标的姿态机动难易程度。

7.4.3 应用实践

在学习数据的准备阶段，为每颗卫星生成一个12维的特性信息向量，通过对已知信息的分析利用机器学习的方法，预判不同场景下应使用哪种协同分配策略可以得到更好的全局观测收益。在此，仍以5颗卫星组成的协同观测网络为例，则机器学习的输入向量是 $5 \times 12 = 60$ 维向量。在学习向量的生成中，若算法2优于算法7，则分类结果为-1，否则为1。通过对多个场景的数据进行分析，用来训练一个支持向量机对算法的分类能力进行学习，再在新的场景集中对算法的分类能力进行检验。

在实验部分,利用 500 个场景数据用于生成分类算法的学习向量,再生成 100 个场景用于检测算法分类所指导的协同分配策略的有效性。

不同协同分配算法在新的 100 个场景中的收益如表 7-11 和图 7-26 所示。其中,算法 1~算法 10 仍为前文所提启发式算法,算法 11 是通过支持向量机训练后的算法选择器。算法 11 在每个场景开始阶段利用场景已知信息在算法 7 和算法 2 中选取一个合适的算法来进行对应场景的应急目标协同分配。由数据可知,算法 11 在新的场景试验集合中比原最好算法(算法 7)有更优异的表现。

表 7-11　测试组中不同算法的观测收益

测试组中不同算法的观测收益						
算法编号	1	2	3	4	5	6
收益$/10^4$	65.92	70.56	66.61	70.63	70.03	70.00
算法编号	7	8	9	10	11	
收益$/10^4$	71.15	70.21	68.83	70.39	72.16	

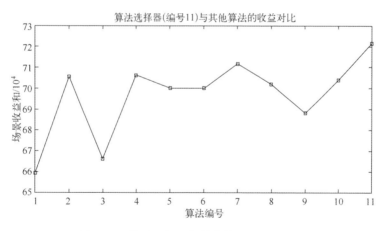

图 7-26　算法选择器与其他算法的收益对比

算法选择器的错误统计如图 7-27 所示。在 100 个场景中共有 8 个场景选择了错误的协同分配算法,即所选算法的整体收益较低。算法选择器的正确率(92%)较好,这说明可以通过对常规目标信息的相关特征来进行应急目标协同分配算法的筛选,也证明了本章所选取的特性信息的有效性。其中,有 6 个场景在分配算法 2 有较高收益时选取了分配算法 7;有 2 个场景在分配算法 7 有较高收益时选取了分配算法 2。这是由于算法 7 在整体上比算法 2 有更好的表现,所以训练出的机器模型更倾向于选取整体表现较好的算法 7。

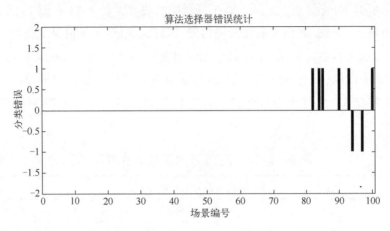

图 7-27 算法选择器的错误统计分析

通过对实验结果的分析,可得出的结论如下。

(1) 不同场景中,卫星的常规观测目标的分布情况会影响不同应急目标协同分配策略的表现。

(2) 可通过对已知的卫星常规观测目标进行分析,来确定更合适的应急目标协同分配策略。

(3) 本章所提的特征向量能较好地描述卫星常规观测目标的分布情况。

(4) 可以通过机器学习的相关办法来更合理地选取合适的应急目标协同分配策略。

7.5 小结

本章在分析卫星自主任务规划应用需求的基础上,首先对多星自主协同规划的应用场景进行了介绍,分析了多星自主协同的组织结构,并确定了基于分布集中式的多星协同星座结构,设计了星座面向应急目标的自主协同任务规划流程,梳理了支撑该应用场景的三个关键技术,分别为单星自主任务规划算法、多星自主协同策略和基于机器学习的自主协同策略推荐方法。在 7.2 节单星自主任务规划问建模的基础上,设计了一个基于分支定界的单星自主任务规划算法,并通过海面目标识别应用场景的相关实验设计与分析,验证了单星自主任务规划算法能有效拓宽卫星的应用场景。在 7.3 节中,先设计了多星自主协同策略,通过实验分析了不同协同策略对星座整体观测效率的影响,为 7.4 节中根据场景特征信息选取合适的自主协同策略的方法提供了理论支撑。在 7.4 节中,对多星自主协同应用场景的特征信息进行了设计分析,并利用支持向量机的方法训练了自主协同策略选择模型,最后通过实验验证了基于机器学习的自主协同策略推荐方法的可行性和有效性。

第 8 章
卫星任务规划系统

本章在以上研究成果和关键技术攻关的基础上,开发卫星多任务运控与优化调度原型系统,完成系统总体框架设计、流程设计、子系统功能设计以及组成软件的设计与实现。

8.1 系统总体框架设计

多任务运控与优化调度原型系统组成如图 8-1 所示,由用户需求终端、需求管理与协同任务分配、任务规划与仿真演示组成。

1. 用户需求终端和需求管理与协同任务分配子系统

需求管理与协同任务分配系统是多任务运控与优化调度原型系统的信息枢纽。该子系统不仅通过面向用户的需求管理、用户需求监控、需求与资源能力匹配、高精度访问计算、复杂任务动态分解、智能化任务辅助分析等软件,为日常值班和运行管理提供一个辅助平台,而且还支持通过专用扩展标准接口,实现对光学成像、SAR 成像、电子、测绘、气象水文等类型卫星的专用扩展。履行光学成像、SAR 成像、电子、测绘、气象水文等各类业务的任务接收处理、任务下达、基础数据提供、情况上报、外部接口流程协调调度等任务,确保卫星地面系统的有序运行。需求与任务管理子系统具体功能描述如下。

(1) 受理各个用户提交的任务并进行分析分解,形成任务需求定单并对其进行管理。

(2) 针对用户观测需求中可能的冗余需求作出调整或合并。

(3) 按照系统观测任务数据规范,生成系统观测任务,实现用户需求向观测任务的转换。

第8章 卫星任务规划系统

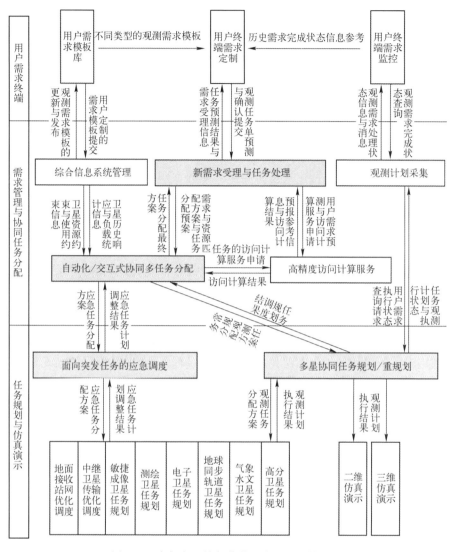

图 8-1 多任务运控与优化调度原型系统组成

（4）完成对点目标和区域目标的可见时间窗口高精度计算。

（5）分析任务之间可能存在的冲突，并将这些冲突显示给用户。

（6）与其他软件或系统进行业务协调，对用户订单和观测任务的执行状态进行跟踪与监控。

（7）对各种类型观测任务的执行状态信息进行综合管理，提供观测任务状态信息查询、统计、发布、上报等功能。

2. 任务规划与仿真演示——多星协同任务规划重规划子系统

多星协同任务规划子系统由多星协同任务规划、敏捷成像卫星任务规划、测绘卫星任务规划、电子卫星任务规划地球同步轨道卫星任务规划、中继卫星传输优化调度、地面接收站网优化调度等模块组成。各模块功能如下。

（1）多星协同任务规划。主要功能是响应常规任务规划消息，从数据库中获取任务数据以及资源约束等数据，以及根据任务属性的不同产生任务分配方案，分别调用其他各类卫星任务规划进行任务规划，需要多星协同规划的任务，通过优化算法服务模块调用多星协同任务规划算法完成任务规划过程，并将规划结果及消息返回数据库。

（2）高分卫星任务规划。主要功能是接收多星协同任务规划输入的任务分配方案（包括任务数据及资源约束），针对高分光学卫星任务通过优化算法服务模块调用高分光学卫星任务规划算法完成任务规划过程，并向多星协同任务规划返回规划结果。

（3）电子卫星任务规划。主要功能是接收多星协同任务规划输入的任务分配方案（包括任务数据及资源约束），针对电子卫星任务通过优化算法服务模块调用电子卫星任务规划算法完成任务规划过程，并向多星协同任务规划返回规划结果。

（4）敏捷成像卫星任务规划。主要功能是接收多星协同任务规划输入的任务分配方案（包括任务数据及资源约束），针对敏捷卫星任务通过优化算法服务模块调用敏捷卫星任务规划算法完成任务规划过程，并向多星协同任务规划返回规划结果。

（5）测绘卫星任务规划。主要功能是接收多星协同任务规划模块输入的任务分配方案（包括任务数据及资源约束），针对测绘卫星任务通过优化算法服务模块调用测绘卫星任务规划算法完成任务规划过程，并向多星协同任务规划模块返回规划结果。

（6）地球同步轨道卫星任务规划。主要功能是接收多星协同任务规划模块输入的任务分配方案（包括任务数据及资源约束），针对地球同步轨道卫星任务通过优化算法服务模块调用地球同步轨道卫星任务规划算法完成任务规划过程，并向多星协同任务规划模块返回规划结果。

（7）中继卫星传输优化调度。主要功能是将中继卫星的可用时间窗口分配给不同的观测回传任务，实现中继卫星与高分对地观测系统卫星平台的有效链接，协同地面站网络提高对地观测卫星观测任务回传的效率，保障对地观测数据的顺利回传。

(8) 地面接收站网优化调度。主要功能是将地面站资源的可用时间窗口分配给不同的观测回传任务。通过分析高分对地观测体系中卫星平台及其地面接收站(固定地面站、移动地面站、极轨站)不同类型约束,完成地面站资源可用时间窗口分配与冲突消解,实现地面站资源的合理分配和使用,提高地面站资源的使用效率,尽可能完成最多的观测回传任务。

3. 面向突发任务的应急调度子系统

面向突发任务的应急调度根据从气象局等部门获取的气象信息,结合成像卫星的轨道信息、应急任务观测位置,计算并分析在复杂气象条件下高分卫星对应急任务的观测机会,确定分配给高分天基系统的任务,并寻找天基系统对所分配应急任务进行观测能够最佳成像的时刻,以完成应急为目标,实现对于历史方案的快速调整,以及实现对于应急任务的快速响应。面向突发任务的应急调度子系统的具体功能如下。

(1) 面向突发任务的应急调度。主要功能是以基于近实时气象条件的可见性分析模块产生的高分系统对应急任务最佳成像时刻为基础,以完成应急为目标,实现对于历史方案的快速调整,实现对于应急任务的快速响应。

(2) 应急任务可见性分析。主要功能是根据从气象局等部门获取的气象信息,结合成像卫星的轨道信息、应急任务观测位置,计算并分析在复杂气象条件下高分卫星对应急任务的观测机会,确定并寻找高分系统对应急任务进行观测能够最佳成像的时刻,为应急规划的提供数据基础。

(3) 应急调度预规划。主要功能是根据任务要求、环境数据、威胁数据、气象数据以及可见性分析结果,按照预定的传感器平台选择策略与规则,为高分天基系统预分配与能力相匹配的应急任务。

(4) 气象预报请求与获取。主要功能是向气象预报部门提出具体时间、区域的气象预报请求,并接收气象预报部门发送的气象预报数据,并作为基础数据分发至应急任务可见性分析模块。

8.2 系统实现

多任务运控与优化调度原型系统的各个子系统内部的业务流程,以及整个原型系统的关键业务流程如图 8-2 所示。

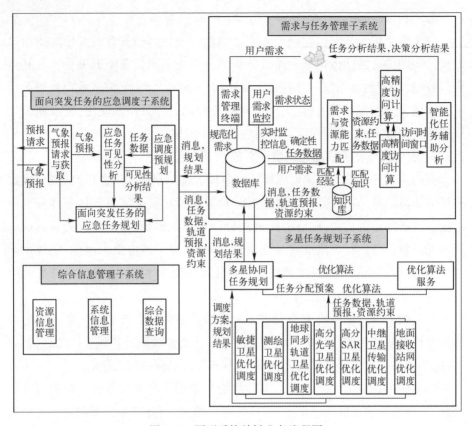

图 8-2 原型系统关键业务流程图

1. 常规业务工作流程

系统主体业务工作流程包括接收各用户提交的需求,对其进行分类、分解与合并,然后计算并分析用户需求的可见性,筛选用户提交需求的观测窗口。将筛选后的需求时间窗口与成像卫星回传窗口提交给多星协同任务规划子系统,生成成像卫星对地观测方案与数传接收方案。

(1) 需求与任务管理子系统接收用户提交的需求,判断任务文件格式及内容的合法性与正确性。

(2) 根据现有的用户需求,通过人工干预的手段实现对于任务的分类、分解与合并。

(3) 进行任务预处理,在卫星资源模型、地面站资源模型、目标模型及空间环境模型支持下,计算卫星对于点目标、区域目标、海洋移动目标的访问时间,剔除掉成像质量较差的时间窗口,根据用户需求生成相应的观测任务。

（4）多星协同任务规划子系统获取的观测任务，进行复杂任务分解处理，针对不同成像卫星采用不同的策略，在成像卫星的使用能力范围内协调各个成像资源的观测活动，利用智能优化算法消除星间观测任务冲突和数据接收冲突，生成经资源优化分配后的各卫星观测方案与数据接收方案。

2. 应急业务工作流程

应急业务工作流程是根据应急任务的特点和快速反应的要求设置的，应急任务具有以下几个特点。

（1）目标明确、数量有限，一般突发事件有一定的预兆性，能够很快确定地理位置的大致范围。

（2）包含对目标访问的精度、时间等要求，一般表现为越快越好，也有可能表现为在指定时段做出最快反应，所谓"反应"，就是能够及时安排观测成像，并能够及时安排数传回放。

（3）作为长期运行的在轨卫星，为了保障对重点突发目标区域的快速访问和观测，可以适当舍弃其他不重要的目标内容，安排在其他计划中执行。

基于以上几个特点，应急业务工作流程相对常规业务工作流程可以从以下几个方面进行调整。

（1）结合应急任务要求和高分天基系统、临近空间系统、航空系统等多平台的能力和状态进行综合考察，从需求与能力相匹配等方面确定哪些任务需要天基系统完成，以及使用哪颗卫星观测效果最好，再进入下一步处理流程。

（2）应急任务切入点的设置，可以在任务规划中针对应急任务进行动态调整，或直接在计划制定模块中加入应急任务进行计划制定或调整已编制的计划，或者直接通过载荷控制子系统进行人为干预的指令编制。

（3）有效载荷控制的优化处理，根据星上有效载荷的实际工作情况和存储器的存储情况，快速推算可利用的存储空间范围、成像时间与存储关系、存储量与回放时间等关系，同时在地面站跟踪接收方面进行协调落实。

（4）突发紧急观测需求到达后，根据用户需求进行自动分类，通过快速预处理生成点目标、区域目标、移动目标观测任务，提交给面向突发任务的应急调度子系统进行重新规划。

（5）多星协同任务规划子系统从数据库中读取观测计划预案，依据航天资源使用约束和资源分配规则，对观测任务进行重新规划，利用规划算法消除星间观测任务冲突和数据接收冲突，生成经资源优化分配后的各卫星观测方案与数据接收方案。

需求与任务管理子系统的工作流程如图 8-3 所示。

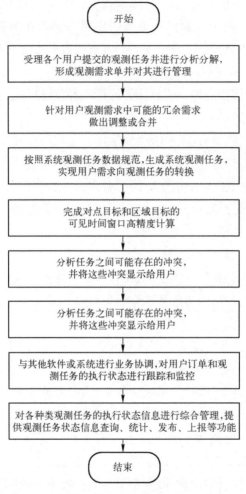

图 8-3　需求与任务管理子系统的工作流程

需求与任务管理子系统受理各个用户提交的观测任务并进行分析分解,形成观测需求定单并对其进行管理;针对用户观测需求中可能的冗余需求做出调整或合并;按照系统观测任务数据规范,生成系统观测任务,实现用户需求向观测任务的转换;完成对点目标和区域目标的可见时间窗口高精度计算;分析任务之间可能存在的冲突,并将这些冲突显示给用户;与其他模块或系统进行业务协调,对用户订单和观测任务的执行状态进行跟踪与监控;对各种类型观测任务的执行状态信息进行综合管理,提供观测任务状态信息查询、统计、发布、上报等功能。

3. 多星协同任务规划子系统工作流程

多星协同任务规划子系统的工作流程如图 8-4 所示,具体如下。

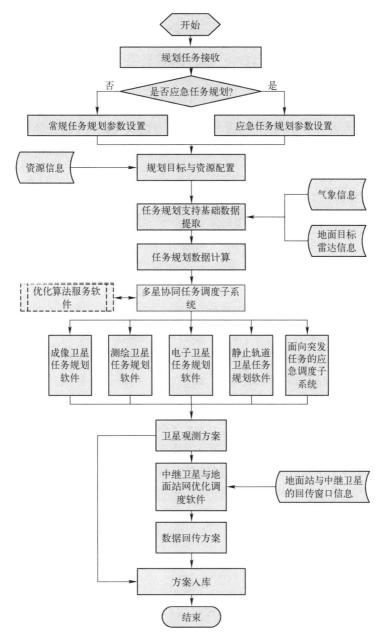

图 8-4　多星协同任务规划子系统的工作流程

（1）规划任务获取。接收任务信息，包括任务属性信息、任务观测要求信息、相关的卫星信息、应急任务信息等。

（2）任务规划参数设置。对于常规任务规划模式，通过任务规划参数设置界面输入确定任务规划的起始、结束时间以确定此次任务规划的时间段；选择参与此次规划的各个具体卫星代号，默认为对所有在轨可正常工作并参与本次任务规划的卫星进行规划；选择参与此次规划的各个地面接收站，默认对所有可正常工作的地面站进行规划。

对于应急任务规划模式，首先确定应急任务时段，再查询包含此时段的已有任务规划方案并显示出来，并设置任务规划的起止时间段，选择参与此次规划的卫星和地面站，设置规划策略（快速模式策略、回溯调整策略）等信息。将系统参数设置为应急模式。

（3）规划目标与资源配置。根据确定的参与此次规划的卫星，获取每个卫星的资源信息，如卫星使用约束条件、卫星能源限制条件、卫星轨道根数信息等；卫星的有效载荷信息，如有效载荷最短、最长开机时间，两次开机间隔时间等；根据选定的参与此次规划的地面接收站，获取每个地面站的资源信息。

（4）任务规划支持基础数据提取。对于可见光卫星，获取规划目标的气象信息；对于雷达成像卫星，获取规划目标的雷达基础数据。

（5）任务规划数据获取。根据任务规划初始条件、参与规划的目标信息以及参与规划的卫星信息、地面站信息，调用轨道计算服务，分别计算参与规划的不同卫星在规划时间范围内的轨道预报信息，计算本次规划的每个地面站在规划时间范围内的跟踪接收预报信息，确定规划时间段内各个卫星的空间位置和地面站跟踪接收能力；调用目标访问计算服务，确定在规划的时间段内每个目标可被具体卫星访问的情况，即确定每个目标的可访问卫星代号、访问时间、侧视角等。

（6）任务规划优化决策。生成算法服务需要的信息，如每颗卫星在规划时间段内的可访问观测任务方案、任务规划配置信息等，根据算法知识库中的算法选择规则，选择适应的规划算法，或在界面手动选择某种规划算法、设置算法运行条件，再调用算法服务进行综合分析、冲突消解、优化决策，生成针对不同类型的单一卫星的观测任务安排方案。应急模式下选择动态调整任务规划算法（动态快速调整、动态回溯调整算法），调用规划算法服务生成每颗卫星的规划方案。

（7）数据传输调度阶段。对于各子系统生成的观测方案，使用各地面站与中继卫星的回传窗口信息，调用数据传输调度子系统，生成各卫星的数据回传方案和各个地面站的跟踪接收方案，并对各方案进行各种约束检测。

（8）规划方案入库。将生成的满足用户要求的卫星观测方案、地面站跟踪接收方案保存到数据库中。

4. 面向突发任务的应急调度子系统工作流程

系统所受理的应急观测任务要求通过应急调度预规划模块确定分配给天基系统后，再由多星协同任务规划子系统进行任务规划，落实到特定卫星的规划方案，然后通过应急调度生成观测方案、有效载荷控制方案和相应的包含应急目标信息的数据接收方案，将包含应急目标信息的数据接收方案发送给数据接收系统，当数据接收系统相应地面站在数据接收时，根据应急目标的位置信息和成像时间信息快速挑选包含应急目标的图像，将数据直接传输到数据处理系统。

5. 综合信息管理子系统工作流程

综合信息管理子系统的工作流程如图8-5所示。

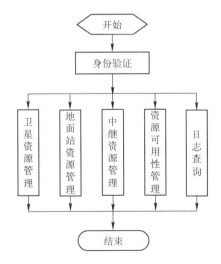

图8-5 综合信息管理子系统的工作流程

综合信息管理子系统启动时，首先调用身份管理模块进行身份验证；身份验证通过后才进入主界面，在主界面中选择不同菜单操作进入不同单元执行相应的业务功能。

8.3 小结

本章基于本书前几章的内容,设计了多任务运控与优化调度原型系统的总体框架,该框架由用户需求终端、多星协同任务规划、面向突发任务的应急调度、综合信息管理四个子系统组成,本章对每个系统的结构和功能都进行了介绍。本章还基于五个业务流程,如常规业务工作流程、应急业务工作流程等,对该系统的实现方法进行了介绍,为读者提供可行的系统实现方案。

第 9 章
未来展望

随着成像卫星平台及载荷技术的不断发展,以及成像卫星应用需求的快速增长,成像卫星任务规划技术也面临新的挑战。本章主要对其中比较典型的新问题进行简要分析和展望。

9.1 面向多层级多用户的成像需求智能筹划

高分辨率卫星已经广泛服务于科技、生态、交通、农业、自然资源、城建、水利、应急管理和国防等众多领域,创造了巨大的社会效益和经济效益。随着未来卫星数量的迅猛增长、成像载荷类型的多样化发展和影像分辨率的不断提高,其应用范围将更广、行业服务将更精准、需求数量将呈爆发式增长。因此,面向多层级多用户的海量应用需求智能筹划是一个研究发展趋势,将任务规划前置到用户终端,构建以用户为中心的高分辨率卫星运营服务机制,支持用户需求的精细准确提出与动态快速响应。

面向多层级多用户的成像需求智能筹划主要研究突破用户画像构建与需求全息建模、成像需求智能挖掘与预测、需求和星地资源的智能匹配、观测任务清单智能生成、观测任务智能综合筹划和用户需求仿真评估与辅助决策等关键技术,通过数据挖掘、知识图谱、神经网络、约束推理等大数据和人工智能手段提升需求筹划的精准性和自动化水平,实现对数量巨大、时空频域特性复杂多样的用户需求进行标准化分类、精细化分解和数字化建模,并自适应精准匹配卫星、载荷和工作模式,主动推荐解决方案,辅助用户自动化、智能化地生成、跟踪、反馈需求订单,深挖应用潜力,提升应用体验和使用效益。

9.2　星地协同的卫星智能任务规划

在以人工智能技术为引领的全球化技术革新与发展背景下,高分辨率卫星系统也正朝着智能化、网络化、实时化、动态化发展。目前基于天地大回路的管控模式回路过长、协调交互多、无法快速响应动态事件等弊端凸显。各国都在加速推进星地协同的卫星智能任务规划技术研究,期望实现卫星系统的智能组网、智能管理、智能规划,提高管控的智能化水平,支持星地系统的自动化运行。

星地协同的卫星智能任务规划研究主要包括:一是星地协同的卫星智能管控体系。设计扩展从"人在回路"到"人在旁路"的卫星管控业务流程,按照"云+网+端"架构,构建由智能云平台、分布式管控端、轻量级用户端组成的一体化、分布式卫星智能管控云。二是基于能力建模的星地资源智能管理。构建数字化的星地资源动态能力模型,采用动态演化机制,引接星上遥测数据形成闭环反馈回路,基于数据挖掘和对比分析技术智能修正和更新资源动态能力模型,实现星地资源能力的精细化建模、虚拟化管理和透明共享服务。三是多星协同智能任务规划。突破基于神经网络的任务分层预测、考虑鲁棒性的多目标优化调度、基于约束推理的任务需求冲突协调、基于贝叶斯推理的动态任务规划与滚动博弈、基于深度学习的知识推理与策略决策等关键技术,研发多星协同智能任务规划引擎,构建协同化、动态化、学习化、自动化的任务规划"智能大脑"。四是人机协同智能交互规划。通过强化学习等人工智能手段有效提取人与机器在交互过程中的行为数据和专家经验,挖掘潜在知识和调度规则,在任务规划各阶段支持人机分工、融合互补,实现"人在旁路"的全自动任务规划;也可通过虚拟现实、增强现实等智能交互技术实现对卫星的虚拟操控,提升卫星管控的自动化与智能化水平。

9.3　大规模组网星群自主联合任务规划

随着小卫星技术、星间链路技术的不断发展,由成百上千颗低成本小卫星通过星间组网构建的大规模星群是未来的一个重要发展趋势。对于这类大规模星群,传统的以地面统一规划,再分别给卫星上注计划和指令的测运控方式已不再适用,且无法满足对任务的自主协同和快速响应。目前美、法、德等国已开展多个项目验证星群自主运行管理和联合规划的诸多优势,特别是 2019 年 2

月,美国 DARPA 战术技术办公室发布的"黑杰克"计划中的 Pit Boss 项目。"黑杰克"计划的目标是利用一个由 60~200 颗卫星组成的低地球轨道卫星星座,验证大型商用星座和低成本卫星在军事系统中的实用性。Pit Boss 是"黑杰克"计划的重点和难点,它是一个自主、协同、分布式的天基网络,可以快速自我布置任务,处理战术相关信息并将其分发给有人/无人用户。Pit Boss 项目将使整个"黑杰克"星座具有自主能力,灵活、快速地对信息进行采集、处理和分配;覆盖全球,可同时监测多个地理区域,显著提高星群的态势感知与 ISR 能力。

大规模组网星群自主联合任务规划的研究将主要聚焦在以下四个方面。一是星群自主联合任务规划架构。重点研究星群自主联合的机制模式、业务流程和技术架构,设计星地和星间数据智能同步与协同策略,提出相关的技术标准、接口规范和软硬件环境要求。二是星上知识系统构建。基于领域知识图谱等技术实现实体抽取、知识融合、知识加工和自动更新,构建包括目标库、资源库、任务分解模板库、任务推理知识库、任务规划知识库和资源使用规则库在内的知识系统。三是任务自主推理与决策。研究面向用户意图的任务推理技术,精确理解任务意图,并能够自动推理生成具有逻辑和时序关系的任务活动网络;研究面向实时态势的任务分析与决策技术,能够智能识别卫星获取并生成的实时态势信息,并根据星群资源状态和任务完成情况自主决策,不断更新任务活动网络。四是网络化的星群自主联合任务规划。区分集中式、集中—分布式、完全分布式等不同的自主管控模式,研究智能匹配任务的多星动态自组网技术、基于群智能的多星协同任务分配技术和在线滚动的单星实时调度技术,实现星群的自主组网、联合感知和实时调度。

参考文献

[1] 总装备部. 卫星应用现状与发展（下册）[M]. 北京：中国科学技术出版社，2001.

[2] 王永刚. 军事卫星及应用概论[M]. 北京：国防工业出版社，2003.

[3] 张钧屏. 对地观测与对空监视[M]. 北京：科学出版社，2001.

[4] 王卫安，竺幼定. 高分辨率卫星遥感图像及其应用[J]. 测绘通报，2000，(6)：20-32.

[5] 李志林，岑敏仪. 高分辨率卫星图像的回顾和展望[J]. 铁道勘察，2001，(1)：1-4.

[6] 曾华锋. 现代侦察监视技术[M]. 北京：国防工业出版社，1999.

[7] GLOBUS A, CRAWFORD J, LOHN J, et al. A comparison of techniques for scheduling fleets of earth-observing satellites[J]. Journal of the Operational Research Society, 2008, 56(8): 962-968.

[8] MURAOKA H, COHEN R H, OHNO T, et al. Aster observation scheduling algorithms[C], Japan: Tokyo, 1998.

[9] 王军民. 成像卫星鲁棒性调度方法及应用研究[D]. 长沙：国防科技大学，2008.

[10] 张帆. 成像卫星计划编制中的约束建模及优化求解技术研究[D]. 长沙：国防科技大学，2005.

[11] Australian Government, Department of Defense. Improving satellite surveillance through optimal assignment of assets[R] Department of Defense, Australian Government, 2003.

[12] WALTON J T. Models for the management of satellite-based sensors[D]. Massachusetts Institute of Technology, 1993.

[13] 阮启明. 面向区域目标的成像侦察卫星调度问题研究[D]. 长沙：国防科技大学，2006.

[14] LEMAÎTRE M, VERFAILLIE G, JOUHAUD F, et al. Selecting and scheduling observations of agile satellites[J]. Aerospace Science & Technology, 2002, 6(5): 367-381.

[15] DILKINA B, HAVENS B. Agile satellite scheduling via permutation search with constraint propagation[R] Actenum Corporation, 2005.

[16] BIANCHESSI N,PIURI V,RIGHINI G,et al. Heuristic solution of a large-scale planning and scheduling problem for a constellation of earth observing satellites[C]. Optimization Days. 2004.

[17] BIANCHESSI N,CORDEAU J F,DESROSIERS J,et al. A heuristic for the multi-satellite, multi-orbit and multi-user management of Earth observation satellites[J]. European Journal of Operational Research,2007,177(2):750-762.

[18] BIANCHESSI N,RIGHINI G. Planning and scheduling algorithms for the COSMO-SkyMed constellation[J]. Aerospace Science & Technology,2008,12(7):535-544.

[19] BIANCHESSI N. Planning and scheduling problems for earth observation satellites:models and algorithms[D]. PhD. Thesi,2006.

[20] HABET D. Tabu Search to solve real-life combinatorial optimization problems:a case of study[M]Foundations of Computational Intelligence Volume 3. Springer Berlin Heidelberg,2009:129-151.

[21] HABET D,VASQUEZ M. Saturated and consistent neighborhood for selecting and scheduling photographs of agile earth observing satellite[J]. Procmetaheuristics Intconf,2003.

[22] HABET D,VASQUEZ M,VIMONT Y. Bounding the optimum for the problem of scheduling the photographs of an agile earth observing satellite[J]. Computational Optimization & Applications,2010,47(2):307-333.

[23] DE FLORIO S. Performances optimization of remote sensing satellite constellations:a heuristic method[C]. Proc. of the 5th International Workshop on Planning and Scheduling for Space. 2006.

[24] WANG P,REINELT G. A heuristic for an earth observing satellite constellation scheduling problem with download considerations[J]. Electronic Notes in Discrete Mathematics,2010,36:711-718.

[25] KANANUB S,RUKKWAMSUK T,ARUNVIPAS P. Agile earth observing satellites mission scheduling based on decomposition optimization algorithm[J]. Computer Integrated Manufacturing Systems,2013,19(1):127-136.

[26] TANGPATTANAKUL P,JOZEFOWIEZ N,LOPEZ P. A multi-objective local search heuristic for scheduling earth observations taken by an agile satellite[J]. European Journal of Operational Research,2015,245(2):542-554.

[27] XU R,CHEN H,LIANG X,et al. Priority-based constructive algorithms for scheduling agile earth observation satellites with total priority maximization[J]. Expert Systems with Applications,2016,51(C):195-206.

[28] GRASSET B R. Interaction between action and motion planning for an agile Earth-observing satellite[C]. International Conference on Automated Planning and Scheduling,

Toronto, Canada. 2010.

[29] Grasset-Bourdel R, Verfaillie G, Flipo A. Action and motion planning for agile earth-observing satellites[J]. Acta Futura, 2012, 5: 121-131.

[30] Globus A, Crawford J, Lohn J, et al. A comparison of techniques for scheduling earth observing satellites[C]. Nineteenth National Conference on Artificial Intelligence, Sixteenth Conference on Innovative Applications of Artificial Intelligence, San Jose, California, Usa., 2004.

[31] Liao D Y, Yang Y T. Imaging Order Scheduling of an Earth Observation Satellite[J]. IEEE Transactions on Systems Man & Cybernetics Part C, 2007, 37(5): 794-802.

[32] Wu G, Liu J, Ma M, et al. A two-phase scheduling method with the consideration of task clustering for earth observing satellites[J]. Computers & Operations Research, 2013, 40(7): 1884-1894.

[33] Pralet C, Verfaillie G. Time-dependent Simple temporal networks[M]. Principles and Practice of Constraint Programming. Springer Berlin Heidelberg, 2012: 608-623.

[34] Gleyzes M A, Perret L, Kubik P. Pleiades system architecture and main performances[J]. International Archives of the Photogrammetry, Remote Sensing and Spatial Information Sciences, 2012, 39(1): 537-542.

[35] Pemberton J C, Galiber F. A constraint-based approach to satellite scheduling[J]. DIMACS Series in Discrete Mathematics and Theoretical Computer Science, 2001, 57: 101-114.

[36] Pemberton J C. Towards scheduling over-constrained remote sensing satellites[C]. Proceedings of the 2d International Workshop on Planning and Scheduling for Space. 2000.

[37] Sherwood R, Govindjee A, Yan D, et al. Using ASPEN to automate EO-1 activity planning [C]. Proceedings of the 1998 IEEE Aerospace Conference, Colorado, 1998.

[38] Sherwood R, Govindjee A, Yan D. Aspen: EO-1 Mission Activity Planning Made Easy[C]. NASA Workshop on Planning and Scheduling for Space, 1999.

[39] Fukunaga A S, Chien S, Yan D. Aspen: a framework for automated planning and scheduling of spacecraft control and operations[C]. The Symposium on AI, Robotics and Automation in Space, Tokyo, Japan, 2002.

[40] Chien S, Rabideau G, Knight R, et al. ASPEN-Automated Planning and Scheduling for Space Mission Operations[C]. Space Ops, 2000.

[41] Potter W, Gasch J, Bauer C. A photo album of earth: scheduling landsat 7 mission daily activities[C]. Proceedings of the International Symposium Space Mission Operations and Ground Data Systems, Japan, Tokyo. 1998.

[42] Cohen R. Automated spacecraft scheduling the ASTER example[R]. NASA, 2002.

[43] MURAOKA H,COHEN R H,OHNO T,et al. ASTER observation scheduling algorithm[C]. Proceedings of the 5th International Symposium on Space Mission Operations and Ground Data Systems,Tokyo,Japan. 1998.

[44] HERZ A,MIGNOGNA A. Collection planning for the OrbView-3 high resolution imagery satellite[C]. SpaceOps,2006.

[45] WOLFE W J,SORENSEN S E. Three scheduling algorithms applied to the earth observing systems domain[J]. Management Science,2000,46(1):148-166.

[46] NICOLA B J F C,JACQUES D,GILBERT L. Aheuristic for the multi-satellite,multi-orbit and multi-user management of earth observation satellites[J]. European Journal of Operational Research,2007,177(2):750-762.

[47] GLOBUS A,CRAWFORD J,LOHN J,et al. Earth observing fleets using evolutionary algorithms:problem description and approach[C]. Proceedings of the 3rd International NASA Workshop on Planning and Scheduling for Space,NASA. 2002.

[48] FRANK J,ARI JÓNSSON,MORRIS R,et al. Planning and scheduling for Fleets of Earth Observing Satellites[C]. Proceedings of Sixth Int. symp. on Artificial Intelligence Robotics Automation & Space,2001.

[49] FRANK J, ARI JÓNSSON, MORRIS R. On the representation of mutual exclusion constraints for planning[C]. Proceedings of the Symposium on Abstraction,Reformulation and Approximation,2000.

[50] CHIEN S A,CICHY B,DAVIES A G,et al. An Autonomous Earth Observing Sensorweb[J]. IEEE Intelligent Systems,2005,6(2):16-24.

[51] ABRAMSON M,CARTER D,KOLITZ S,et al. The design and implementation of draper's earth phenomena observing system (epos)[C]. Proceedings of the AIAA space conference,2001.

[52] 贺仁杰. 成像侦察卫星调度问题研究[D]. 长沙:国防科技大学,2004.

[53] 李菊芳. 航天侦察多星多地面站任务规划问题研究[D]. 长沙:国防科技大学,2005.

[54] 王沛. 基于分支定价的多星多站集成调度方法研究[D]. 长沙:国防科技大学,2011.

[55] 白保存. 考虑任务合成的成像卫星调度模型与优化算法研究[D]. 长沙:国防科学技术大学,2008.

[56] 郭玉华. 多类型对地观测卫星联合任务规划关键技术研究[D]. 长沙:国防科学技术大学,2009.

[57] 徐一帆. 天基海洋移动目标监视的联合调度问题研究[D]. 长沙:国防科学技术大学,2011.

[58] PEMBERTON J C. A constraint-based approach to satellite scheduling[J]. DIMACS Series in Discrete Mathematics and Theoretical Computer Science,2001,57(1):101-114.

[59] PEMBERTON J C. Towards scheduling over-constrained remote sensing satellites[C]. Proceedings of the 2d International Workshop on Planning and Scheduling for Space,2000.

[60] RIVERA M A,HILL J. Automated design optimization and trade studies using STK scenarios,10-13 January[C]. Reno,Nevada:AIAA,2005.

[61] AGI. STK Scheduler 3.1 Users Guide[M]. Exton Pennsylvania. 2005.

[62] INC. S I. Collection planning system:a multi-source satellite imagery collection optimization application[R]. 2003.

[63] MOUGNAUD P,GALLI L,CASTELLANI C,et al. MAT:a multi-mission analysis and planning tool for earth observation satellite constellations[C]. SpaceOps,Rome,2006.

[64] ARBABI M,GARATE J A,KOCHER D F. Interactive real time scheduling and control[C]. Summer Computer Simulation Conference. 271-277,1985.

[65] GOOLEY T D. Automating the Satellite Range Scheduling Process[J]. Masters Thesis Air Force Institute of Technology,1993.

[66] 张娜,柯良军,冯祖仁. 一种新的卫星测控资源调度模型及其求解算法[J]. 宇航学报,2009,30(5):2140-2145.

[67] 金光,武小悦,高卫斌. 基于冲突的卫星地面站系统资源调度与能力分析[J]. 小型微型计算机系统,2007,28(2):310-312.

[68] 金光,武小悦,高卫斌. 卫星地面站资源调度优化模型及启发式算法[J]. 系统工程与电子技术,2004,26(12):1839-1841.

[69] 金光. 卫星地面站测控资源调度 CSP 模型[J]. 系统工程与电子技术,2007,29(7):1117-1120.

[70] 郑晋军,张乃通,张丽艳. 合理利用测控资源的动态调度模型[J]. 高技术通讯,2002,12(7):22-27.

[71] PEMBERTON J C,GREENWALD L G. On the need for dynamic scheduling of imaging satellites[J]. International Archives of Photogrammetry Remote Sensing and Spatial Information Sciences,2002,34(1):165-171.

[72] 王远振,赵坚,聂成. 多卫星-地面站系统的 Petri 网模型研究[J]. 空军工程大学学报,2003,4(2):7-11.

[73] ARBABI M,PFEIFER M. Range and mission scheduling automation using combined AI and operations research techniques[J]. 1987.

[74] MARINELLI F,NOCELLA S,ROSSI F,et al. A Lagrangian heuristic for satellite range scheduling with resource constraints[J]. Computers & Operations Research,2011,38(11):1572-1583.

[75] RAO J D,SOMA P,PADMASHREE G S. Multi-satellite scheduling system for LEO satellite operations[C]. SpaceOps,Japan,1998.

[76] 李云峰,武小悦. 基于试探性的卫星数传任务调度算法研究[J]. 系统工程与电子技术,2007,29(5):764-767.

[77] 李云峰. 卫星—地面站数传调度模型及算法研究[D]. 长沙:国防科学技术大学,2008.

[78] SARAH E B. Optimal allocation of satellite network resources[D]. USA:Virginia Polytechnic Institute and State University,1999.

[79] BARBULESCU L,WATSON J P,WHITLEY L D,et al. Scheduling Space-Ground Communications for the Air Force Satellite Control Network[J]. Journal of Scheduling,2004,7(1):7-34.

[80] 凌晓冬. 多星测控调度问题建模及算法研究[D]. 长沙:国防科学技术大学,2009.

[81] PARISH D A. A genetic algorithm approach to automating satellite range scheduling[D]. Masters Thesis Air Force Institute of Technology,1994.

[82] 李元新,吴斌. 基于遗传算法的测站资源优化分配方法研究[J]. 飞行器测控学报,2005,24(4):1-5.

[83] 陈祥国,武小悦. 蚁群算法在卫星数传调度问题中的应用[J]. 系统工程学报,2009,24(4):451-456.

[84] ADINOLF M,CESTA A. Heuristic scheduling of the DRS communication system[J]. Engineering Applications of Artificial Intelligence,1995,8(2):147-156.

[85] ROJANASSONTHON S,BARD J F,REDDY S D. Algorithms for parallel machine scheduling:a case study of the tracking and data relay satellite system[J]. Journal of the Operational Research Society,2003,54(8):806-821.

[86] REDDY S D,BROWN W L. Single processor scheduling with job priorities and arbitrary ready and due times[R]. Beltsville:Computer Sciences Corporation,1986.

[87] 方炎申,陈英武,顾中舜. 中继卫星调度问题的 CSP 模型[J]. 国防科技大学学报,2005,27(2):6-10.

[88] 方炎申,陈英武,王军民. 中继卫星多址链路调度问题的约束规划模型及算法研究[J]. 航天返回与遥感,2006,27(4):62-67.

[89] 马满好,邱涤珊,黄维,等. 中继卫星星间链路的天线资源分配策略研究[J]. 计算机仿真,2009,26(2):101-106.

[90] 顾中舜. 中继卫星动态调度问题建模及优化技术研究[D]. 长沙:国防科学技术大学,2008.

[91] 程思微,张辉,沈林成,等. 基于状态动作模型的中继卫星操作规划问题建模[J]. 系统工程与电子技术,2010,32(5):1001-1006.

[92] 张彦,冯书兴,张鹏,等. 基于 XML 的中继卫星调度知识表示[J]. 装备学院学报,2007,18(5):65-68.

[93] MUSCETTOLA N,NAYAK P P,PELL B,et al. Remote agent:to boldly go where no AI system has gone before[J]. Artificial Intelligence,1998,103(1-2):5-47.

[94] PELL A B,BERNARD D E,CHIEN S,et al. A remote agent prototype for spacecraft autonomy[C]. Proceedings of SPIE-The International Society for Optical Engineering,1996.

[95] CHIEN S,RABIDEAU G,KNIGHT R,et al. ASPEN-Automated planning and scheduling for space Mission Operations[J]. Space Ops,2000.

[96] CHIEN S,SHERWOOD R,TRAN D,et al. Lessons learned from autonomous sciencecraft experiment[C]. International Joint Conference on Autonomous Agents and Multiagent Systems,11-18,2005.

[97] TRAN D,CHIEN S,SHERWOOD R,et al. The autonomous sciencecraft experiment onboard the EO-1 spacecraft[C]. National Conference on Artifical Intelligence,2005.

[98] FUKUNARA A S,RABIDEAU G,CHIEN S,et al. ASPEN:A Framework for Automated Planning and Scheduling of Spacecraft Control and Operations[C]. Proc International Symposium on Ai Robotics & Automation in Space,1997.

[99] KNIGHT S,RABIDEAU G,CHIEN S,et al. Casper:Space exploration through continuous planning[J]. IEEE Intelligent Systems,2001,16(5):70-75.

[100] CHIEN S,KNIGHT R,STECHERT A,et al. Using iterative repair to improve the responsiveness of planning and scheduling[C]International Conference on Artificial Intelligence Planning Systems,2000.

[101] RABIDEAU G,KNIGHT R,CHIEN S,et al. Iterative repair planning for spacecraft operations using the ASPEN system[C]. Artificial Intelligence,Robotics and Automation in Space,1999.

[102] LENZEN C,WOERLE M T,et al. Onboard Planning and Scheduling Autonomy within the Scope of the FireBird Mission[C]. SpaceOps,2014.

[103] RELLE H,LORENZ E,TERZIBASCHIAN T. The FireBird mission-a scientific mission for earth Observation and Hot SpotDetection[C]. IAA Symposium on Small Satellites for Earth Observation,2013.

[104] CHIEN S,KNIGHT R,STECHERT A,et al. Integrated planning and execution for autonomous spacecraft[C]. Aerospace Conference,1999.

[105] CHIEN S,SHERWOOD R,BURL M,et al. A demonstration of robust planning and scheduling in the Techsat-21 autonomous spacecraft constellation[J]. Ear Nose & Throat Journal,2014,86(8):506-511.

[106] DAVID B, LAVALLEE J J,CARRIE O R. Intelligent Control For Spacecraft Autonomy-An Industry Survey[J]. Acta Paediatrica,2008,65(4):565-569.

[107] LEMAÎTRE M,VERFAILLIE G. Interaction between reactive and deliberative tasks for on

-line decision-making[C]. International Conference on Automated Planning and Scheduling, Providence, Rhode Island, USA, 2007.

[108] BEAUMET G, VERFAILLIE G, CHARMEAU M C. Autonomous planning for an agile earth-observing satellite[C]. Proceedings of the 9th International Symposium on Artificial Intelligence, Robotics, and Automation for Space (i-SAIRAS), 2008.

[109] RUIZ H, ROQUEBERT J M, FAUREMARFANY F. IDEFIX, New component of the CNES multi-mission network an innovant autonomous system for ingestion, processing and distribution of X-band data[C]. SpaceOps, 2014.

[110] PRALET C, VERFAILLIE G. Decision upon observations and data downloads by an autonomous earth surveillance satellite[C]. Proceedings of the 9th International Symposium on Artificial Intelligence, Robotics, and Automation for Space (i-SAIRAS-08), 2008.

[111] BEAUMET G, VERFAILLIE G, CHARMEAU M C. Feasibility of autonomous decision making on board an agile Earth-observing satellite[J]. Computational Intelligence, 2011, 27(1):123-139.

[112] DAMIANI S, VERFAILLIE G, CHARMEAU M C. An anytime planning approach for the management of an earth watching satellite[C]. Proceedings of the 4th International Workshop on Planning and Scheduling for Space (IWPSS-04), Darmstadt, Germany. 2004.

[113] DAMIANI S, VERFAILLIE G, CHARMEAU M C. Cooperating on-board and on the ground decision modules for the management of an earth watching constellation[C]. Proceedings of the 8th International Symposium on Artificial Intelligence, Robotics, and Automation for Space (i-SAIRAS-05), 2005.

[114] LIU S, CHEN Y, XING L, et al. Method of agile imaging satellites autonomous task planning[J]. Computer Integrated Manufacturing Systems, 2016, 22(4):928-934.

[115] MYERS K L. CPEF: A continuous Planning and Execution Framework[J]. AI Magazine, 1999, 20(4):63-71.

[116] ESTLIN T, GRAY A, MANN T, et al. An integrated system for multi-rover scientific exploration[C]. Sixteenth National Conference on Artificial Intelligence and the Eleventh Innovative Applications of Artificial Intelligence Conference Innovative Applications of Artificial Intelligence, 1999.

[117] ESTLIN T, GAINES D, CHOUINARD C, et al. Automated decision-making for Mars rover onboard Science[C]. AIAA Infotech Aerospace 2007 Conference and Exhibit, 2007.

[118] ESTLIN T, CASTANO R, GAINES D, et al. Enabling autonomous science for a Mars rover [C]. SpaceOps, 2008.

[119] BEAUMET G, VERFAILLIE G, CHARMEAU M C. Estimation of the minimal duration of an attitude change for an autonomous agile earth-observing satellite[C]. International

Conference on Principles and Practice of Constraint Programming,2007.

[120] MAILLARD A. Flexible Scheduling for Agile Earth Observing Satellites[D]. Institut supérieur de l'Aéronautique et de l'Espace (ISAE),2015.

[121] 刘洋,陈英武,谭跃进. 一类有时间窗口约束的多资源动态调度模型与方法[J]. 运筹与管理,2005,14(2):47-53.

[122] 李玉庆,王日新,徐敏强. 规划与调度集成技术在航天器自主控制中的应用[J]. 深空探测研究,2007,(2):14-17.

[123] 李玉庆,徐敏强,王日新. 航天器自主规划系统分析与设计[J]. 吉林大学学报(工),2007,37(6):1471-1475.

[124] 李玉庆,徐敏强,王日新. 基于HTN的航天器自主规划系统设计[J]. 深空探测研究,2007,(1):29-32.

[125] 杨剑. 基于区域目标分解的对地观测卫星成像调度方法研究[D]. 长沙:国防科学技术大学,2009.

[126] 王伟,张振涛,苏贵波. 激光雷达的现状与发展趋势[J]. 科技信息,2012,10:431.

[127] 王成,李然,苏国中. 星载激光雷达的发展与应用[J]. 科技导报,2007,25(14):58-63.

[128] 李纪人,李景刚,阮宏勋. Jason-2卫星测高数据在陆地水域水位变化监测中的应用——以南洞庭湖为例[J]. 自然资源学报,2010,25(3):502-510.

[129] 刘长建. 瞬时海面高理论及其在双星定位中的应用研究[D]. 郑州:中国人民解放军信息工程大学,2002.

[130] 孙凯. 基于启发式算法的成像卫星星地联合调度问题研究[D]. 长沙:国防科技大学,2009.

[131] 胡如忠. 中国国土普查卫星像片在京津唐地区的综合应用研究[J]. 中国航天,1992,(5):5-8.

[132] TONETTI S,CORNARA S,HERITIER A,et al. Fully automated mission planning and capacity analysis tool for the DEIMOS-2 agile satellite[C]. Workshop on Simulation for European Space Programmes (SESP). 2015.

[133] 张新伟,戴君,刘付强. 敏捷遥感卫星工作模式研究[J]. 航天器工程,2011,(04):32-38.

[134] BERNARD D. Autonomy and software technology on NASA's Deep Space One[J]. IEEE Intelligent Systems,1999:10-15.

[135] THOMPSON D R,BORNSTEIN B J,CHIEN S A,et al. Autonomous spectral discovery and mapping onboard the EO-1 spacecraft[J]. IEEE Transactions on Geoscience and Remote Sensing,2013,51(6):3567-3579.

[136] DAVIES A G,CHIEN S,TRAN D,et al. The NASA Volcano Sensor Web,advanced au-

tonomy and the remote sensing of volcanic eruptions:a review[J]. Geological Society London Special Publications,2015,426(1):SP426.3.

[137] TESTON F,CREASEY R,BERMYN J,et al. PROBA:ESA's autonomy and technology demonstration mission[C]. 13th AIAA/USU Conference on Small Satellites,1999.

[138] 潘小彤. 敏捷光学成像卫星多目标任务规划方法研究[D]. 哈尔滨:哈尔滨工业大学,2013.

[139] 刘晓东,陈英武,龙运军. 基于MapX的多星协同对区域目标观测的预处理方法[J]. 系统工程理论与实践,2010,30(12):2269-2275.

[140] 刘晓东,陈英武,贺仁杰等. 基于空间几何模型的遥感卫星任务分解算法[J]. 系统工程与电子技术,2011,33(8):1783-1788.

[141] Fukunaga A S,Cao Y U,Kahng A B. Cooperative mobile robotics:Antecedents and directions[J]. Autonomous Robots,1997,4(1):7-27.

[142] Lin Z J,Li D R,Xu Y Y. General review on the new progress of earth observations[J]. Science of Surveying and Mapping,2011,36(4):5-8.

[143] Ben-ayed O. Bilevel linear programming[J]. Computers & operations research,1993,20(5):485-501.

[144] 罗开平,李一军. 系统科学视角下高分辨率对地观测系统任务管控统筹优化[J]. 系统工程理论与实践,2011,31(1):43-54.

[145] 高鹏 贺仁杰,白保存等. 成像卫星任务规划模型、算法及其应用[J]. 系统工程理论与实践,2011,31(3):411-422.

[146] 侯科文. 面向侦察监视的空天协同任务规划问题研究[D]. 长沙:国防科学技术大学,2009.

[147] 周装轻. 多星多载荷联合调度问题研究[D]. 长沙:国防科学技术大学,2009.

[148] 伍崇友. 面向区域目标普查的卫星调度问题研究[D]. 长沙:国防科学技术大学,2006.

[149] 徐雪仁. 资源卫星遥感数据获取任务规划技术研究[D]. 南京:南京大学,2008.

[150] 谢吉慧 张景川,朱熙. 基于VEE与Nport的控温仪状态参数远程监控系统设计[J]. 航天器环境工程,2012,29(1):51-54.

[151] XIONG J,TAN X,YANG K,et al. A hybrid multiobjective evolutionary approach for flexible job-shop scheduling problems[J]. Mathematical Problems in Engineering,2012(8):857-868.

[152] XIONG J,CHEN Y,YANG K,et al. A hybrid multiobjective genetic algorithm for robust resource-constrained project scheduling with stochastic durations[J]. Mathematical Problems in Engineering,2012(3):131-152.

[153] DEB K,SUNDAR J,et al. Reference point based multi-objective optimization using evolution-

ary algorithms.[C]. Conference on Genetic and Evolutionary Computation. ACM,2006.

[154] COELLO C A C,LAMONT G B,VAN VELDHUIZEN D A. Evolutionary algorithms for solving multi-objective problems[M]. New York:Springer,2007.

[155] DEB K,PRATAP A,AGARWAL S,et al. A fast and elitist multiobjective genetic algorithm:NSGA-Ⅱ[J]. IEEE Transactions on Evolutionary Computation,2002,6(2):182-197.

[156] ZHANG C Q,ZHENG J G,QIAN J. Comparison of coding schemes for genetic algorithms[J]. Application Research of Computers,2011,28(3):819-822.

[157] ZITZLER E,THIELE L. Multi-objective evolutionary algorithms:a comparative case study and the strength Pareto approach[J]. IEEE Transactions on Evolutionary Computation,1999,3(4):257-271.

[158] 郑金华,李珂,李密青,等. 一种基于Hypervolume指标的自适应邻域多目标进化算法[J]. 计算机研究与发展,2012,49(2):312-326.

[159] 孙凯. 敏捷对地观测卫星任务调度模型与优化算法研究[D]. 长沙:国防科学技术大学,2012.

[160] 王建江. 云层不确定条件下光学对地观测卫星调度问题研究[D]. 长沙:国防科学技术大学,2015.

[161] 刘晓路,何磊,陈英武. 考虑实时云层信息的敏捷对地观测卫星任务规划算法研究[C]. 中国系统工程学会学术年会,2014.

[162] 王军民,李菊芳,谭跃进. 不确定条件下卫星鲁棒性调度问题[J]. 系统工程,2007,25(12):94-99.

[163] 丘映莹. 复杂层次状态机的一种解决方案[J]. 煤炭技术,2013,32(3):202-204.

[164] 董伟. 变邻域搜索算法研究及在组合优化中的应用[D]. 阜新:辽宁工程技术大学,2011.

[165] HENTENRYCK P V,DEVILLE Y,TENG C M. A generic arc-consistency algorithm and its specializations[J]. Artificial Intelligence,1992,57(2):291-321.

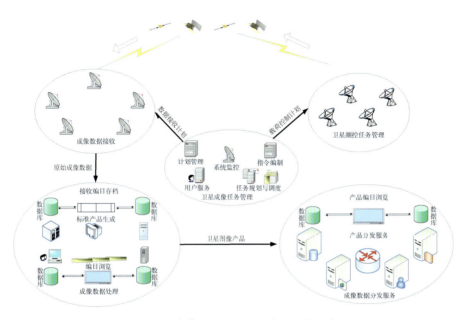

图 2-3　成像卫星地面业务应用系统组成

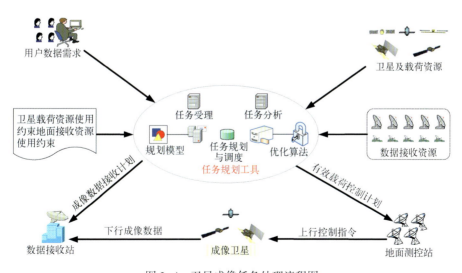

图 2-4　卫星成像任务处理流程图

彩1

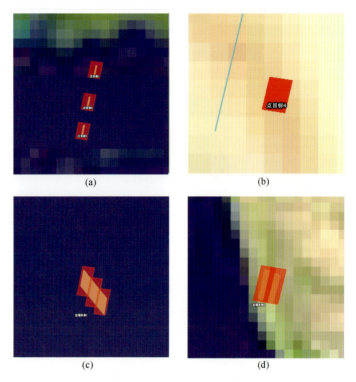

图 3-24 详查需求任务规划预处理条带划分结果

(a) 点目标 1、2、3;(b) 点目标 4;(c) 区域目标 1;(d) 区域目标 2。

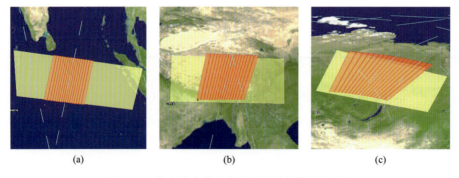

图 3-33 普查需求任务规划预处理条带划分结果

(a) 低纬地区;(b) 中纬地区;(c) 高纬地区。

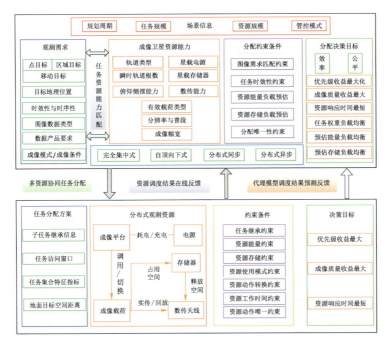

图 4-4 多中心对地观测资源分布式任务规划层次性描述

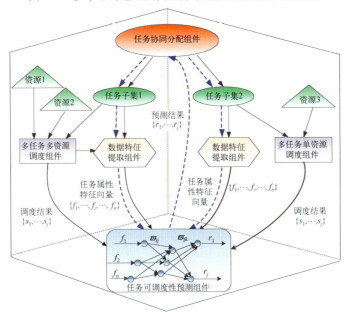

注：━━▶ 表示协同任务分配组件内部数据处理流程；
━━▶ 表示自顶向下模式管控系统内数据处理流程。

图 4-5 成像卫星任务可调度性预测组件化求解架构

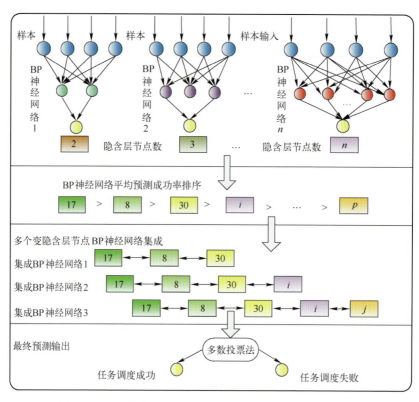

图 4-6 基于隐含层节点变化的多神经网络集成的 TSP 组件

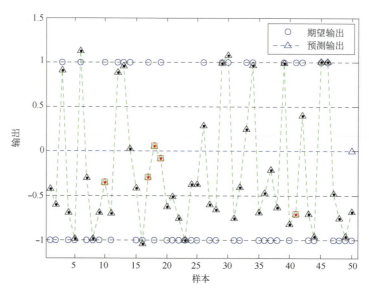

图 4-7 神经网络预测成功判断依据示意图

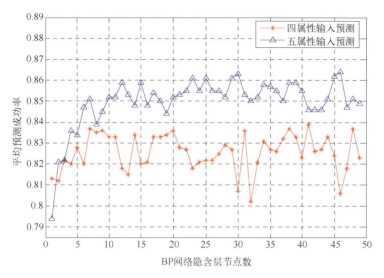

图 4-8 不同属性输入随隐含层节点变化的预测效果

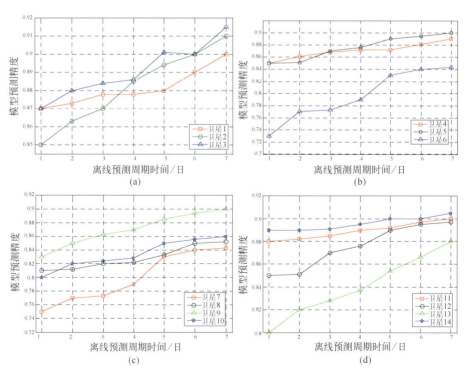

图 4-17 各卫星调度代理模型离线更新预测精度

(a) 卫星 1~3；(b) 卫星 4~6；(c) 卫星 7~10；(d) 卫星 11~14。

彩5

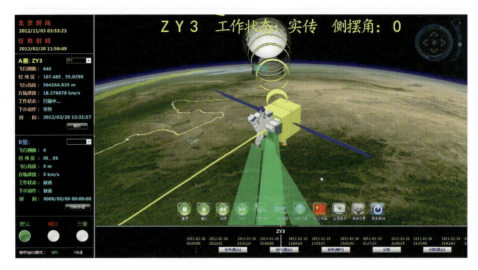

图 5-9　实传活动仿真

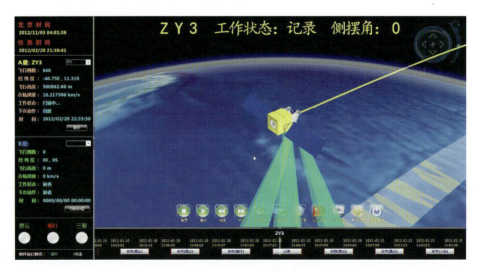

图 5-10　记录活动仿真

彩6

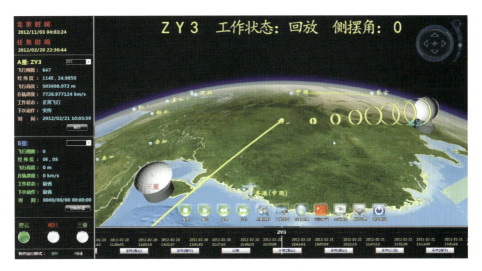

图 5-11 回放活动仿真

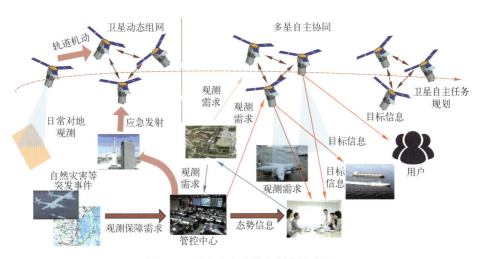

图 7-1 星上自主的信息保障示意图

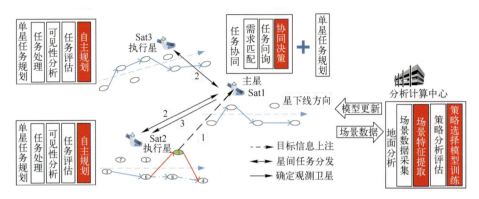

图 7-2 自主协同规划示意图

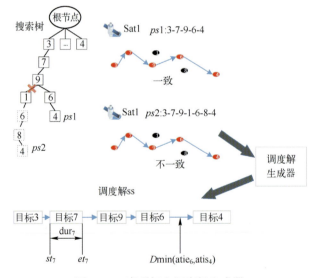

图 7-10 序列解和调度解生成器